中国轻工业“十四五”规划教材



# 家具制图

李 林 主 编
顾建厦 何 瑜 副主编
翟 艳 邵 静 傅泽勋 参 编

中国轻工业出版社

**图书在版编目（CIP）数据**

家具制图 / 李林主编. -- 北京 ：中国轻工业出版社，2025. 8. -- ISBN 978-7-5184-5398-6

Ⅰ. TS664

中国国家版本馆CIP数据核字第2025FC1658号

责任编辑：陈　萍　　责任终审：李建华
文字编辑：张育萱　　责任校对：朱　慧　朱燕春　　封面设计：锋尚设计
策划编辑：陈　萍　　版式设计：致诚图文　　责任监印：张京华

出版发行：中国轻工业出版社（北京鲁谷东街 5 号，邮编：100040）
印　　刷：三河市万龙印装有限公司
经　　销：各地新华书店
版　　次：2025 年 8 月第 1 版第 1 次印刷
开　　本：787×1092　1/16　印张：10. 5
字　　数：240 千字
书　　号：ISBN 978-7-5184-5398-6　定价：49. 00 元
邮购电话：010-85119873
发行电话：010-85119832　010-85119912
网　　址：http://www.chlip.com.cn
Email：club@chlip.com.cn

220611J2X101ZBW

# 前 言

为了响应国家对教育质量提升和人才培养的号召，提高高等职业教育的教学质量和专业水平，以满足经济社会对高素质技术技能人才的迫切需求，我们编写了这本《家具制图》。本教材的编写，旨在为学生构建系统、全面、实用的知识体系。

“家具制图”是家具设计及相关专业的专业基础课程，其不仅要求学生掌握基本的制图知识，更强调对家具零、部件图和结构装配图等图样的识读技能培养，从而为后续的家具设计、创意表达做准备。本教材精心设计了六个模块的内容，循序渐进，涵盖了家具制图的各个方面：

学习地图

① 制图基础。本模块深入阐述了家具制图的概念、图纸幅面与标题栏的规范，以及尺寸标注等基本要素。同时，本模块对绘图工具进行了详尽的讲解，确保学生能够熟练运用这些工具。

② 投影基础。本模块系统性介绍了投影的形成、几何元素的投影，并辅以大量实例和练习，使学生能够精确地通过投影表达物体的立体形态特征。

③ 立体图的画法。本模块涵盖了轴测图和透视图的理论基础与绘制技巧，指导学生如何精确地绘制并表达三维物体的立体图像。

④ 家具图样。本模块详细介绍了基本视图、斜视图、剖视图、剖面图、局部详图等图样的绘制方法和表示规范。通过深入解析和实例演示，学生将学会如何清晰、准确地传达家具的设计意图。

⑤ 家具图样表达。本模块深入探讨了零、部件图和结构装配图等图样的识读。通过对这些内容的学习，学生将能够全面掌握设计图、设计草图、零件图、部件图、结构装配图、拆卸立体图等图样的表达。

⑥ 案例分析。本模块分别选取了炕几和床头柜的案例进行分析，旨在帮助学生全面理解家具设计实际生产案例中的全套家具图样绘制的全过程，以提升学生的识图、读图和实践应用能力，并在实际工作中有效应用所学知识与技能。

此外，每个模块还配有综合提升环节，以评估学生对所学知识的掌握程度和应用能力，附录中增加了 AutoCAD 线型设置，以帮助学生进一步学习和应用所学内容。

本教材的编写团队由不同院校和企业的专家组成，专家们凭借丰富的教学和行业实践经验，为教材的质量和深度提供了坚实保障。本书由江西环境工程职业学院李林担任主编，负责大纲、模块一和模块五的编写工作；湖北生态工程职业技术学院邵静负责编写模块二；江苏省南通工贸技师学院傅泽勋负责编写模块三；山西林业职业技术学院翟艳负责编写模块四；江西自由王国家具有限公司顾建厦与何瑜编写模块六。全书由李林统稿。

此外，南京林业大学周雅南教授、江西环境工程职业学院张付花教授、江西自由王国家具有限公司设计总监董志贤、销售经理张修锐等，在教材编写过程中提出了许多宝贵的建议和意见。江西环境工程职业学院 0271611 班谢地香同学、郭毅同学和 0271811 班张虔同学参与了书稿的整理。在此，对每一位为本教材编写提供帮助的人表示诚挚的感谢！

由于编者水平有限，疏漏在所难免。我们衷心希望这本教材能成为您学习与工作的得力助手，并期待您的宝贵意见与建议，以助我们持续改进，臻于完善。

李　林

2024 年 8 月 25 日

# 目　录

## 基　础　篇

## 实　践　篇



## 案　例　篇

# 基 础 篇

## 知识目标

① 了解家具制图的概念和一般规定；熟悉手工绘图工具的使用；掌握图线、比例和字体的基本概念。

② 理解尺寸标注的概述、方法、步骤和注意事项；熟悉投影的概念、规律和方法。

③ 理解三视图的形成原理；掌握点的投影、直线投影、平面投影和立体投影的识读和画图方法；熟悉常见家具轴测图和透视图的绘制方法。

## 技能目标

① 能够使用手工绘图工具制图，选择合适的图线、比例和字体绘制三视图。

② 能够对立体三视图进行规范、完整的尺寸标注。

③ 能够绘制立体的轴测图和透视图。

## 素质目标

① 建立家具制图的标准意识和规范意识。

② 培养学习能力和创新意识，能够不断学习并应用新的制图技术和工具。

③ 培养细心、耐心和专心的学习态度，认真负责的工作态度和严谨细致的工作作风。

# 模块一　制 图 基 础

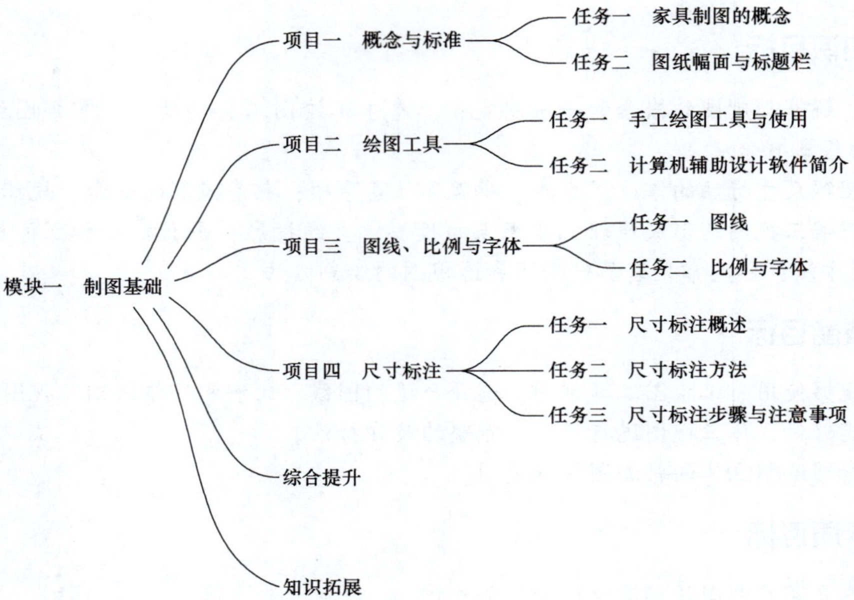


本模块将介绍家具制图的基础知识，从家具制图的概念、图纸幅面与标题栏到手工绘图工具与使用，再到计算机辅助设计软件简介。此外，还将学习图线、比例与字体，以及尺寸标注的概述、方法、步骤与注意事项等内容。

## 项目一　概念与标准

在学习前，我们需要了解家具制图的概念和作用，熟悉制图的相关标准，同时要准备好相应的图纸，绘制图框线和标题栏等，为制图工作打下良好的基础。

### 任务一　家具制图的概念

#### （一）家具制图的概念

家具制图是将具体的家具实物或想象的家具造型、结构、尺寸等，按照一定比例与规范，运用三视图、剖视图、局部视图、零件图、部件图或结构装配图等方式绘制的家具图样。这种按照一定标准绘制出来的图形，能准确地反映家具结构、形状、尺寸与设计要求等信息，从而为家具的生产、制造与装配提供指导。

### （二）家具制图的作用

家具制图不仅可以帮助设计师明确设计需求，还能简化设计过程，并确保产品一致性，具体介绍如下：

① 明确设计需求。设计师需要详细了解客户的需求，并将客户的需求转化为图纸上的具体图形和数据，实现需求的准确传达和转化。通过家具制图，设计师能更加清晰地理解客户的期望，有助于制定相应的设计方案。

② 简化设计过程。图样可将设计师的想法可视化，使设计师能够直观地看到家具的形状、结构和细节。这有助于设计师在图纸上对设计进行实际观察和思考，并及时发现可能存在的问题和缺陷。通过家具制图，设计师能更好地确定最终的设计方案，并进行必要的调整和修改。

③ 确保产品的一致性。家具制图不仅能够为生产车间提供指导，还能确保各个环节都遵循相同的标准和要求。家具制图过程所绘制的图样对于生产、设计创意交流等起到关键的作用。通过家具制图，设计师能够将设计思路和意图准确传达给生产人员，确保他们按照设计要求进行生产，从而保证产品的质量和一致性。图样不仅是传递设计意图的工具，更是帮助设计师和生产人员协同工作，实现高效能、高质量家具生产的关键。

## 任务二　图纸幅面与标题栏

### （一）图纸幅面

图纸幅面即绘制图样所采用的纸张大小与规格。尺寸大小用 $B \times L$ 表示，即宽×长。图纸幅面分为基本幅面与加长幅面。

**1. 基本幅面**

不同规格的图纸幅面如图 1-1 所示。基本幅面尺寸见表 1-1，必要时可选用加长幅面。可采用厚度适中的白色图纸进行图样的绘制。在计算机辅助制图中，可选择适当的图纸幅面打印输出。在一些小型传统家具生产车间，还可能使用纤维板或刨花板进行大样图的绘制。

表 1-1　　基本幅面尺寸　　单位：mm

<table>
<tr><th>幅面代号</th><th>A0</th><th>A1</th><th>A2</th><th>A3</th><th>A4</th></tr>
<tr><td>尺寸（$B \times L$）</td><td>841×1189</td><td>594×841</td><td>420×594</td><td>297×420</td><td>210×297</td></tr>
<tr><td>$e$（不带装订边离图纸边的距离）</td><td colspan="2">20</td><td colspan="3">10</td></tr>
<tr><td>$c$（图框线离图纸边的距离）</td><td colspan="3">10</td><td colspan="2">5</td></tr>
<tr><td>$a$（装订边离图纸边的距离）</td><td colspan="5">25</td></tr>
</table>

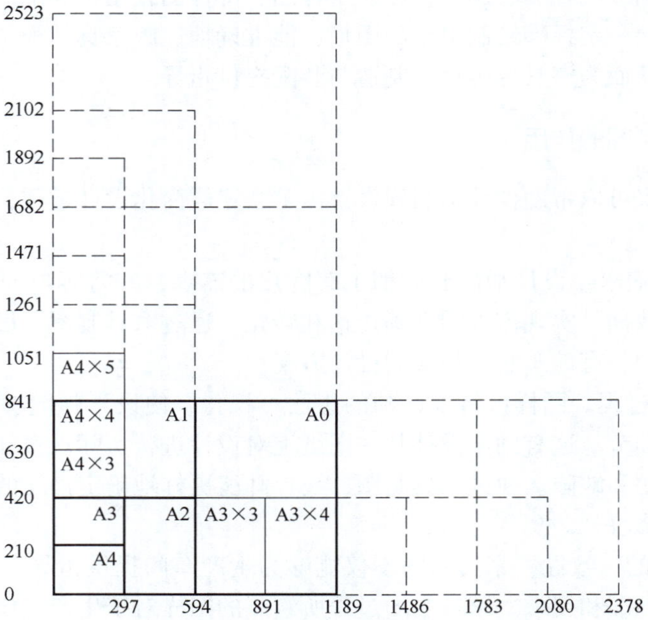


图 1-1　不同规格的图纸幅面

### 2. 加长幅面

绘制图样时，应优先选用表 1-1 规定的基本幅面。必要时，为了更好地表达一些超长形体家具的特征，如衣帽架和加长会议桌等，也可选用表 1-2 规定的加长幅面。加长幅面的尺寸按基本幅面的宽度（*B*）成整数倍增加后得出。

表 1-2　　　　加长幅面尺寸参考　　　　单位：mm

| 幅面代号 | 尺寸(*B*×*L*) | 幅面代号 | 尺寸(*B*×*L*) |
|---|---|---|---|
| A0×2 | 1189×1682 | A3×5 | 420×1486 |
| A0×3 | 1189×2523 | A3×6 | 420×1783 |
| A1×3 | 841×1783 | A3×7 | 420×2080 |
| A1×4 | 841×2378 | A4×3 | 297×630 |
| A2×3 | 594×1261 | A4×4 | 297×841 |
| A2×4 | 594×1682 | A4×6 | 297×1261 |
| A2×5 | 594×2102 | A4×7 | 297×1471 |
| A3×3 | 420×891 | A4×8 | 297×1682 |
| A3×4 | 420×1189 | A4×9 | 297×1892 |

## （二）图框线

图框线即图样上限定绘图区域的线框。图框线分为带装订边（图 1-2）和不带装订边（图 1-3）两种，同一产品的图样只能采用同一种装订边，且均应画出图框线和标题栏。使用粗实线绘制（详见本模块图线部分）需注意：

① 不同图纸幅面的图框线绘制尺寸不同，见表 1-1；需要装订的图样如图 1-2 所示画出图框线，不需要装订的图样按 *e* 尺寸画出图框线。

② 绘制图框线需要注意装订边的大小，装订边一般在图纸的左侧，不论图纸是横装还是竖装，尺寸均为 25mm。另外，*e* 尺寸与图纸幅面尺寸有关，见表 1-1。

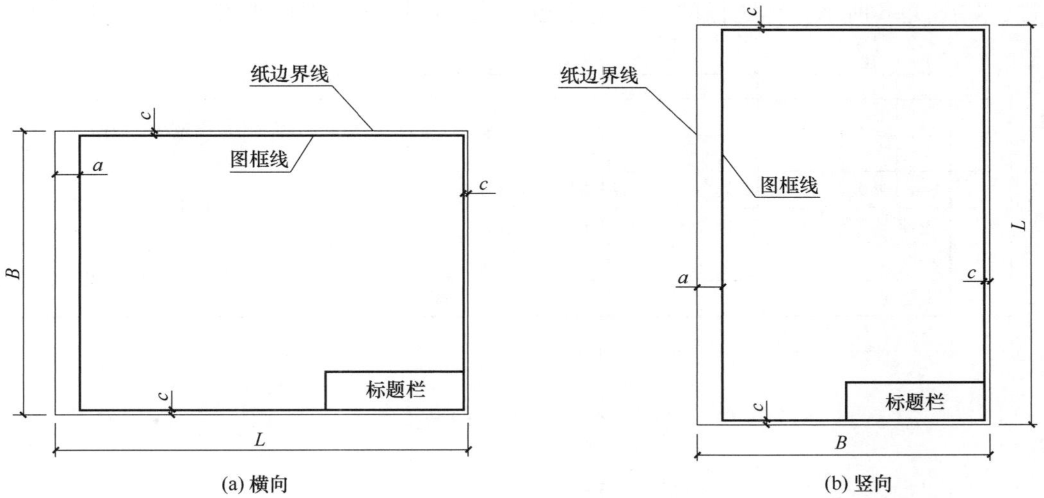


图 1-2　带装订边的图框线

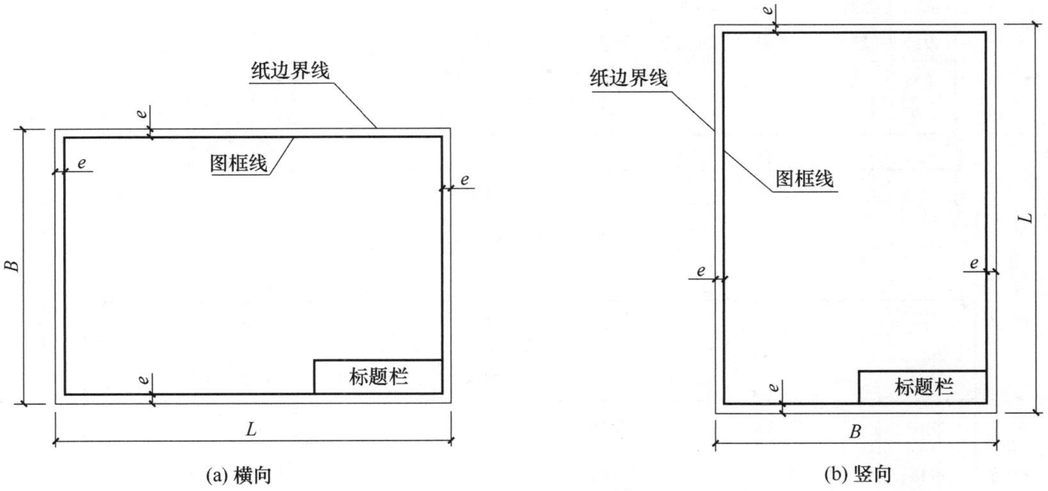


图 1-3　不带装订边的图框线

（三）标题栏

为方便读图与查询相关信息，需要绘制标题栏。标题栏的位置一般位于图纸的右下角。企业用标题栏一般由更改区、签字区、其他区、家具名称及型号区和零、部件名称及代号区组成。各设计单位根据需求格式各有不同，如图 1-4 和图 1-5 所示。标题栏的样式和布局也可能根据行业标准或客户需求进行调整。在实际应用中，企业可能会有自己的模板，以确保所有输出的文档都具有一致的外观和格式，内容可能包括企业标识(Logo)、家具名称、项目名称/编号、图纸/文档编号、版本号、修订日期、作者/制图者、审核者、批准者、页码等。为便于教学，学校制图作业通常采用学校用简化标题栏，如图 1-6 所示。标题栏的外框使用粗实线，内框图线则用细实线绘制，字体使用

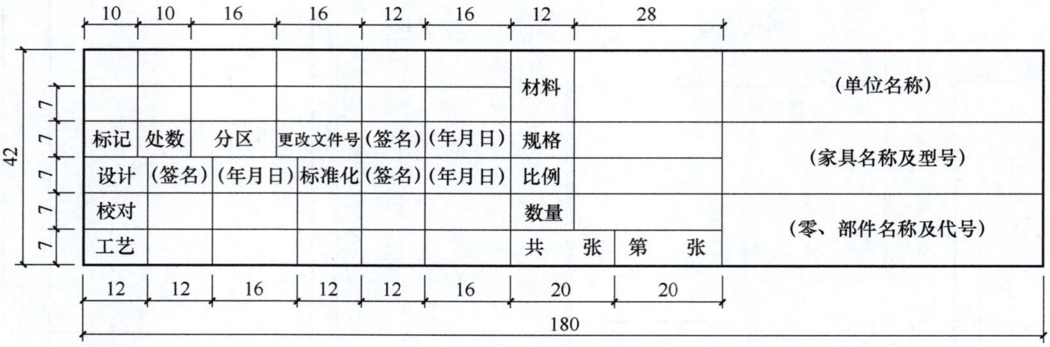


图 1-4　家具企业用标题栏一

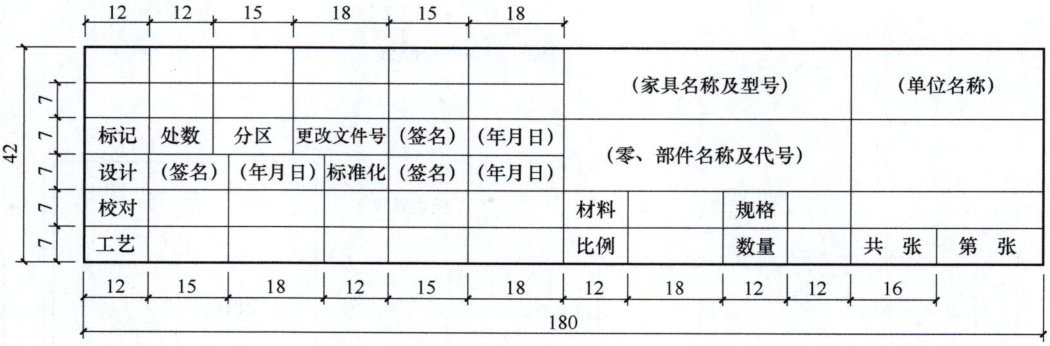


图 1-5　家具企业用标题栏二

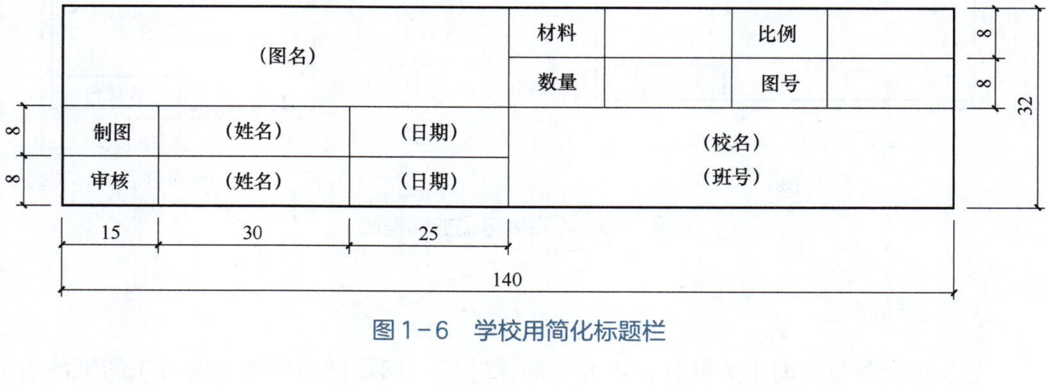


图 1-6　学校用简化标题栏

长仿宋体，字体要求详见本模块字体部分。

### 巩固练习

1. 请描述家具制图的概念和作用。

2. 为什么在家具制图中需要遵循一定的标准？请列举一些常用的家具制图标准。

3. 如果一张家具图样缺少尺寸标注，可能会产生什么问题？请举例说明。

4. 请简要描述家具制图中图纸幅面的选择和注意事项。

# 项目二　绘图工具

绘图前，应准备好图板、图纸和丁字尺，选择适当的绘图工具，如三角板套装、绘图铅笔等，并根据不同的图形要求选择合适的图线，如实线、虚线、点划线等绘制图框线和标题栏。而对于计算机辅助制图，则要熟悉各种绘图软件的使用技巧，本项目主要介绍手工绘图和制图基础知识。

虽然手工绘图工具种类较多，但随着科技的发展，人们开始使用计算机辅助设计软件，如 AutoCAD、3ds Max 等，这些软件为制图工作者提供了更多选择和可能性。

## 任务一　手工绘图工具与使用

### （一）手工绘图工具

手工绘图工具主要有图板、丁字尺、三角板套装、绘图铅笔、圆规、分规、曲线板、擦图片等。

**1. 图板**

图板的规格有 0 号、1 号与 2 号。绘图时应根据图纸幅面尺寸（设计内容）选择合适的图板。图板的版面要平整，材料质地要软硬均匀。图板的左侧短边称为工作边，要用变形小、稳定性高且较硬的木材制作，以保持平直。图板、图纸与丁字尺的摆放位置如图 1-7 所示。

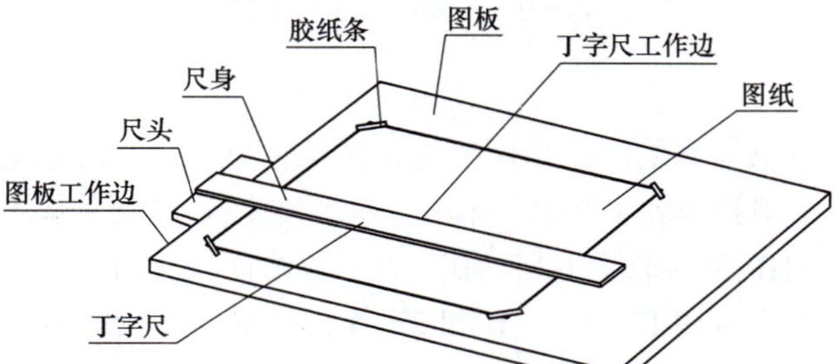


图 1-7　图板、图纸与丁字尺的摆放位置

### 2. 丁字尺

丁字尺又称T形尺，由互相垂直的尺头和尺身构成，是画水平线和配合三角板作图的工具，其使用方法如图1-8所示。丁字尺一般有600mm、900mm、1200mm三种规格。

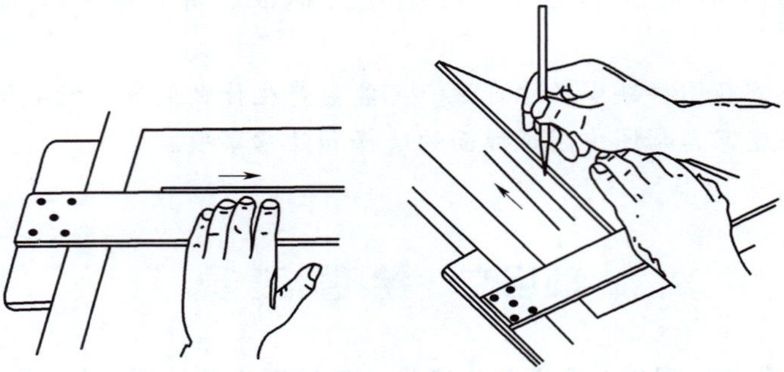

图1-8　丁字尺使用方法

### 3. 三角板套装

三角板套装是主要的绘图工具之一。一副三角板套装通常由两块特殊的直角三角形组成，一块为等腰直角三角板（45°与90°），另一块是直角三角板（一角为90°，其余两角分别为30°与60°）。三角板套装使用方法如图1-9所示。

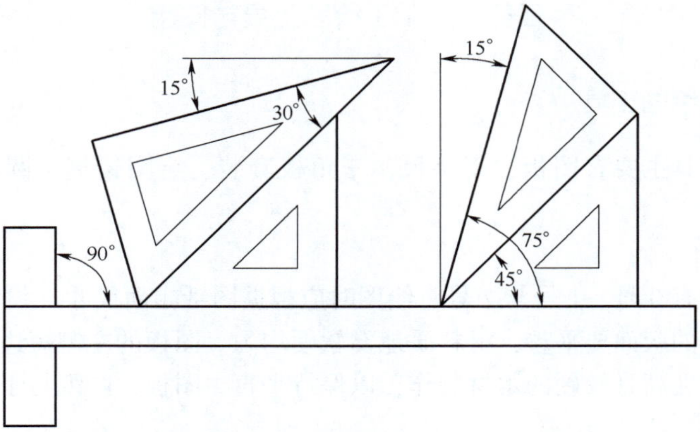


图1-9　三角板套装使用方法

### 4. 绘图铅笔

铅笔是一种用来书写和绘图的专用笔类，按工艺可分为绘图铅笔和自动铅笔。绘图铅笔的种类很多，一般根据铅芯的软硬程度，可将绘图铅笔划分成不同的等级，从最硬的9H、中等硬度的HB到最软的6B。“B”表示较浓而软，“H”表示较淡而硬，“HB”表示软硬适中，制图中常用H、HB、B和2B等，可根据图线的粗细不同来选择。绘图铅笔分类如图1-10所示。

一般2B以上的较软绘图铅笔用于绘制方案徒手草图。除了用上述绘图铅笔外，为了提高制图效率，也可用自动铅笔绘制稿线。自动铅笔具有画线稳定、连续、流畅等特点。自动铅笔的铅芯有 0.3mm、0.5mm、0.7mm 与 0.9mm 四种规格，硬度多为 HB。自动铅笔分类如图 1-11 所示。

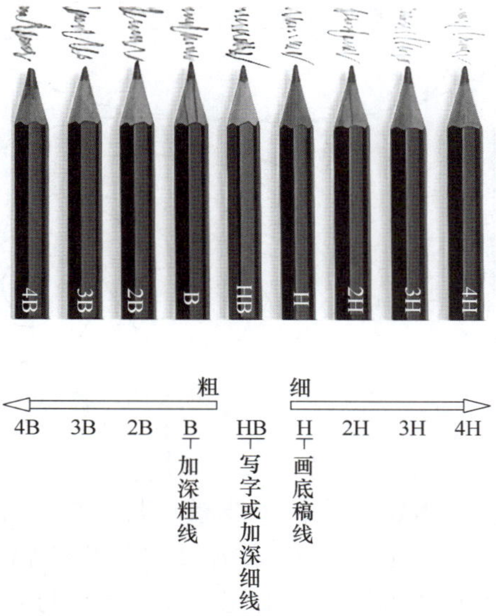


图 1-10　绘图铅笔分类

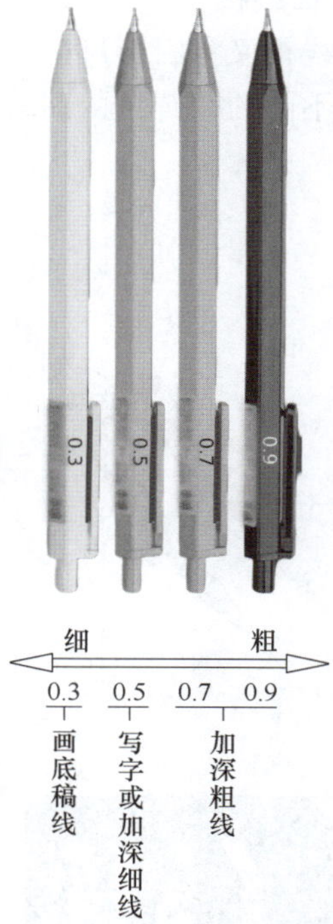


图 1-11　自动铅笔分类

**5. 圆规**

圆规是绘制圆和圆周线的工具，由笔头、转轴、圆规支腿等组成，其使用方法如图 1-12 所示。

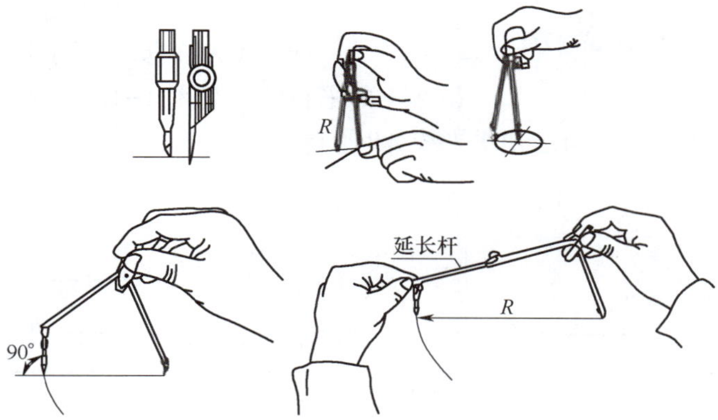


图 1-12　圆规使用方法

**6. 分规**

分规是用来截取线段、量取尺寸和等分直线段或圆弧线的工具，如图 1-13 所示。分规的使用方法和圆规相同，使用时应调整到不紧不松、容易控制的工作状态。

**7. 曲线板**

曲线板又称云形尺，是一种内外均为曲线边缘（呈漩涡形）的薄板，用来绘制曲线半径不同的非圆自由曲线，多用于设计、漫画、制图等领域，其使用方法如图 1-14 所示。

图 1-13　分规

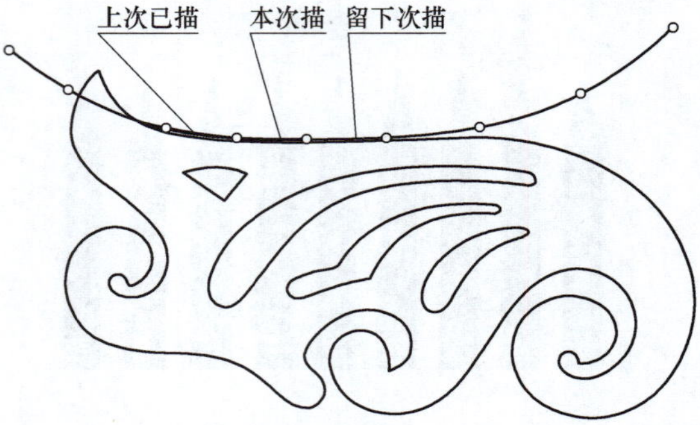


图 1-14　曲线板使用方法

**8. 擦图片**

擦图片又称擦线板。其主要的作用是擦去铅笔制图过程不需要的稿线或错误图线，并保护邻近图线的完整性，大小与名片相近，厚度约 0.3mm。擦图片使用方法如图 1-15 所示。

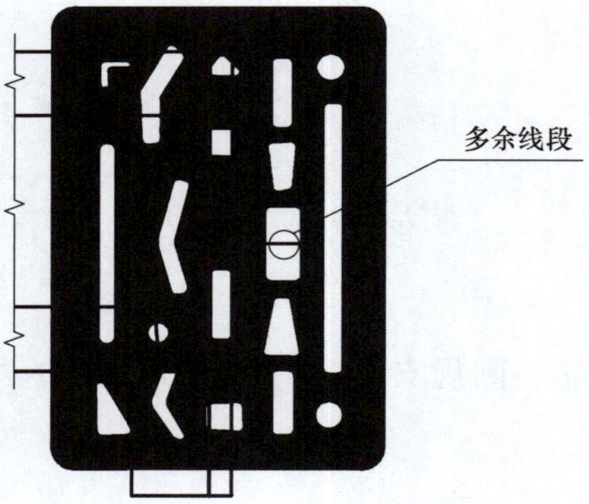


图 1-15　擦图片使用方法

## （二）几何作图方法

**1. 作直线的平行线与垂直线**

（1）作水平线的平行线

配合使用图板与丁字尺，可绘制水平线的平行线，如图 1-16 所示。作图步骤如下：

① 使丁字尺的工作边与已知水平线 *AB* 平行。

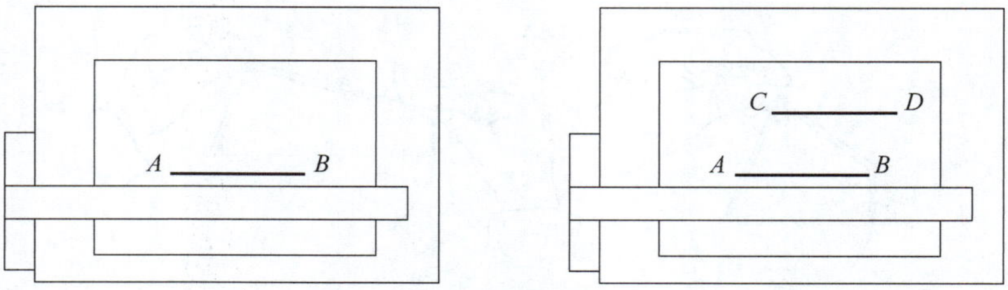


图 1-16　作水平线的平行线

② 沿图板工作边平推丁字尺，移动中使丁字尺工作边保持紧贴。

③ 固定丁字尺绘制直线 *CD*，即为所求平行线。

（2）作水平线的垂直线

配合使用丁字尺和三角板，可绘制水平线的垂直线，如图 1-17 所示。作图步骤如下：

① 使丁字尺的工作边与已知水平线 *AB* 平行。

② 丁字尺紧贴工作边，平移 45°三角板至点 *C* 不动。

③ 作直线 *CD*，即为所求垂直线。

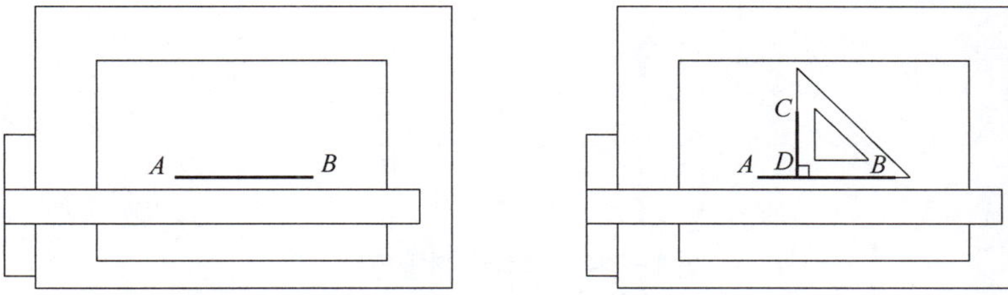


图 1-17　作水平线的垂直线

（3）作斜线的平行线

配合使用两块三角板，可绘制斜线的平行线，如图 1-18 所示。作图步骤如下：

① 使 45°三角板的一条斜边紧贴 *AB*。

② 45°三角板的直角边紧靠在另一条 30°三角板的斜边。

③ 推动 45°三角板，使其另一直角边过点 *C*。

④ 作直线 *CD*，即为所求平行线。

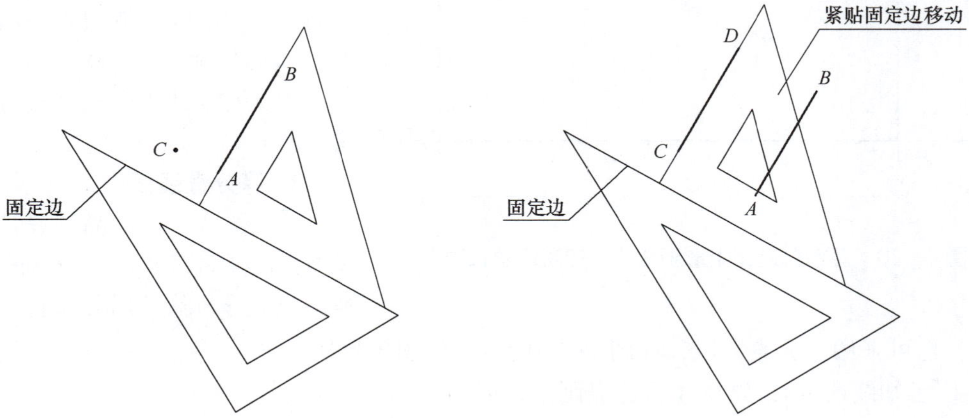


图 1-18　作斜线的平行线

（4）作斜线的垂直线

配合使用两块三角板，可绘制斜线的垂直线，如图 1-19 所示。作图步骤如下：

① 使 45°三角板的一条直角边紧贴 *AB*。

② 45°三角板的斜边靠在另一条 30°三角板的斜边。

③ 推动 45°三角板，使其另一条直角边过点 *C*。

④ 作直线 *CD*，即为所求垂直线。

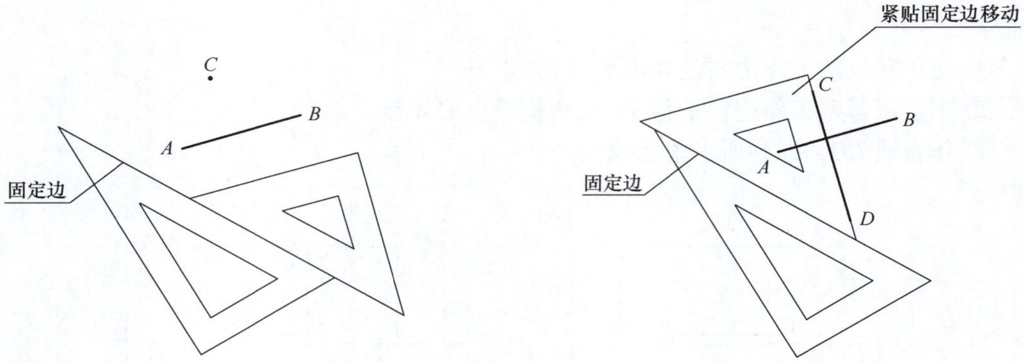


图 1-19　作斜线的垂直线

**2. 黄金分割比矩形画法**

黄金分割比被公认为是世界上最美的分割比例，其长与宽的比例为 1.618∶1。黄金分割比矩形画法（已知短边求长边）如图 1-20 所示。作图步骤如下：

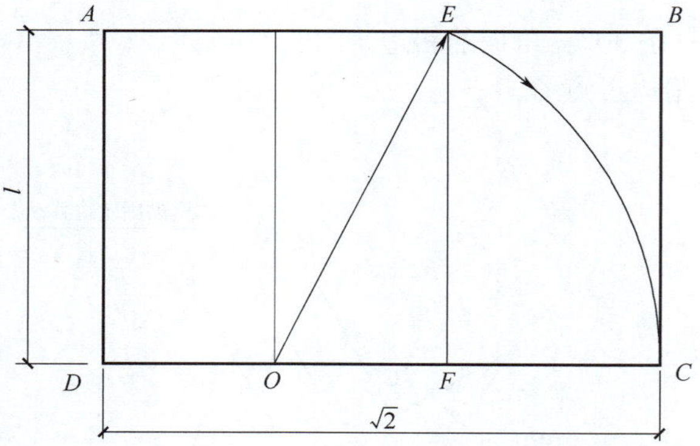


图 1-20　黄金分割比矩形画法（已知短边求长边）

① 由已知短边长作正方形 *AEFD* 开始。

② 画一条线将其分成两半（形成两个矩形）。

③ 以对角线 *OE* 为半径，点 *O* 为圆心绘制圆弧 *EC*，延长 *DF*，与弧线相交得 *CD*；

④ *ABCD* 即为所求黄金分割比矩形。

**3. 等分直线段**

在家具或木工制品的设计过程中，需要将某长度等分为多个等长的部分。除了用分规直接等分外，也可采用等分直线段，如图 1-21 所示。作图步骤如下：

① 已知线段 *AB*，以点 *A* 为起点画一条射线。

② 取任意长等分这条射线为 $n$ 等分。

③ 等分后的最后一个点与点 *B* 连接，再通过平移两块三角板等分直线段。

**4. 正多边形画法**

（1）正三角形画法

正三角形具有三条边和三个角均相等的特征，绘制正三角形的方法有多种，这里介

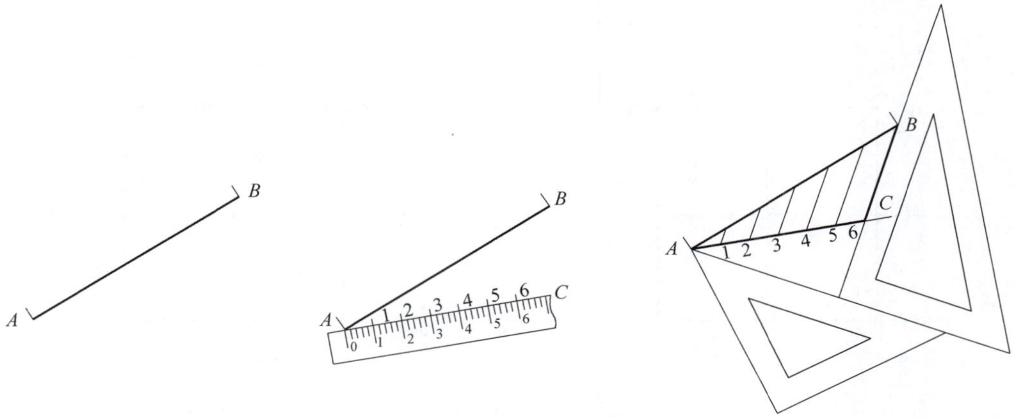


图 1-21　等分直线段

绍其中之一，如图 1-22 所示。作图步骤如下：

① 以点 $O$ 为圆心，$OA$ 为半径画圆；再以点 $O_1$ 为圆心，$O_1O$ 为半径画圆弧，与圆相交于点 $B$、$C$。

② 分别连接 $AB$、$AC$、$BC$。

③ $ABC$ 即为所求正三角形。

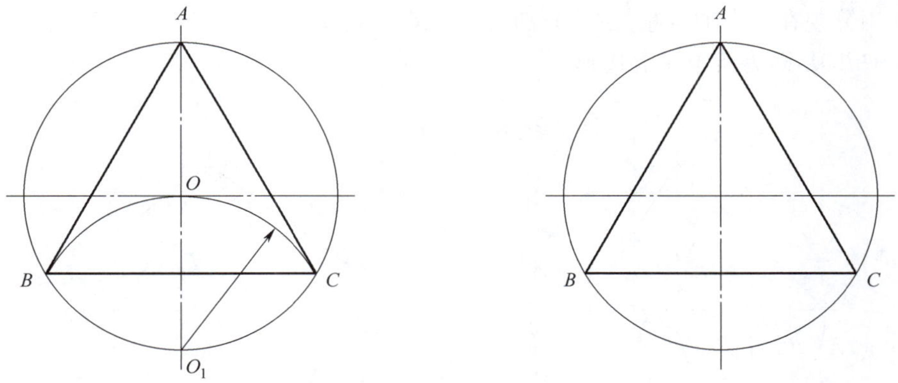


图 1-22　正三角形画法

（2）正方形画法

正方形具有四条边相等，四个角相等且垂直的特征。绘制正方形的方法有多种，这里仅介绍一种，如图 1-23 所示。作图步骤如下：

① 以点 $O$ 为圆心，$OA$ 为半径画圆；再以点 $F$ 为圆心，$FO$ 为半径画圆弧。

② 以点 $E$ 为圆心，$EO$ 为半径画圆弧，两个圆弧相交于点 $G$。

③ 连接 $OG$ 与圆交于点 $A$，延长 $GA$ 至圆上点 $C$。

④ 以相同的方法求点 $B$、$D$，分别连接 $AB$、$BC$、$CD$、$DA$。

⑤ $ABCD$ 即为所求正方形。

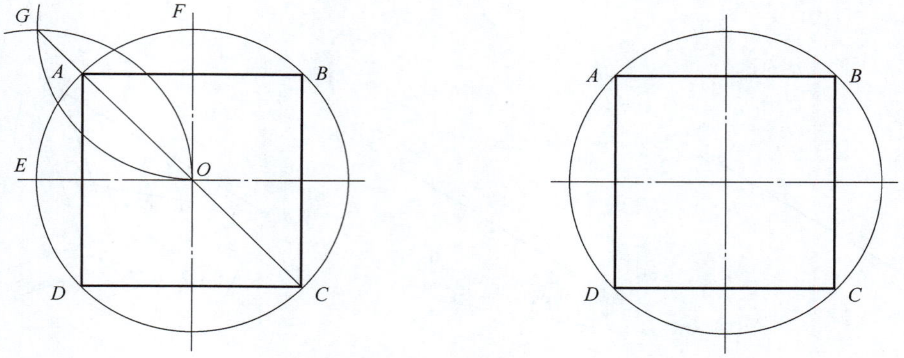


图 1-23　正方形画法

（3）正五边形画法

正五边形在构图中较为常见，正五边形画法如图 1-24 所示。作图步骤如下：

① 以点 $O$ 为圆心，$OX$ 为半径画圆；再以点 $X$ 为圆心，$XO$ 为半径画圆弧，与圆相交于点 $Y$、$Z$。

② 连接 $YZ$，交于点 $O_1$。

③ 以点 $O_1$ 为圆心，$O_1A$ 为半径画圆弧。

④ 以点 $A$ 为圆心，$AF$ 为半径画圆弧至圆上点 $B$。

⑤ 用分规在圆上取等量 $AB$，分别得到点 $C$、$D$、$E$。

⑥ $ABCDE$ 即为所求正五边形。

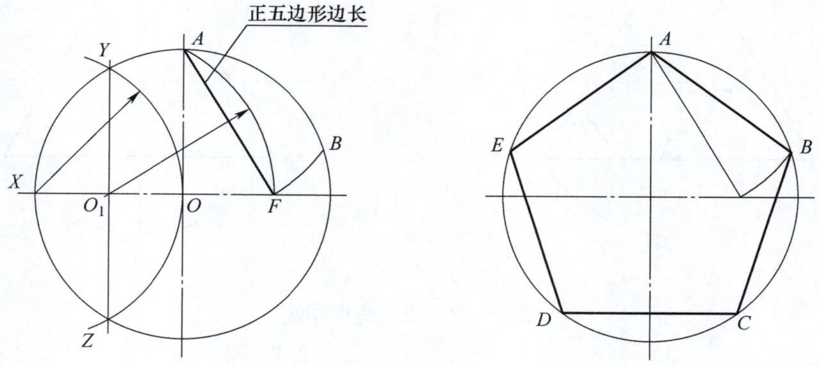


图 1-24　正五边形画法

（4）正六边形画法

正六边形在造型设计中较为常见，其特征是六条边相等，六个角相等，正六边形画法如图 1-25 所示。作图步骤如下：

① 以点 $O$ 为圆心，$OA$ 为半径画圆，再以点 $A$ 为圆心，$AO$ 为半径画圆弧，与圆相交于点 $F$、$B$。

② 以点 $D$ 为圆心，$DO$ 为半径画圆弧，与圆相交于点 $E$、$C$。

③ 分别连接 $AB$、$BC$、$CD$、$DE$、$EF$、$FA$。

④ $ABCDEF$ 即为所求正六边形。

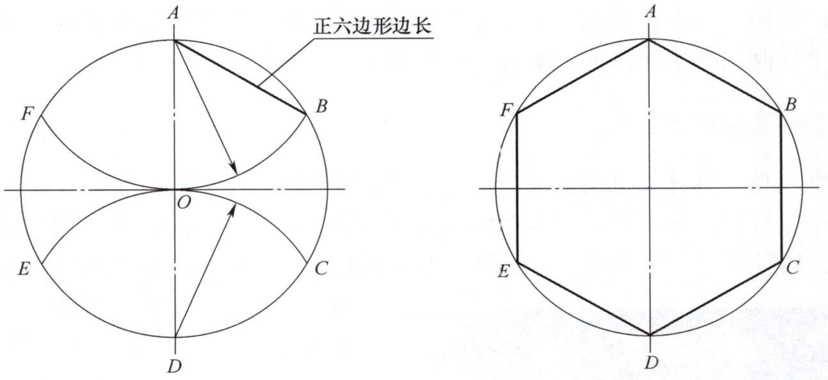


图 1-25　正六边形画法

**5. 椭圆画法**

椭圆画法在家具行业中的应用非常广泛，可以用于设计和制作各种形状的家具，包括圆桌、茶几等具有椭圆形或椭圆形曲线边缘的家具。在实际应用中，家具的形状通常近似椭圆。通过椭圆画法，可以准确绘制出符合客户需求的椭圆形家具和配件，设计出舒适、美观和独特的家居空间。椭圆的绘制方法有多种，这里介绍四心法绘制椭圆的步骤，如图 1-26 所示。作图步骤如下：

① 确定椭圆的长轴与短轴。

② 以点 $O$ 为圆心，$OA$ 为半径画圆。

③ 连接 $AC$，以点 $C$ 为圆心，$CM$ 为半径画圆弧，与 $AC$ 相交于点 $E$。

④ 作 $AE$ 的垂直平分线，与 $MN$、$AB$ 相交于点 $O_2$、$O_3$。

⑤ 取 $OO_2=OO_1$，$OO_3=OO_4$，$O_1D=O_2C$。

⑥ 分别以点 $O_1$、$O_2$、$O_3$、$O_4$ 为圆心，$O_1D$、$O_2C$、$O_3A$、$O_4B$ 为半径画圆弧。

⑦ $ACBD$ 即为所求近似椭圆。

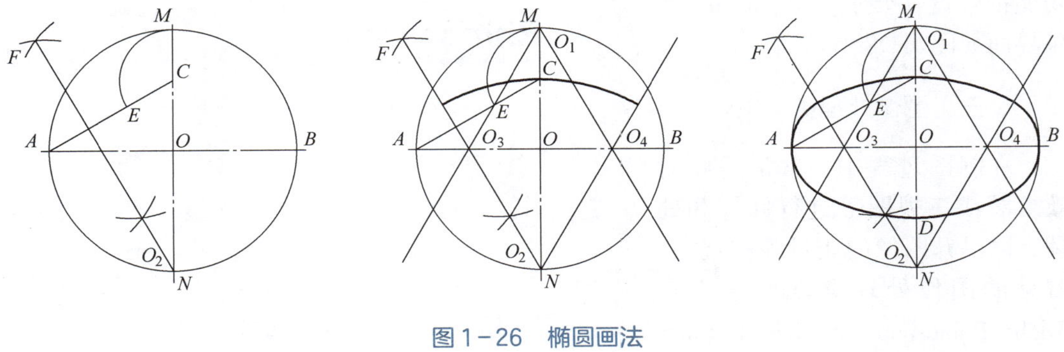


图 1-26　椭圆画法

## 任务二　计算机辅助设计软件简介

计算机辅助设计软件可以用来帮助工程师、设计师和制图人员进行制图、设计和模拟等工作。计算机辅助设计软件具有界面友好、操作方便、功能丰富、灵活性高等特点，并广泛应用于各个行业和领域，如家具设计和产品设计等。常见的制图软件大体分为三类：平面制图类、建模动画类和图像处理类。

### （一）平面制图类

AutoCAD 是一种计算机辅助设计软件，它可以实现二维绘图和基本三维建模等功能，适用于家具制图和工程制图等领域。在家具制图中，AutoCAD 主要用于绘制家具相关生产图，如三视图、设计图、立体图、结构装配图、零件图和部件图等。以 AutoCAD 2023 为例展示登录界面，如图 1－27 所示。

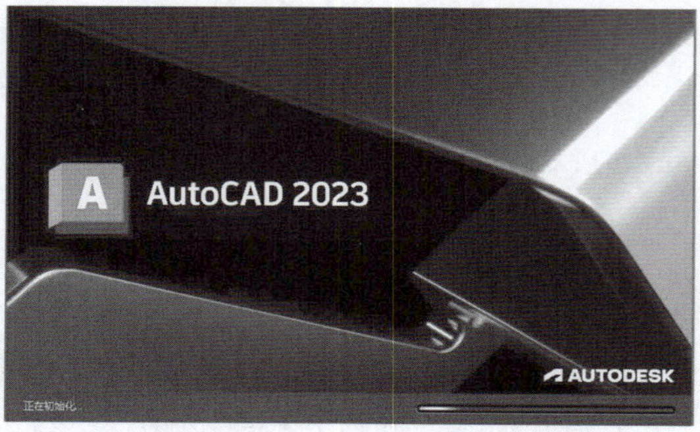

图 1－27　AutoCAD 2023 登录界面

AutoCAD 具有直观易用的特点，可快速绘制出各种家具的立体图和设计图，帮助设计师更好地展示和模拟家具的外观和布局，方便与客户进行沟通和确认。

### （二）建模动画类

建模动画类软件有 3ds Max、TopSolid、SolidWorks、SketchUp、Mastercam、Rhinoceros 和 Maya 等。其中，3ds Max 是 Discreet 公司开发的基于 PC 系统的三维动画渲染和制作软件，主要应用于家具建模、广告、影视和工程可视化等领域。Mastercam 和 TopSolid 可以直接连接 CNC 五轴加工中心，对接生产。

Rhinoceros 具有强大的建模能力，可以精确地绘制各种复杂的家具形状，并支持导入和导出多种文件格式，方便与其他软件进行数据交换和协作。Rhinoceros 还有一系列的插件可以扩展其功能，例如 VRay 插件可以实时渲染家具模型，使设计师可以获得更真实的效果。设计师可以通过它进行家具的详细设计、分析和仿真，确保家具的结构和功能符合设计要求。Rhinoceros 登录界面如图 1-28 所示。

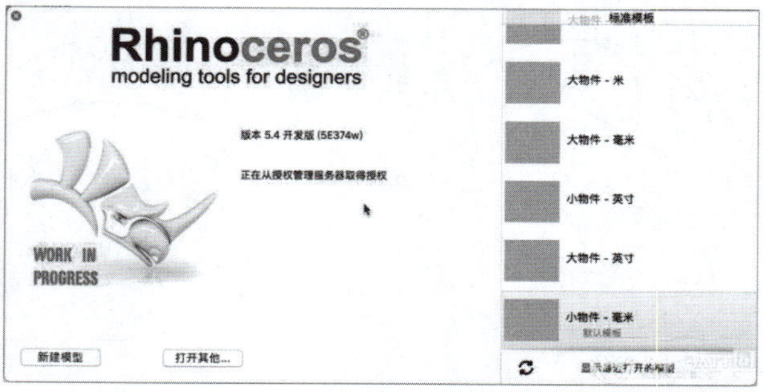

图 1－28　Rhinoceros 登录界面

### （三）图像处理类

在制图过程中，常常需要对效果图或三视图等进行修饰和处理，以提升图像的质量和美观度。常见的图像处理类软件主要有 Adobe Photoshop、Adobe Illustrator

和 CorelDRAW 等，Adobe Photoshop CC 登录界面如图 1-29 所示，这些软件在视觉设计、图像编辑、排版制作等方面应用广泛。除此之外，还有一些便于平面看图和图像处理的软件，综合运用这些工具，可以更好地完成图像处理等任务。

家具设计师还可以使用 CorelDRAW 等矢量图形编辑软件来进行家具的图案设计和排版，实现对家具纹理、颜色和图案的定制设计，进而提供多样化和个性化的家具产品。

图 1-29　Adobe Photoshop CC 登录界面

通过这些软件，设计师可以实现快速精确地绘图、建模和渲染，提高制图的效率和质量。同时，设计师还可以结合 AI 大模型（如 Midjourney、Stable Diffusion 等）提升设计效率并丰富创意表达。借助 AI 技术，设计师能够快速生成高质量的图像，辅助探索设计灵感，并优化渲染效果。需要注意的是，不同的家具制图软件和 AI 工具各有特点和适用范围，设计师在创作时应根据具体需求选择合适的工具组合，以实现最佳的设计效果。

### 巩固练习

1. 请列举常用的手工绘图工具，并简要描述其用途。
2. 在手工绘图过程中遇到的常见问题有哪些？请描述并提供解决方案。
3. 结合一个具体的家具制图案例说明手工绘图的基本步骤。
4. 如何选取合适的纸张和比例？请说明选择纸张和比例时的考虑因素。
5. 请简要说明手工绘图与计算机辅助设计软件绘图的优缺点。

# 项目三　图线、比例与字体

绘图时，需要使用不同的图线表达不同的含义，如实线通常用来绘制家具可见轮廓线，细实线用于尺寸标注，点划线用于对称中心线的标注等。图样中为了表示不同家具图样的含义，分清主次，应使用不同图线形式。

## 任务一　图　　线

图线指起点和终点间以任何方式连接的线条。图线的基本线型包括实线、粗实线、细实线、波浪线、双折线、虚线、点划线和双点划线等。

### （一）图线的分类

图线的分类见表 1-3。

表 1-3　　图线的分类　　单位：mm

| 序号 | 名称 | 形式 | 宽度 |
|---|---|---|---|
| 1 | 实线 | | $b$(0.3~1) |
| 2 | 粗实线 | | 1.5$b$~2$b$ |
| 3 | 细实线 | | $b$/3 |
| 4 | 波浪线 | | $b$/3 或更细 |
| 5 | 双折线 | | $b$/3 或更细 |
| 6 | 虚线 | | $b$/3 或更细 |
| 7 | 点划线 | | $b$/3 或更细 |
| 8 | 双点划线 | | $b$/3 或更细 |

图线的宽度和粗细应根据图纸的尺寸和比例来选择。图线的宽度通常分为以下几种：0.18mm、0.25mm、0.35mm、0.5mm、0.7mm、1.0mm、1.4mm、2mm 等，以适应不同的打印和阅读需求。

### （二）图线的应用范围

图线是表达设计意图的基本元素之一，它们不仅定义了家具的形状、结构和零件之间的关系，还传达了尺寸和表面处理等重要信息。图线的应用范围见表 1-4。

表 1-4　　图线的应用范围

| 序号 | 名称 | 应用范围 |
|---|---|---|
| 1 | 实线 | 基本视图中可见轮廓线 |
| | | 局部详图索引标志 |
| 2 | 粗实线 | 剖切符号 |
| | | 局部详图可见轮廓线 |
| | | 局部详图标志 |
| | | 图框线及标题栏外框线 |
| 3 | 细实线 | 尺寸线及尺寸界线 |
| | | 引出线 |
| | | 剖面线 |
| | | 各种人造板、成型空芯板的内轮廓线 |
| | | 小圆中心线、简化画法表示连接件位置线 |
| | | 圆滑过渡的交线 |
| | | 重合剖轮廓线 |
| | | 表格的分格线 |
| | | 局部详图中，榫头端部断面表示用线 |
| | | 局部详图中，连接件轮廓线 |

续表

| 序号 | 名称 | 应用范围 |
| --- | --- | --- |
| 4 | 波浪线 | 假想断开线 |
| | | 回转体断开线 |
| | | 局部剖视分界线 |
| 5 | 双折线 | 假想断开线 |
| | | 阶梯剖视分界线 |
| 6 | 虚线 | 不可见轮廓线，包括玻璃等透明材料后面的轮廓线 |
| 7 | 点划线 | 对称中心线 |
| | | 回转体轴线 |
| | | 半剖视分界线 |
| | | 可动零、部件的外轨迹线 |
| 8 | 双点划线 | 假想轮廓线 |
| | | 表示可动部分在极限位置或中间位置的轮廓线 |

### （三）图线的应用规则

一般来说，图线的绘制应遵循以下规则：

① 清晰性。图线应清晰、连续，避免交叉和重叠，以减少解读上的歧义。

② 一致性。在同一图样或图样集中，图线的应用应保持一致，遵循相同的样式和宽度。

③ 可读性。图线的选择应确保图样在标准视距下的可读性，避免因线宽过细或过粗而影响阅读。

④ 规范性。遵循行业标准和规范，确保图样的专业性和通用性。AutoCAD 线型设置见附录。

掌握图线的正确应用对于设计师和制图员来说是一项基本技能。它不仅影响图样的美观和专业性，更关系到家具的生产效率和质量。因此，设计师和制图员应当深入理解图线的应用规则，并在实践中不断提高制图水平。

## 任务二 比例与字体

### （一）比例

#### 1. 比例的概念

比例是指图样上所画图形的大小（线性尺寸）与实物大小（线性尺寸）之比。比例不仅影响图样的视觉表现，还决定了家具尺寸的真实性和制造的可行性。选择合适的比例，可确保图样在有限的空间内清晰地展示家具的详细信息，同时保持尺寸的真实性。在绘制前，确定的比例大小也决定了图样的大小。在局部详图中，使用放大比例可详细表达家具局部位置的结构、材料等信息。适当的比例决定绘制图样的大小、可视度与合理性。

**2. 选择比例的考虑因素**

① 家具尺寸。家具的实际大小是选择比例的首要因素。较大的家具可能需要较小的比例，而较小的家具也可以使用较大的比例。

② 细节复杂度。家具的设计细节越多，越复杂，则通常需要较大的比例来展示，以确保细节的清晰可辨。

③ 图纸空间。图纸的尺寸限制了可以使用的比例范围。在有限的空间内，需要平衡比例和图样的可读性。

④ 制造要求。生产过程中对精度的要求也会影响比例的选择。高精度的家具制造可能需要更精确的比例和更细致的图样表达。

**3. 标准比例的应用**

通常使用“：”表示比例符号。

比值为 1 的比例即 1：1，称为原值比例，如图 1-30（a）所示；比值大于 1 的比例如 2：1 等，称为放大比例，如图 1-30（b）所示；比值小于 1 的比例如 1：2 等，称为缩小比例，如图 1-30（c）所示。

需要注意的是，无论图形大小，标注尺寸总是按实际大小标出。

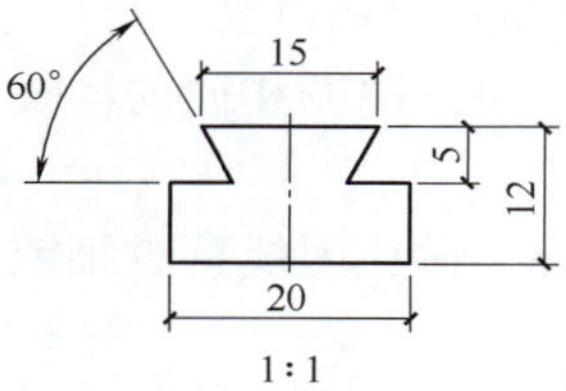

(a) 原值比例

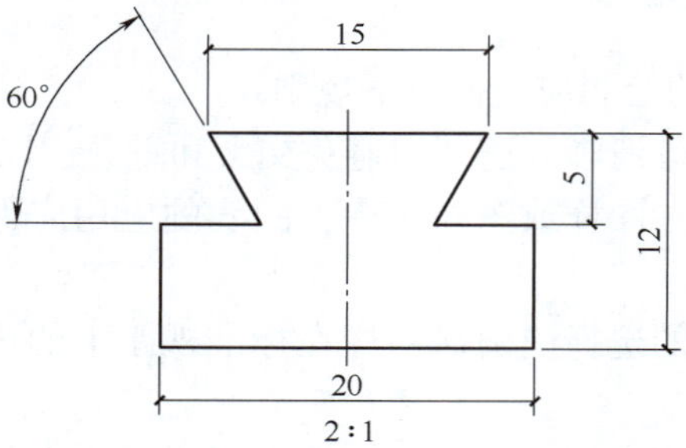

(b) 放大比例

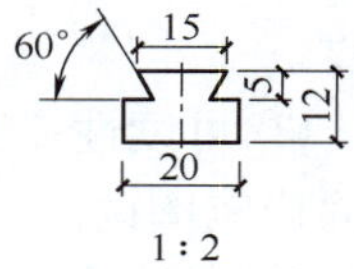

(c) 缩小比例

图 1-30 原值、放大与缩小比例

较小的家具或需要展示细节的部分可能会选择较大的比例，而较大的家具或整体布局展示可能会选择较小的比例。必要时放大比例可选用 4：1、2.5：1 等，放大比例在家具制图中较少使用，缩小比例可选用 1：2、1：4、1：5、1：10、1：20、1：25 等。不同比例应用场景见表 1-5。合理选择比例能够在有限的图纸空间内清晰、准确地表达家具的形状、尺寸和结构。

表 1-5 不同比例应用场景

| 比例 | 应用场景 |
|---|---|
| 1：1 | 实际大小,用于展示细节或小件家具 |
| 1：2、1：4、1：5 | 用于较大件家具的初步设计或概念展示 |
| 1：10、1：20、1：25 | 用于详细设计和生产图样 |
| 1：50、1：100 | 用于平面布局图或大型家具的概览 |

基本视图的比例必须在标题栏“比例”中注明。局部详图要单独标注比例，标在局部详图标注圈右边的水平细实线上方；其余视图一般标注在视图名称的下方，如

图 1-31 所示。

在清晰明确表达图形的前提下，应充分利用所选图纸幅面图框内面积。在基本视图中可用不同比例画出局部详图以展示局部细节。对于家具中的曲线零、部件和雕饰等特殊形状图形，则需要用 1∶1 比例绘制大样图或使用制图软件导出进行辅助生产与制作。

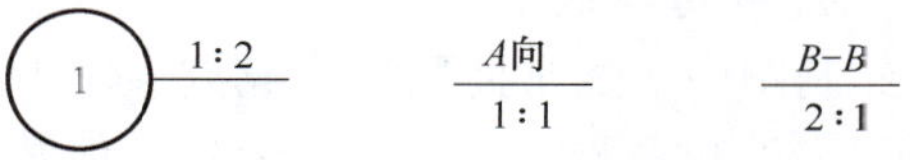


图 1-31　图样中的比例注写

**4. 比例的应用技巧**

① 一致性。在同一项目或图样集中，应保持比例的一致性，以便于比较和对照。

② 标注清晰。在图样上明确标注所使用的比例，确保所有读者都能理解图样的缩放关系。

③ 多比例视图。对于尺寸差异较大的家具组件，可以采用多个比例的视图来展示，以确保每个部分都能清晰表达。

设计师和制图员要根据家具的特点和制造要求，合理选择和应用比例，以确保图样的准确性和实用性。掌握比例的基本原则和技巧，可有效地沟通设计意图，提升家具设计的质量。

## （二）字体

合理使用字体是确保图样信息得以清晰、准确传达的重要条件。字体不仅关系到图样的美观性和专业性，还直接影响到图样信息的可读性和理解性。字体包括汉字、数字和字母，书写时必须做到字体工整、笔画清楚、间隔均匀、排列整齐。字体的大小应与图样比例相匹配，以确保图样的清晰度。

**1. 汉字**

标题栏与文字说明等均要使用汉字进行必要的注释。字高分为 2.5mm、3.5mm、5mm、7mm、10mm、14mm、20mm。字高用“字号”表示，如 5 号字即字高为 5mm。若要书写更大的字，字高应按比例递增。

汉字为长仿宋体，并采用国家正式公布的简化字，字宽约为字高的 2/3。字高不应小于 3.5 号，以避免字迹不清。长仿宋体的书写要领为：横平竖直，注意起落，结构均匀，填满方格。汉字书写示例如图 1-32 所示。

10号字　设计原理　材料选用　制图规范　结构分析

7号字　尺寸精确　工艺流程　功能美学　人体工学

5号字　软件应用　风格多样　细节处理　创新设计

3.5号字　生态环保　榫卯结构　安全标准　质量控制

图 1-32　汉字书写示例

### 2. 字母与数字

制图中，通常使用字母或数字作为剖切面和局部视图等的标注。字母的常用字形为拉丁字母和希腊字母，数字为阿拉伯数字和罗马数字。字体分 A 型（机器书写）和 B 型（手工书写）。A 型字体的笔画宽度（$d$）为字高的 1/14；B 型字体的笔画宽度（$d$）为字高的 1/10。在同一图样中只允许使用同一种字体。

字体分直体和斜体。斜体字字头向右倾斜，与水平线约呈 75°。用作指数、分数、极限偏差、注脚等的数字和字母，一般采用小一号字体。字母与数字书写示例如图 1-33 所示。

图 1-33　字母与数字书写示例

在绘制图样时，正确选择字体可确保信息的清晰传达。因此，尺寸标注应使用明确且工整的字体，以确保家具尺寸的精确表达，避免误解和潜在损失。符号和图例的标签应选用易于理解的字体，以帮助读者识别家具的特定功能和特征。图样说明和注释部分应采用合适大小的字体，以确保设计意图、安装要求和使用建议等信息的清晰传达。

## 巩固练习

1. 什么是图线？请列举常用的图线类型，并简要描述它们的用途。

2. 在家具制图中，你认为哪种图线类型应该用于表示实体部分？

3. 如果一张家具图样中使用了太多不必要的图线，会对制图造成什么影响？请举例说明。

4. 请简要描述如何绘制一条虚线，并说明它的应用场景。

5. 为什么在绘制图线时要注意线条的粗细和清晰度？请解释其重要性。

# 项目四 尺寸标注

尺寸标注为家具的制造和装配提供了准确的尺寸信息。正确的尺寸标注不仅确保了家具设计的准确性，也是高效生产和质量控制的基础。

## 任务一 尺寸标注概述

一个完整的尺寸标注通常由尺寸线、尺寸界线、起止符号和尺寸数字四个部分组成，尺寸线和尺寸界线使用细实线绘制，如图 1-34 所示。

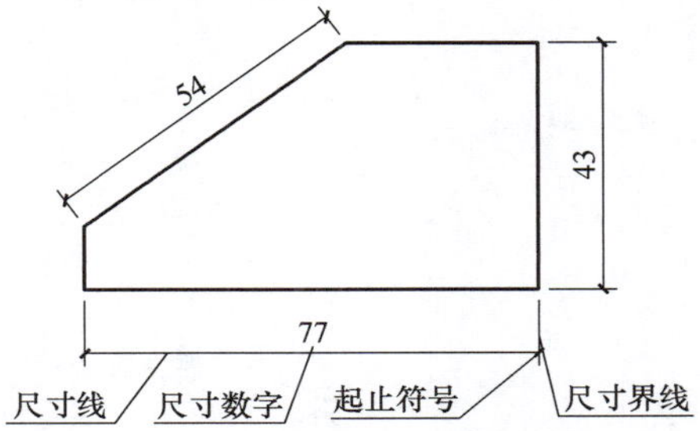


图 1-34 尺寸标注四要素

尺寸线通常平行于所注写对象的度量方向，且不超出尺寸界线之外（少数情况下可以超出尺寸界线，如小尺寸的标注等）。图样上的外形轮廓线通常不用作尺寸线进行尺寸标注。

尺寸数字一般应注写在尺寸线中上方，也可将尺寸线断开，中间注写尺寸数字。尺寸数字应按标准规定字形书写，详见本模块字体部分。

起止符号有三种表达方式：箭头、斜短线和小圆点。斜短线指一条长 2~3mm 的中粗线，与尺寸界线顺时针方向转 45°左右。在同一张图样上，除角度、直径和半径尺寸外，为了统一规范，一般只使用一种起止符号画法。

尺寸界线通常应与被注长度垂直，其一端应与图样的外形轮廓线保持至少 2mm 的距离，另一端宜超出尺寸线 2~3mm，并由图形的外形轮廓线、轴线或对称中心线引出，必要时可利用外形轮廓线、轴线或对称中心线作为尺寸界线。

## 任务二 尺寸标注方法

### （一）线性尺寸

线性尺寸标注较为常用，通常用于标注家具或零、部件的直线尺寸。具体介绍如下：

① 线性尺寸的尺寸数字一般注写在尺寸线中上方，也可将尺寸线断开，中间注写尺寸数字，如图 1-35 所示。

② 不同方向线性尺寸标注如图 1-36 所示。其中 30°范围内应尽量避免线性尺寸标注，当无法避免时可按水平方向书写。

③ 当注写尺寸位置很小时，标注方法如图 1-37 所示。

④ 当相同的孔位呈直线均匀排列时，标注方法如图 1-38 所示。

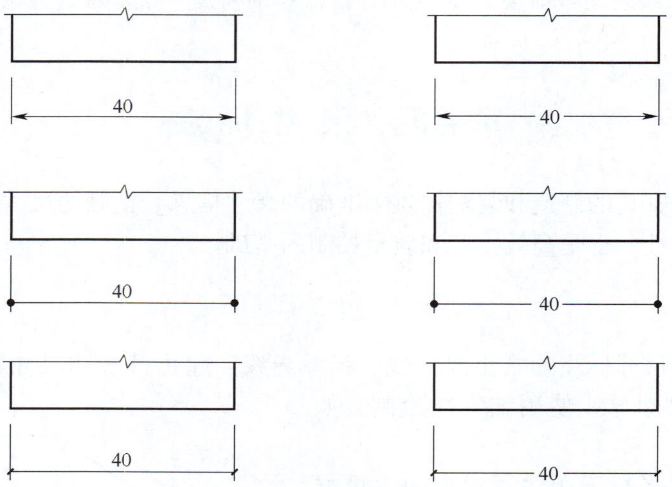


图 1-35　线性尺寸标注

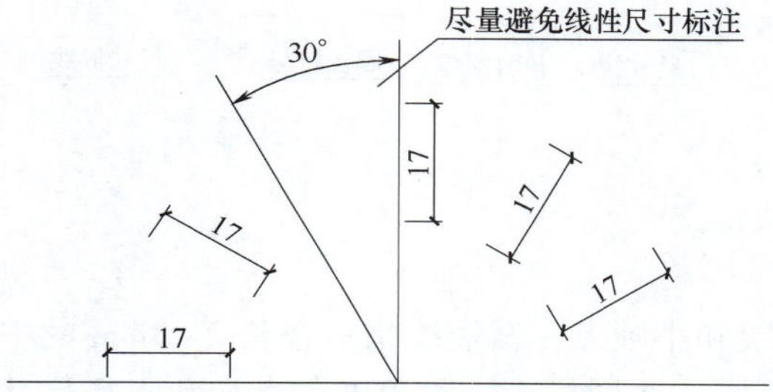


图 1-36　不同方向线性尺寸标注

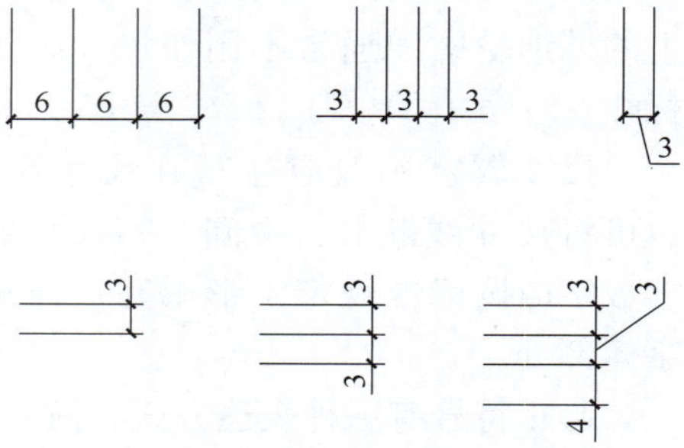


图 1-37　小尺寸标注

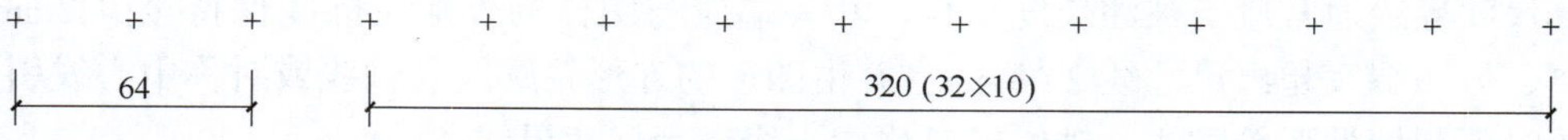


图 1-38　相同孔位尺寸标注

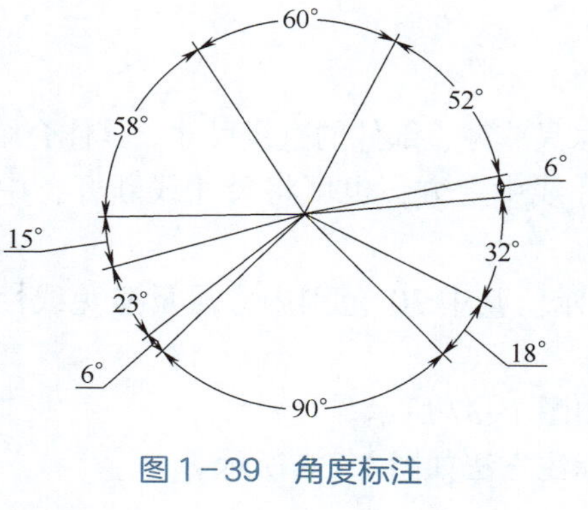


图 1-39　角度标注

## （二）角度

角度标注常见于异形形体的特殊角度等部分。角度标注的尺寸数字一律水平书写，一般应写在尺寸线中断处，必要时可写在尺寸线上方或外面，注写位置不够时可引出标注，如图 1-39 所示。角度尺寸线应是以角顶为圆心的圆弧线，起止符号用箭头表示。

## （三）圆与圆弧

### 1. 直径标注

圆和大于半圆的圆弧均应标注直径，直径以希腊字母“$\phi$”表示，尺寸线指向圆弧线，起止符号用箭头画出。家具中的桌腿、镂空的圆等直径尺寸标注如图 1-40 所示。

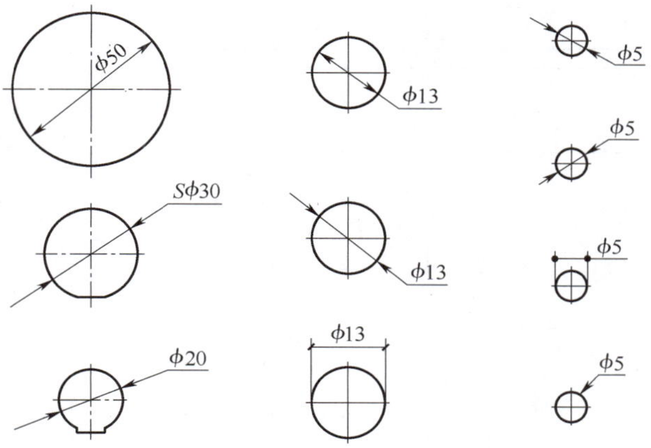


图 1-40　直径尺寸标注

### 2. 半径标注

在家具设计中，半径标注是描述圆形或曲线特征的重要手段。正确的半径标注不仅能够确保家具的精确制造，还能避免生产过程中的误解和误差，桌腿的圆形截面、椅子的扶手曲线和家具边缘的圆角处理，都需要通过半径标注来精确表达。

半径以拉丁字母“$R$”表示，如图 1-41 所示。尺寸线指向圆弧一端用箭头画出，并通过圆心。当半径较大又需要注明圆心位置时，可将尺寸线画成折线；若不需要标注圆心位置时，则仍按一般注法，如家具零、部件的倒圆和倒角等。

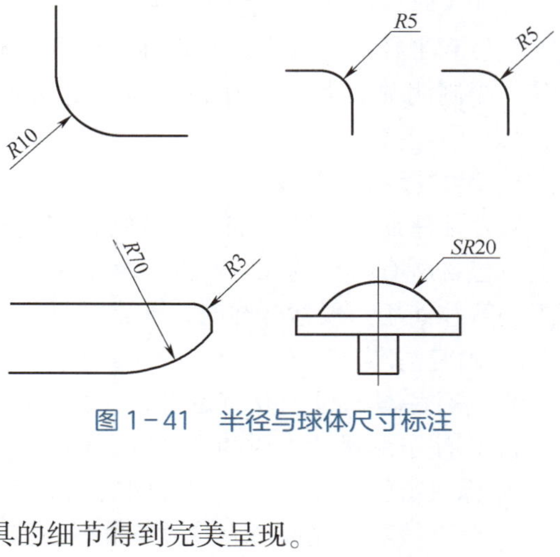


图 1-41　半径与球体尺寸标注

### 3. 球体标注

球体尺寸应在直径或半径符号前加注拉丁字母“$S$”（图 1-41），常见于车旋加工圆球形体等的尺寸标注。掌握半径标注的正确方法和技巧，在半径标注时应注意规范性和精确性，可以确保家具的细节得到完美呈现。

## （四）家具

家具尺寸标注的应用贯穿于设计和制造全过程，是家具和零、部件制造中的重要依据。完整的家具尺寸标注通常包括总体尺寸、定形尺寸和定位尺寸。总体尺寸指的是家具或零、部件的总长、总宽和总高；定形尺寸指的是家具或零、部件的长、宽、高、半径和直径等；定位尺寸指的是家具或零、部件内部的孔位距离和开槽距离等。抽屉面板尺寸标注如图 1-42 所示。

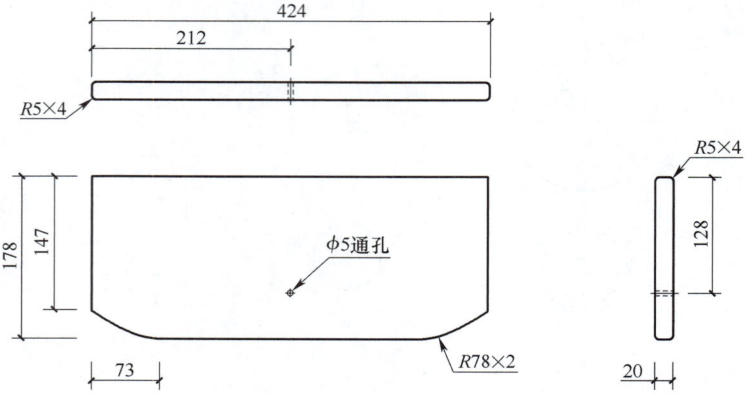


图 1-42　抽屉面板尺寸标注

在家具图样的尺寸标注中，应确保数字的准确、完整和清晰。标注整体尺寸时应体现最终组装后的尺寸，标注零、部件尺寸时应体现净料加工后的尺寸，并以毫米为默认单位，如果使用其他尺寸单位标注（如厘米、分米或米），则要另外说明。图样上的尺寸是真实大小的唯一参考，与绘图比例无关。

## 任务三　尺寸标注步骤与注意事项

标注家具三视图的尺寸时，首先需要明确主要尺寸和次要尺寸，如长度、宽度、高度、直径和半径等。其次，确定标注位置，确保其清晰且易于理解，避免与图形重叠。接着，绘制明显且长度适中的标注线，并在两端或延长线上清晰标注起止符号（如箭头）。

**1. 尺寸标注的步骤**

尺寸标注通常要遵循准确、清晰、完整和一致的原则，应清晰易懂，避免歧义。图样上应包含所有必要的尺寸，并确保准确无误。尺寸标注应遵循相同的格式和标准，以便于理解和使用。尺寸标注时，通常遵循以下步骤：

① 确定基准。选择一个基准线或基准面，作为尺寸标注的起点。

② 标注总体尺寸。从基准开始，标注家具的长、宽、高。

③ 标注定形尺寸。详细标注家具部件的内部尺寸，如抽屉内部尺寸和门板厚度等。

④ 标注定位尺寸。标注部件间的相对位置，如螺栓孔的间距和榫头的位置等。

⑤ 检查核对。完成所有尺寸标注后，进行仔细检查，确保尺寸的准确性和完整性。

**2. 尺寸标注的注意事项**

准确的尺寸标注可以减少生产中的误差和返工，提高生产效率。完整的尺寸标注有助于质量控制，确保最终产品满足设计要求和用户期望。在进行尺寸标注时，需要注意以下几个方面：

① 尺寸标注时，小尺寸应标注在里面，大尺寸应标注在外面，同一要素的尺寸应尽可能集中标注。

② 一个尺寸一般只标注一次，并且应标注在反映该结构最清晰的图形上。

③ 尺寸结构要合理，尽量避免在不可见的轮廓线上标注尺寸。

尺寸标注正误对比如图 1-43 所示。

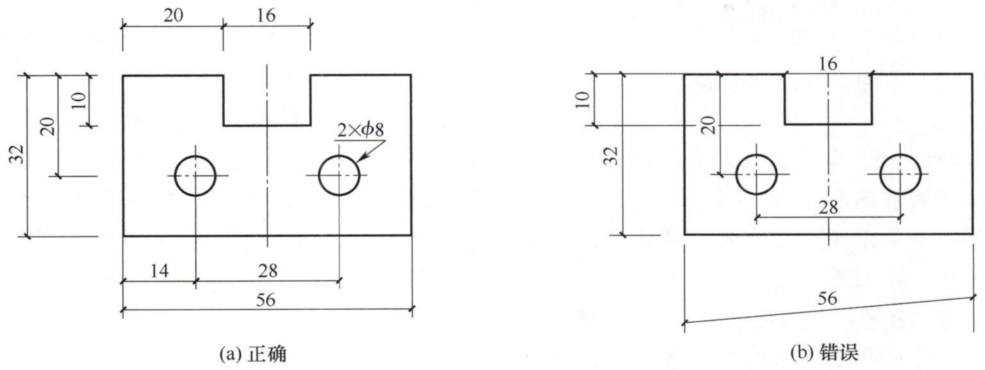


图 1-43　尺寸标注正误对比

此外，需要根据尺寸类型选择合适的标注标识，如直径用“ϕ”表示，半径用“*R*”表示，尽可能保证整张图样的标注一致性，以便于读者快速准确地获取尺寸信息。

## 巩固练习

1. 请简要概述尺寸标注的意义和作用。
2. 尺寸标注包括哪些内容？请列出并解释每个内容的作用。
3. 你认为尺寸标注在家具制图中的重要性是什么？请进行阐述。
4. 为什么在进行尺寸标注时需要遵循一定的标准和规范？请说明原因。

## 综合提升

练习线性尺寸，角度尺寸，半径、直径和特殊情况下的尺寸标注。

要求：

① 使用手工绘图工具绘制。

② 使用 A3 图纸，画出图框线和标题栏。

③ 注意各种图线的正确用法。

## 知识拓展

### 鲁班尺

鲁班尺是中国古代的一种重要测量工具，具有很高的历史和文化价值，如图 1-44 所示。它由鲁班先师创造并使用，因而得名。鲁班尺是一个长方形木尺，长约 46.08cm，宽约 5.8cm，厚约 1.8cm。它被分为四面：正面、背面、左侧面和右侧面，

图1-44 鲁班尺

每个面上都有刻字。

鲁班尺的使用方法非常灵活多样。它通常以寸为单位，每寸等于5.76cm。在尺的正面和背面，每一寸都被细致地刻上了刻度和文字，用来测量长度和距离。在尺的左侧面和右侧面，刻有一些常用的角度，如90°、45°等，用来测量角度和方向。

鲁班尺在古代的建筑和木工行业中应用广泛，成为建造房屋、桥梁和器物时不可或缺的工具。在建筑设计中，选择地基、确定建筑方向和门的朝向被认为是非常重要的设计内容，而使用鲁班尺可以帮助工匠们精确测量，并确保设计的准确和合理。随着时间的推移，鲁班尺逐渐与其他测量工具融合，形成了更加完善的测量系统。丁兰尺是鲁班尺的一种变种，它加入了更多的刻度和标记，使测量更加精确。寸和厘米是后来引入的度量单位，也被融入了鲁班尺的使用中。这使得鲁班尺不仅可以测量长度和距离，还可以进行更加精确的校准和校正工作。

尽管现代测量工具的种类和功能越来越多样化，但鲁班尺作为中国传统文化的重要组成部分，依然受到人们的关注和尊重。它代表着中国古代智慧和工匠精神，具有很高的艺术和历史价值。今天，鲁班尺作为一种珍贵的文物被收藏在北京故宫博物院中，向人们展示着古代测量技术的卓越成就。

此外，鲁班尺还有一些独特的特点和用法。首先，鲁班尺可以作为一种装饰品或礼物赠送他人，以表示对古代传统文化的尊重和欣赏。其次，鲁班尺还可以用于教学和演示。教师可以用它来讲解测量和角度的概念，学生们可以通过实际操作来感受其中的奥妙。此外，一些工匠和木工爱好者也会使用鲁班尺进行手工艺品的制作和测量校准，以确保作品的质量和精确度。在现代科技的影响下，鲁班尺也有了一些变化。例如，一些带有刻度的塑料鲁班尺被制造出来，以便于使用和储存。此外，一些手机应用程序也模拟了鲁班尺的功能，人们可以通过手机屏幕进行测量和校准，更加方便快捷。

总的来说，鲁班尺不仅是一种测量工具，更是中国古代智慧和工匠精神的象征。它在建筑、木工和风水等领域都扮演着重要的角色，并且逐渐演变并融入现代测量系统中。无论是作为文物还是工具的一部分，鲁班尺都承载着丰富的历史和文化价值，是中国传统文化中不可或缺的一部分。

# 模块二　投影基础

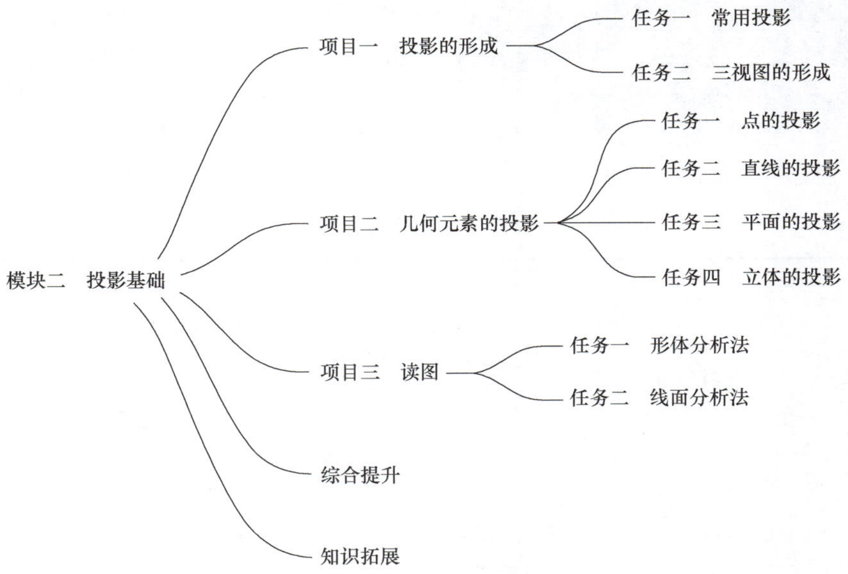


在家具设计领域，投影法是一种重要的视觉表达手段，其能够将三维对象准确地呈现在二维平面上。本模块将深入探讨投影的基础知识，内容涵盖基本的点、直线和平面投影，以及更为复杂的立体图形的三视图投影。通过本模块的学习，读者能够掌握点、直线、平面和立体的投影方法，并学会三视图的识读与绘制技巧，这些技能对于任何涉及空间几何和工程设计的领域都是一项基础而重要的能力。

## 项目一　投影的形成

在日常生活中，树木在阳光照射下形成树影，人行走在灯光下呈现人影。光线投射到物体上呈现光影，光影反映出物体轮廓形状的影子，称为投影。如图 2-1 所示为树木在阳光下的投影，说明投影的形成需要光源、物体和投影面三个要素。

### 任务一　常用投影

在投影理论中，光源称为投射中心，光线称为投射线，落影平面称为投影面。投影

图 2-1　日常生活中的投影

的形成必须具备三个要素：投射中心、物体（形体）和投影面，它们合称为投影三要素。

随着光线照射的角度或者距离的改变，影子的位置、形状和大小随之发生改变。按照光线是呈放射状射向投影面还是平行射向投影面，投影可以分为中心投影与平行投影两大类。当投射中心与投影面的距离为有限远时，所有的投射线汇聚到投射中心，这种投影称为中心投影；当投射中心与投影面的距离为无限远时，所有的投射线为平行线，这种投影称为平行投影。平行投影按照光线与投影面呈现的角度不同，可以分为正投影和斜投影。常用的投影见表 2-1。

表 2-1　　常用的投影

| 类别 | | 图例 | 特点及应用 |
| --- | --- | --- | --- |
| 中心投影 | 透视图 | 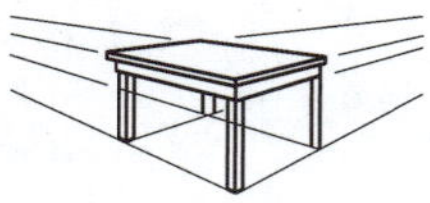 | 优点:立体感强,符合视觉 |
| | | | 缺点:度量性差,作图复杂 |
| | | | 应用:室内和家具效果图等 |
| 平行投影 | 标高投影 | 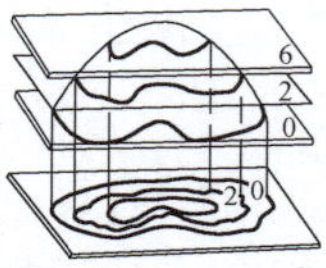  | 优点:可表达不同高度形状 |
| | | | 缺点:立体感差 |
| | | | 应用:复杂曲面形体不同截面 |
| | 轴测图 | 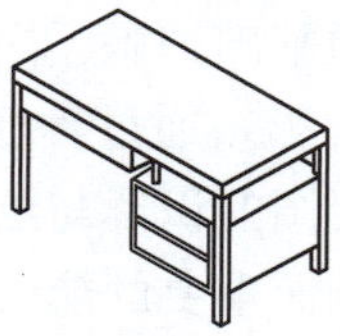 | 优点:有立体感 |
| | | | 缺点:度量性差,作图复杂 |
| | | | 应用:家具和零、部件的立体图 |
| | 三视图 | 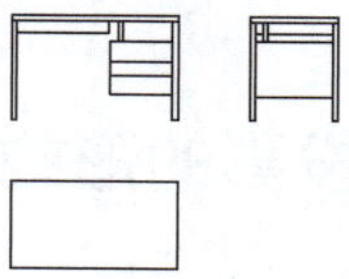 | 优点:作图方便,度量性好 |
| | | | 缺点:无立体感 |
| | | | 应用:家具生产、制造图和工艺文件等 |

## 任务二　三视图的形成

在三视图的形成过程中，首先需要了解投影的基本原理。投影分为中心投影和平行投影两种类型。以一个中心点为基准，物体的各个点向这个中心点投影，形成图像，称为中心投影。这种方法在透视画法中较为常见，能够较好地模拟人眼观察物体时的视觉效果。与中心投影不同，平行投影则是物体的各个点沿着与投影面平行的直线投影到投影面上。平行投影可进一步细分为正投影和斜投影。

**1. 正投影（平面图形）**

当投射线与投射面为垂直的平行线时，称为正投影。在正投影图中，物体的面与投影面平行时，投影图形可以反映出物体该面的真实形状和尺寸。因此，三视图主要采用正投影表示。在正投影中，投影线垂直于投影面，这能够准确反映物体的尺寸和形状，在家具制图中被广泛采用。

**2. 斜投影（轴测图）**

当投射线与投影面为倾斜的平行线时，称为斜投影。斜投影形成的立体即轴测图，它能表现物体的立体形象。斜投影允许投影线与投影面形成一定角度，这在某些特定的设计领域中可能更为适用。

下面重点讨论正投影的作图方法与原理。

## （一）正投影的投影特性

由于正投影具有投射线垂直于投射面的特点，必然具有真实性、积聚性和相似性三种投影特性。

**1. 真实性**

当平面图形（或直线段）与投影面平行时，其正投影反映平面实形（或实长），这种投影特性称为真实性，如图 2-2（a）所示。

**2. 积聚性**

当平面图形（或直线段）与投影面垂直时，其正投影积聚成一条直线（一个点），这种投影特性称为积聚性，如图 2-2（b）所示。

**3. 相似性**

当平面图形（或直线段）与投影面倾斜时，正投影既不反映实形又不产生积聚性，而是呈现出一个与原来图形相近似的图形，称为相似性。如果原来是三角形，投影还是三角形，但边长发生变形；如果原来是直线，投影还是直线，但比原来短，如图 2-2（c）

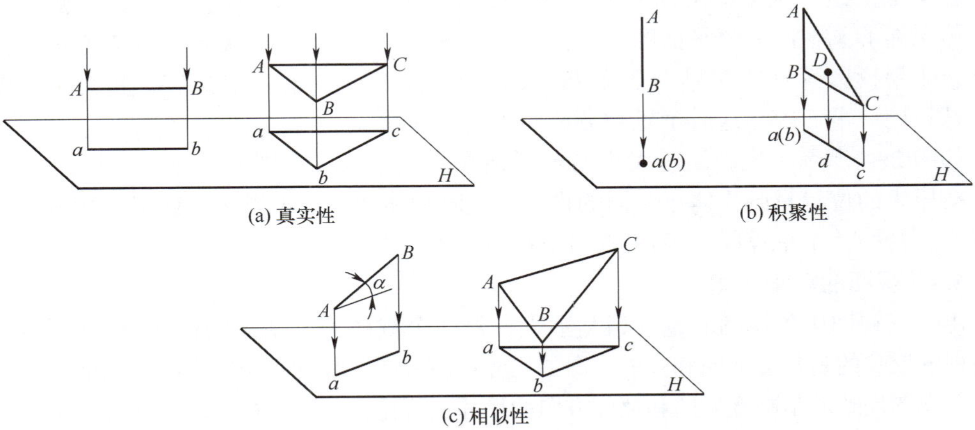


(a) 真实性　(b) 积聚性　(c) 相似性

图 2-2　正投影的投影特性

所示。注意：这里的相似区别于数学中的相似概念。

## （二）正投影图

### 1. 三面投影的必要性

从同一物体的正面投影中可看到，物体与投影面的距离与投影的结果无关，正面投影视图只是表达了物体正面的实际形状和尺寸，并不能表达物体的厚度，厚度和形状不同的物体得到的投影却是相同的，如图 2-3 所示。因此，要想完整地表达物体的形状，只有一个正面投影视图是不准确的，必须建立一个多视图投影体系。

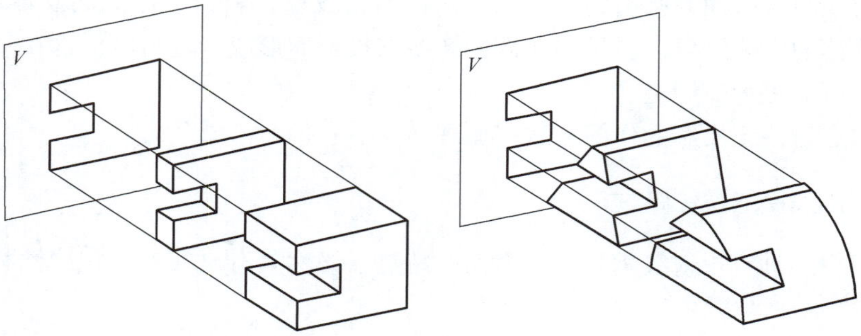


(a) 物体的厚度不同　　(b) 物体的形状不同

图 2-3　不同物体的正面投影

### 2. 三面投影体系的建立

空间的物体存在长度、高度和深度三个维度，如果仅采用一个面的正投影，不能反映出物体的三维尺寸，所以需要建立一个具有三个面的正投影体系。

三个相互垂直的投影面分别为：正面 *V*、水平面 *H* 和侧面 *W*。物体在这三个面上的投影分别称为正面投影、水平投影和侧面投影。

### 3. 三视图的形成

把物体放在建立起来的投影体系中，分别向三个投影面进行投影，于是得到三个投影：在 *V* 面上是正投影；在 *H* 面上是水平投影；在 *W* 面上是侧面投影。为了使空间的投影体系能够画在同一个平面图上，就要展开三个相互垂直的投影面。现规定正投影面不动，水平投影面 *H* 绕 *X* 轴向下旋转，侧面投影面 *W* 绕 *Z* 轴向右旋转，直至三个投影面展开在同一平面内。这时 *Y* 轴被分成两支（$Y_H$ 和 $Y_W$）。

如图 2-4 所示，投影面的大小与投影结果无关，因此画图时投影面的框线不用画出，按原来的位置只画物体三个面的投影。这时物体的三个投影称为视图。其中：正面投影为主视图；水平投影为俯视图；侧面投影为左视图。

### 4. 三视图的等量规律

由于三视图中各视图的位置相互垂直，每一个视图都反映了物体两个方向的尺寸，如主视图反映的是长度方向和高度方向的尺寸；俯视图反映的是长度方向和宽度方向的尺寸；左视图反映的是高度方向和宽度方向的尺寸。可见，每两个视图之间都有一个尺寸是相等的，即主视图和俯视图长度相等，俯视图和左视图宽度相等，左视图和主视图高度相

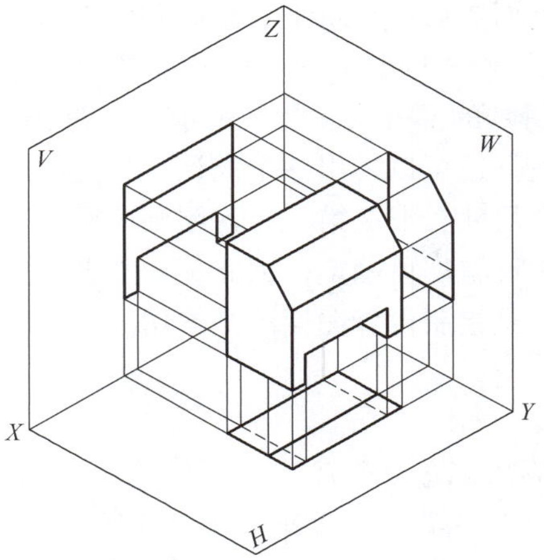


(a) 立体图

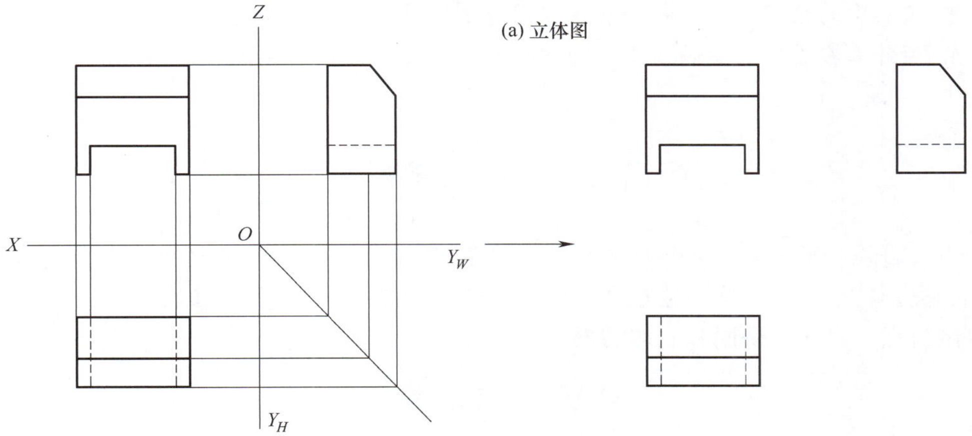


(b) 三视图

图 2-4　三视图的形成

等。由此得到对应关系：主、俯视图长对正；俯、左视图宽相等；主、左视图高平齐。物体三面或多面投影时均应符合长对正、高平齐、宽相等的三等规律，如图 2-5 所示。

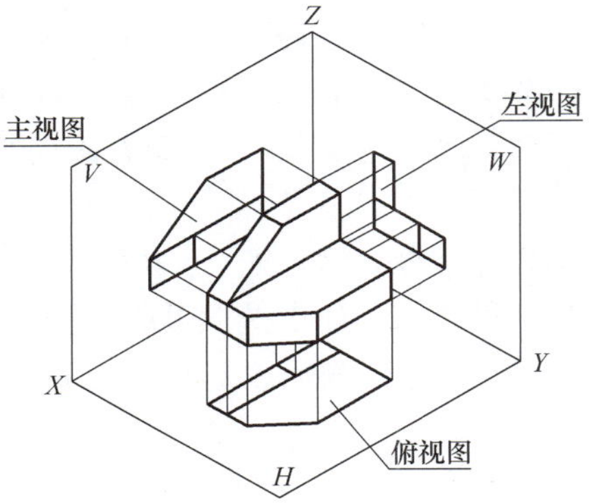


(a) 立体图

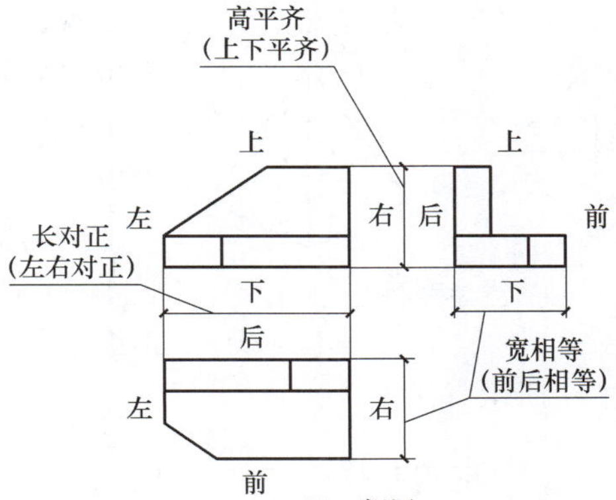


(b) 三视图

图 2-5　三视图的三等规律

需注意，物体的前面和后面在水平投影和侧面投影中的位置关系较易弄错，这是由于投影在展开时旋转了 90°。因此，在水平投影（俯视图）和侧面投影（左视图）中，靠近正面投影（主视图）的部分反映物体的前面，远离正面投影（主视图）的部分反映物体的后面。由此我们还可以得出一个结论：只要能画出一个物体的两个视图，就包含了长、宽、高的三个尺寸，那么第三个视图则可根据三等规律画出。如果三个视图都画出，那么物体的空间形状即可确定。因此，初学者可反复练习由视图到物体或由物体到视图的思维过程，这是绘制设计图样的基本功。

### 巩固练习

1. 请简要解释投影的概念和作用。
2. 投影可以分为哪两种类型？请列举并解释每种类型的特点。
3. 投影中的主视图、俯视图和左视图分别是什么？请解释它们的作用和使用场景。
4. 为什么在进行投影时需要选择适当的投影面？请说明原因。

## 项目二　几何元素的投影

点、直线、平面和立体是物体最基本的几何元素。学习点、直线、平面、立体的正投影的投影特性，是正确识读家具图样的基础。为进一步深化学习立体投影，本项目将加以剖析点、直线、平面和立体的投影。

### 任务一　点的投影

点在立体上相当于某个顶点的位置，是一些棱线的交点，如图 2-6 所示。观察该四棱锥的三视图，从三个视图中找到锥顶 $A$ 的投影，可以发现其完全符合如前三视图所述的投影规律。

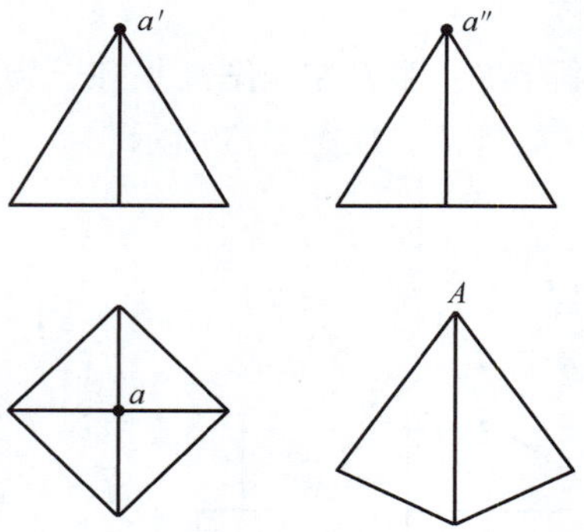


图 2-6　立体表面上点的投影

#### （一）点的三面投影

现把空间某一点 $A$ 抽象出来研究其投影，从图 2-6 中可以看到，作 $A$ 点的三面投影，就是由 $A$ 点分别向三个投影面作垂线，其垂足 $a$、$a'$、$a''$即为 $A$ 点的三面投影。

空间要素用大写字母表示，如 $A$、$B$、$C$ 等，其投影用相应的小写字母表示，如水平投影用 $a$、$b$、$c$ 等，正面投影用 $a'$、$b'$、$c'$等，侧面投影用 $a''$、$b''$、$c''$等，如图 2-7 所示。

#### （二）点的投影规律

将空间体系立体图中的三个投影面展开，得到 $A$ 点的投影，如图 2-8 所示，$A$ 点的

正面投影 $a'$ 由 $X$ 和 $Z$ 两个坐标轴决定，$X$ 轴中 $Oa_x = a'a_z$，$Z$ 轴中 $Oa_z = a''a_y$；$A$ 点的水平投影 $a$ 由 $X$ 和 $Y$ 两个坐标轴决定，$X$ 轴中 $Oa_x = aa_y$，$Y$ 轴中 $Oa_y = a''a_z$；$A$ 点的侧面投影 $a''$ 由 $Y$ 和 $Z$ 两个坐标轴决定，$Y$ 轴中 $Oa_y = a''a_z$，$Z$ 轴中 $Oa_z = a''a_y$。$A$ 点的每一个投影都反映 $A$ 点到两个投影面的距离，例如，$a'$ 中的 $X$ 坐标反映 $A$ 点到 $W$ 面的距离，$Z$ 坐标反映 $A$ 点到 $H$ 面的距离；$a$ 中的 $X$ 坐标反映 $A$ 点到 $W$ 面的距离，$Y$ 坐标反映 $A$ 点到 $V$ 面的距离；$a''$ 中的 $Y$ 坐标反映 $A$ 点到 $V$ 面的距离，$Z$ 坐标反映 $A$ 点到 $H$ 面的距离。

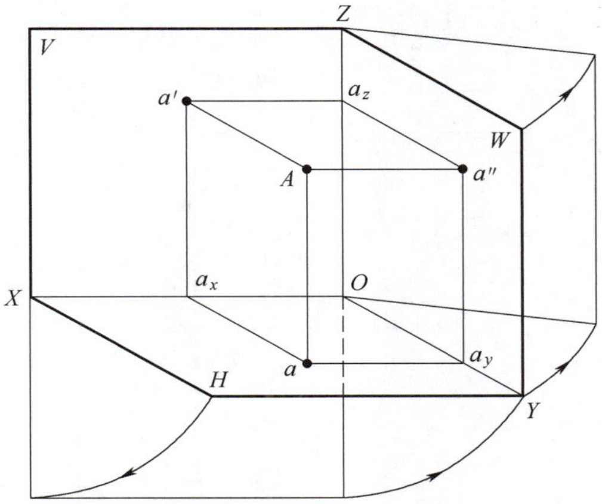

图 2-7　空间位置点的投影

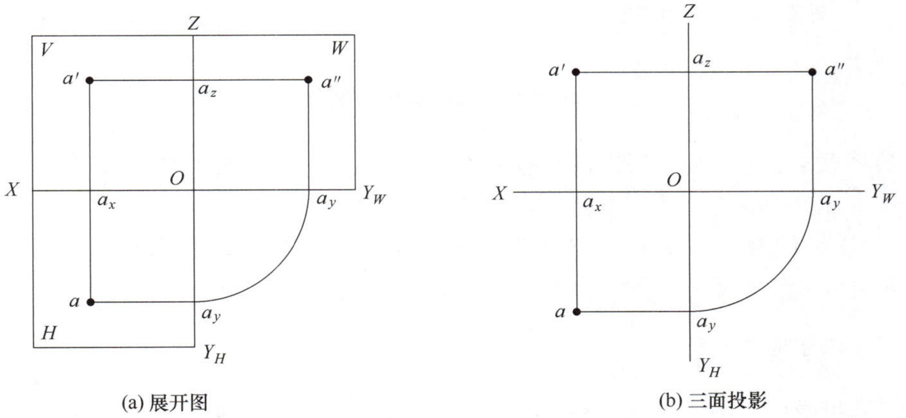

图 2-8　点的投影

因此，我们不难看出，任何两个投影中都包含了 $X$ 轴、$Y$ 轴、$Z$ 轴，也就是说空间的一个点的两个投影确定了，这个点的位置即可确定，如前所述三视图的三等规律，第三个投影即可求出。换句话说，空间点的位置可以采用直角坐标值来确定，一般采用下列的书写形式：$A$（$x$，$y$，$z$）。点到各投影面的距离，为相应的坐标值 $x$、$y$、$z$。

## （三）点的相对位置

要判断点 $B$ 在点 $A$ 的前后、左右和上下位置，要先判断两点的相对位置，即两点在空间的上下、前后、左右位置关系。$X$ 坐标值大的点在另一个点之左，$Y$ 坐标值大的点在另一个点之前，$Z$ 坐标值大的点在另一个点之上，如图 2-9 所示。

根据点 $A$ 和点 $B$ 的位置直观图与三视图（图 2-9）可知：点 $A$ 和点 $B$ 的 $X$ 坐标值相比较，点 $B$ 的值大于点 $A$ 的值，即点 $B$ 在点 $A$ 之左；点 $A$ 和点 $B$ 的 $Y$ 坐标值相比较，点 $B$ 的值大于点 $A$ 的值，即点 $B$ 在点 $A$ 之前；点 $A$ 和点 $B$ 的 $Z$ 坐标值相比较，点 $A$ 的

值大于点 $B$ 的值，即点 $B$ 在点 $A$ 之下。

因此，点 $B$ 在点 $A$ 的左、前、下方。如图 2-10 所示为点 $A$ 和点 $B$ 的三面投影。

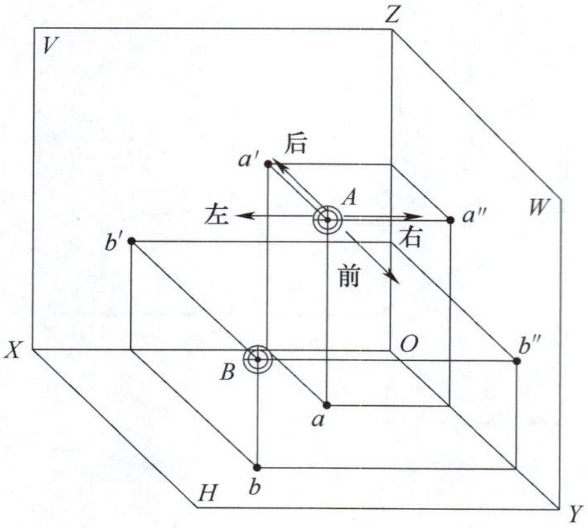


图 2-9　点的相对位置

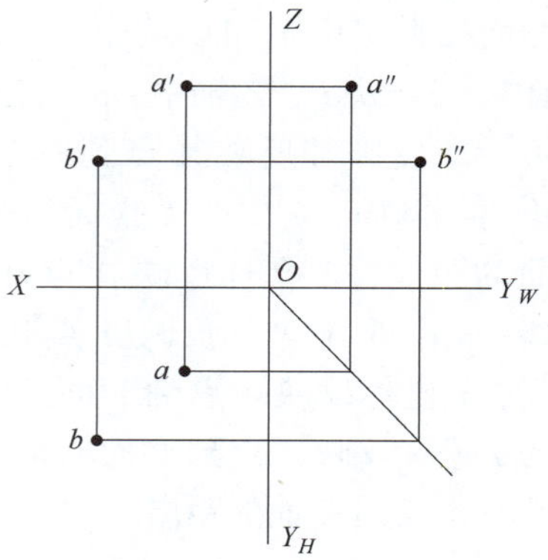


图 2-10　点 $A$ 和点 $B$ 的三面投影

## 任务二　直线的投影

直线是点移动的轨迹，经过两点有且只有一条直线。立体也可以看作若干条直线的集合。在本部分内容中，将对立体的直线进行拆解分析。

根据直线与投影面的相对位置关系，可分为投影面平行线（直线平行于投影面）、投影面垂直线（直线垂直于投影面）和一般位置直线。

### （一）投影面平行线

在三面投影体系中，平行于一个投影面且同时倾斜于另外两个投影面的直线，称为投影面平行线，简称平行线。投影面平行线共分为三种：正平线、水平线和侧平线。

**1. 正平线**

正平线是指平行于 $V$ 面且与 $H$、$W$ 面倾斜的直线，如图 2-11 所示，其投影特性为：

① 正面投影 $a'b'$ 反映该直线的实长，即 $a'b'=AB$；$a'b'$ 与 $X$ 轴的夹角反映该直线对 $H$ 面的倾角 $\alpha$，$a'b'$ 与 $Z$ 轴的夹角反映该直线对 $W$ 面的倾角 $\gamma$。

② 水平投影 $ab$ 平行于 $X$ 轴，即 $ab//X$ 轴；侧面投影 $a''b''$ 平行于 $Z$ 轴，即 $a''b''//Z$ 轴。

**2. 水平线**

水平线是指平行于 $H$ 面且与 $V$、$W$ 面倾斜的直线，如图 2-12 所示，其投影特性为：

① 水平投影 $cd$ 反映该直线的实长，即 $cd=CD$；$cd$ 与 $X$ 轴的夹角反映该直线对 $V$ 面的倾角 $\beta$，$cd$ 与 $Y$ 轴的夹角反映该直线对 $W$ 面的倾角 $\gamma$。

② 正面投影 $c'd'$ 平行于 $X$ 轴，即 $c'd'//X$ 轴；侧面投影 $c''d''$ 平行于 $Y_W$ 轴，即 $c''d''//Y_W$ 轴。

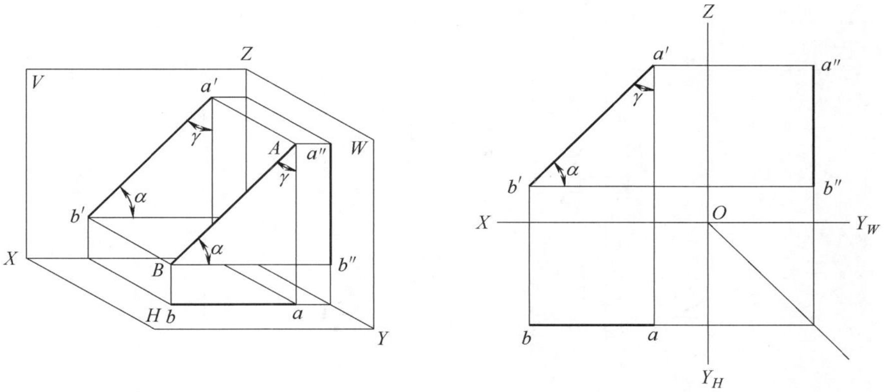


(a) 立体图　　(b) 投影图

图 2-11　正平线的投影

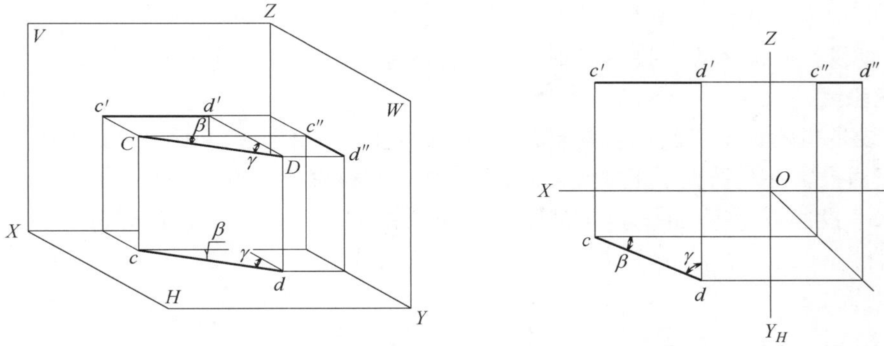


(a) 立体图　　(b) 投影图

图 2-12　水平线的投影

**3. 侧平线**

侧平线是指平行于 $W$ 面且与 $V$、$H$ 面倾斜的直线，如图 2-13 所示，其投影特性为：

① 侧面投影 $e''f''$反映该直线的实长，即 $e''f''=EF$，直线 $e''f''$与 $Y$ 轴的夹角反映该直线对 $H$ 面的倾角 $\alpha$，直线 $e''f''$与 $Z$ 轴的夹角反映该直线对 $V$ 面的倾角 $\beta$。

② 正面投影 $e'f'$ 平行于 $Z$ 轴，即 $e'f'//Z$ 轴；水平投影 $ef$ 平行于 $Y_H$ 轴，即 $ef//Y_H$ 轴。

因此，投影面平行线的投影特性总结如下：

① 在与其平行的投影面上的投影反映实长，且投影与投影轴的夹角表示该直线与相应投影面的倾角。

② 其余两个投影小于实长，且平行于相应的投影轴。

（二）投影面垂直线

在三面投影体系中，垂直于一个投影面且同时平行于另外两个投影面的直线，称为

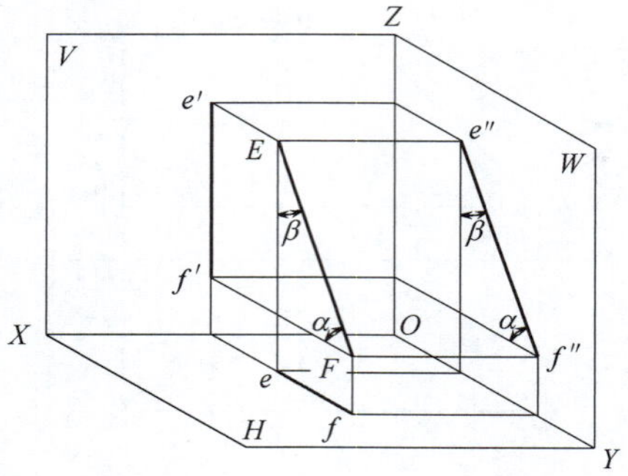


(a) 立体图

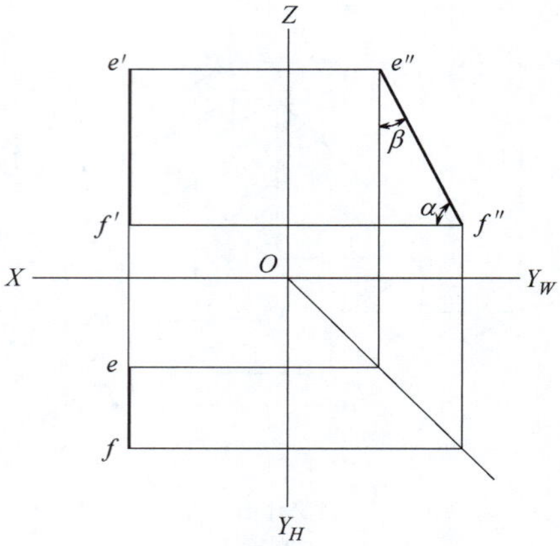


(b) 投影图

图 2-13　侧平线的投影

投影面垂直线，简称垂线。投影面垂直线也有三种：正垂线、铅垂线和侧垂线。

### 1. 正垂线

正垂线是指垂直于 $V$ 面且与 $H$、$W$ 面平行的直线，如图 2-14 所示，其投影特性为：

① 正面投影 $a'b'$垂直于正面（$V$ 面），直线 $a'b'$积聚成一点。

② 水平投影 $ab$、侧面投影 $a''b''$反映该直线的实长，即 $ab=a''b''=AB$，$ab\perp X$ 轴，$a''b''\perp Z$ 轴。

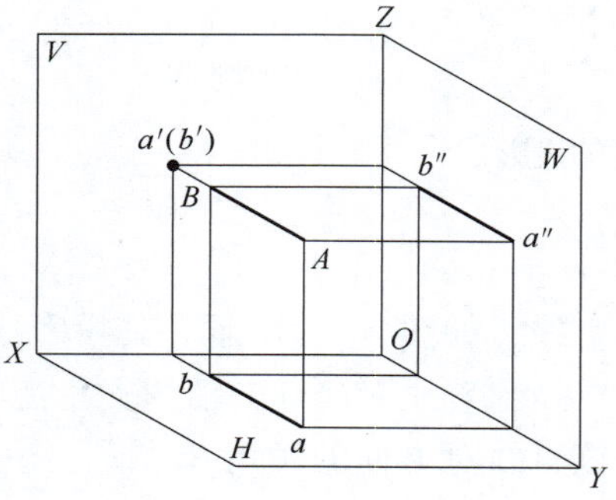


(a) 立体图

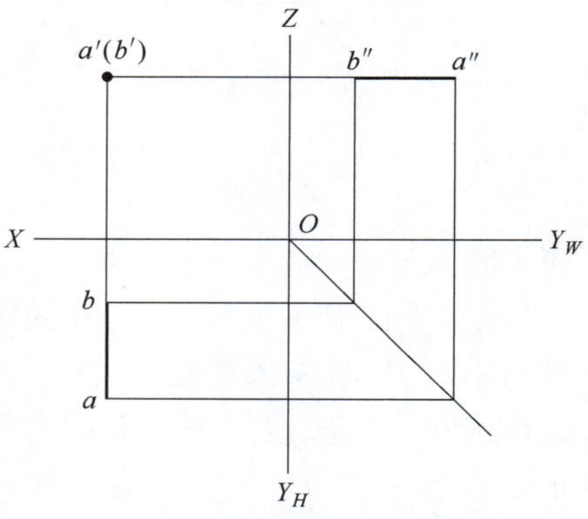


(b) 投影图

图 2-14　正垂线的投影

### 2. 铅垂线

铅垂线是指垂直于 $H$ 面且与 $V$、$W$ 面平行的直线，如图 2-15 所示，其投影特性为：

① 水平投影 $cd$ 垂直于水平面（$H$ 面），直线 $cd$ 积聚成一点。

② 正面投影 $c'd'$、侧面投影 $c''d''$反映该直线的实长，即 $c'd'=c''d''=CD$，$c'd'\perp X$ 轴，$c''d''\perp Y_W$ 轴。

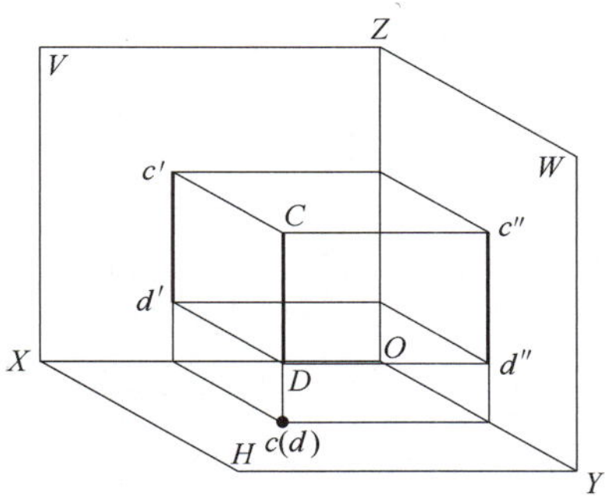


(a) 立体图

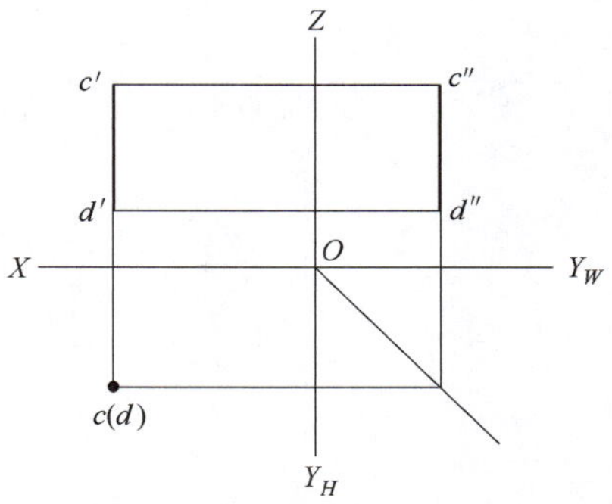


(b) 投影图

图 2-15　铅垂线的投影

### 3. 侧垂线

侧垂线是指垂直于 $W$ 面且与 $H$、$V$ 面平行的直线，如图 2-16 所示，其投影特性为：

① 侧面投影 $e''f''$ 垂直于侧面（$W$ 面），直线 $e''f''$ 积聚成一点。

② 水平投影 $ef$、正面投影 $e'f'$ 反映该直线的实长，即直线 $ef=e'f'=EF$，$ef \perp Y_H$ 轴，$e'f' \perp Z$ 轴。

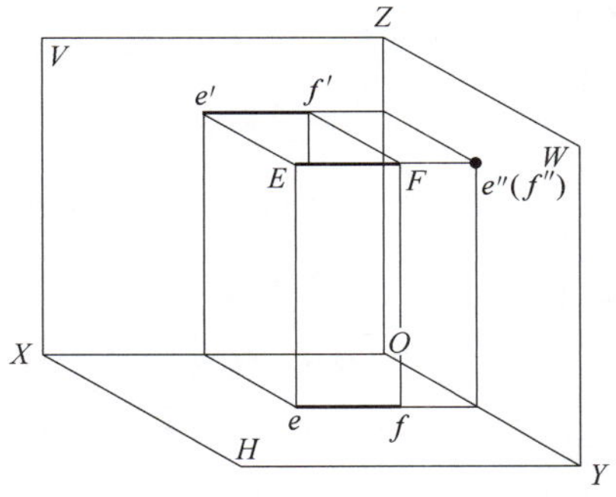


(a) 立体图

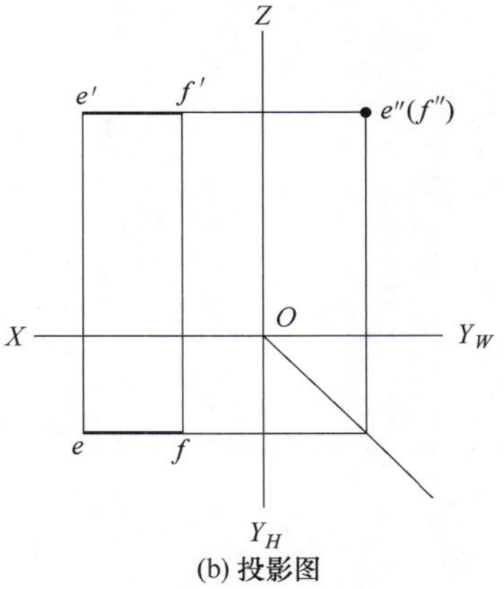


(b) 投影图

图 2-16　侧垂线的投影

因此，投影面垂直线的投影特性总结如下：

① 在与其垂直的投影面上的投影有积聚性。

② 其余两个投影均反映实长，且垂直于相应的投影轴。

## （三）一般位置直线

除了投影面平行线和投影面垂直线的六种特殊位置直线外，还有一种既不平行又不垂直于任一个投影面的直线，称为一般位置直线，如图 2-17 所示，由于直线 $GH$ 倾斜于各投影面，因此三个投影均不反映实长，也不反映与任一投影面的夹角。

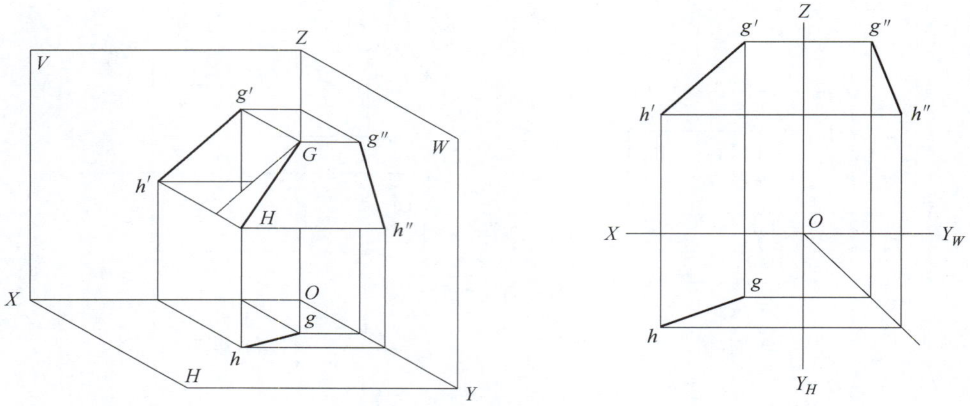


(a) 立体图　　　　(b) 投影图

图 2-17　一般位置直线的投影

为了方便理解记忆，将七种位置的直线进行分类汇总，见表 2-2。

表 2-2　　七种位置直线分类

<table>
<tr><th>直线</th><th colspan="2">直线分类</th><th>投影特性</th></tr>
<tr><td rowspan="6">特殊位置直线</td><td rowspan="3">投影面平行线</td><td>正平线(平行于 V 面)</td><td rowspan="3">平行于一个投影面,与其余两个投影面倾斜</td></tr>
<tr><td>水平线(平行于 H 面)</td></tr>
<tr><td>侧平线(平行于 W 面)</td></tr>
<tr><td rowspan="3">投影面垂直线</td><td>正垂线(垂直于 V 面)</td><td rowspan="3">垂直于一个投影面,与其余两个投影面平行</td></tr>
<tr><td>铅垂线(垂直于 H 面)</td></tr>
<tr><td>侧垂线(垂直于 W 面)</td></tr>
<tr><td>一般位置直线</td><td colspan="2">倾斜直线</td><td>与三个投影面都倾斜</td></tr>
</table>

## 任务三　平面的投影

按平面在三面投影体系中的位置关系，可将平面的投影分为投影面平行面、投影面垂直面和一般位置平面，前两种投影面属于特殊位置平面。

### （一）投影面平行面

在三面投影体系中，平行于某一投影面的平面，称为投影面平行面，简称平行面。投影面平行面分为三种：正平面、水平面和侧平面。

**1. 正平面**

正平面是指平行于 $V$ 面且与 $H$、$W$ 面垂直的平面，如图 2-18 所示，其投影特性为：

① 正平面投影 $j'$ 反映实形，即 $j'=J$。

② 水平投影 $j$、侧面投影 $j''$ 积聚成一条直线，即 $j//X$ 轴，$j''//Z$ 轴。

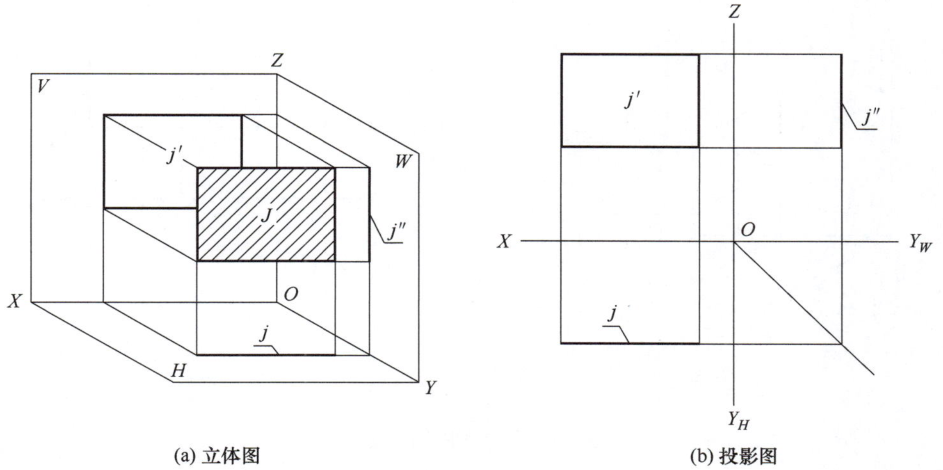


图 2-18　正平面的投影

### 2. 水平面

水平面是指平行于 $H$ 面且与 $V$、$W$ 面垂直的平面，如图 2-19 所示，其投影特性为：

① 水平投影 $k$ 反映实形，即 $k=K$。

② 正面投影 $k'$、侧面投影 $k''$积聚成一条直线，即 $k'//X$ 轴，$k''//Y_W$ 轴。

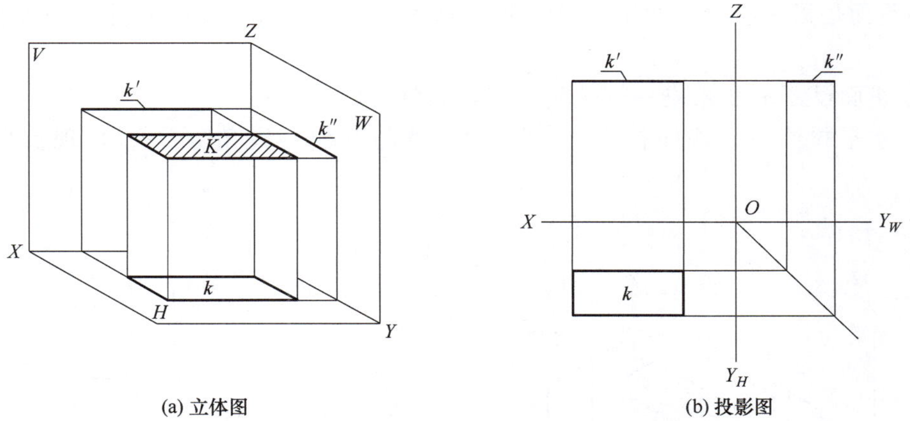


图 2-19　水平面的投影

### 3. 侧平面

侧平面是指平行于 $W$ 面且与 $V$、$H$ 面垂直的平面，如图 2-20 所示，其投影特性为：

① 侧面投影 $l''$反映实形，即 $l''=L$。

② 正面投影 $l'$、水平投影 $l$ 积聚成一条直线，即 $l'//Z$ 轴，$l//Y_H$ 轴。

因此，投影面平行面的投影特性总结如下：

① 在与其平行的投影面上的投影反映实形。

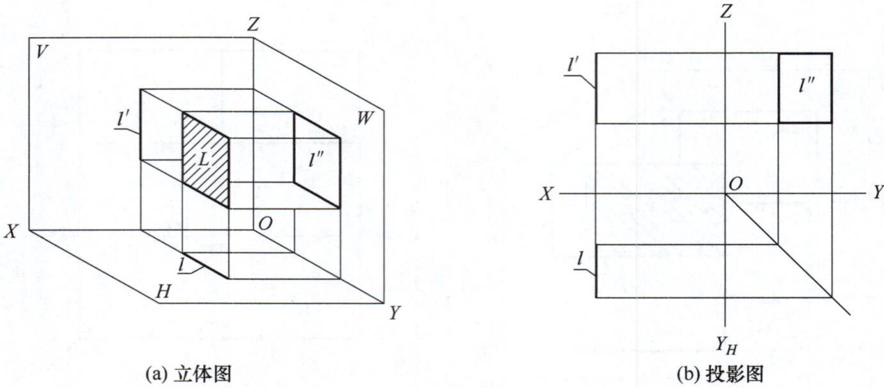


图 2-20　侧平面的投影

② 其余两个投影均聚成直线，且平行于相应的投影轴。

## （二）投影面垂直面

在三面投影体系中，垂直于某一投影面的平面，称为投影面垂直面，简称垂直面。投影面垂直面分为三种：正垂面、铅垂面和侧垂面。

### 1. 正垂面

正垂面是指垂直于 $V$ 面且与 $H$、$W$ 面倾斜的平面，如图 2-21 所示，其投影特性为：

① 正面投影 $m'$积聚成一条直线，反映积聚性。

② 水平投影 $m$、侧面投影 $m''$，分别反映与其面的夹角 $\alpha$、$\gamma$，呈现实形的类似形。

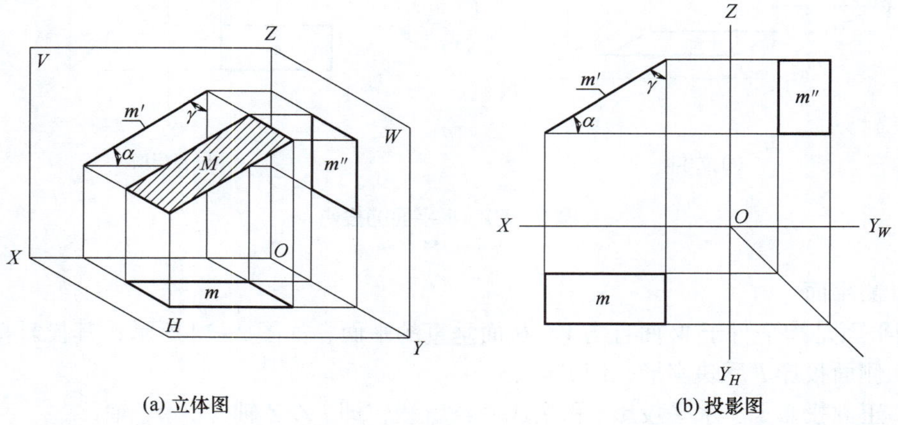


图 2-21　正垂面的投影

### 2. 铅垂面

铅垂面是指垂直于 $H$ 面且与 $V$、$W$ 面倾斜的平面，如图 2-22 所示，其投影特性为：

① 水平投影 $n$ 积聚成一条直线，反映积聚性。

② 正面投影 $n'$、侧面投影 $n''$，分别反映与其面的夹角 $\beta$、$\gamma$，呈现实形的类似形。

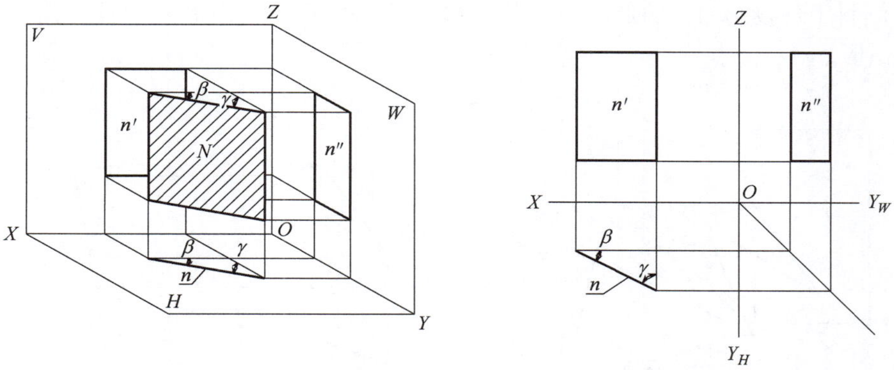


(a) 立体图　　(b) 投影图

图 2-22　铅垂面的投影

### 3. 侧垂面

侧垂面是指垂直于 $W$ 面且与 $V$、$H$ 面倾斜的平面，如图 2-23 所示，其投影特性为：

① 侧面投影 $p''$积聚成一条直线，反映积聚性。

② 正面投影 $p'$、水平投影 $p$，分别反映与其面的夹角 $\beta$、$\alpha$，呈现实形的类似形。

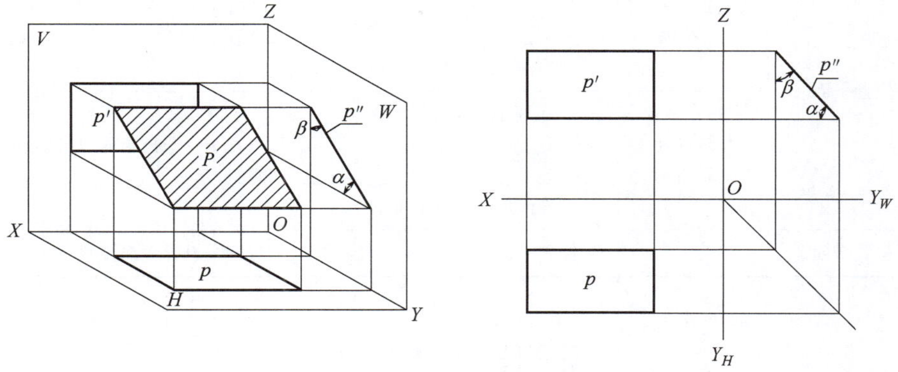


(a) 立体图　　(b) 投影图

图 2-23　侧垂面的投影

因此，投影面垂直面的投影特性总结如下：

① 在与其垂直的投影面上的投影有积聚性，且投影与投影轴的夹角反映出平面与另外两个投影面的倾角。

② 其余两个投影均为实形的类似形。

### （三）一般位置平面

与三个投影面均处于倾斜位置的平面，称为一般位置平面，如图 2-24 所示。由于平面 $Q$ 倾斜于各投影面，因此其三个投影既不反映实形，也没有积聚性，而是面积缩小的类似形。

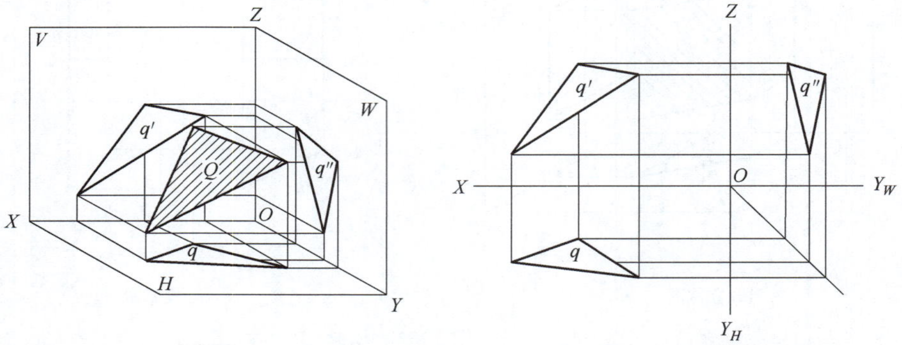


(a) 立体图　　(b) 投影图

图 2-24　一般位置平面的投影

为了方便理解记忆，将七种位置的平面进行分类汇总，见表 2-3。

表 2-3　七种位置平面汇分类

| 平面 | 平面分类 | | 投影特性 |
|---|---|---|---|
| 特殊位置平面 | 投影面平行面 | 正平面（平行于 $V$ 面） | 平行于一个投影面，与其余两个投影面垂直 |
| | | 水平面（平行于 $H$ 面） | |
| | | 侧平面（平行于 $W$ 面） | |
| | 投影面垂直面 | 正垂面（垂直于 $V$ 面） | 垂直于一个投影面，与其余两个投影面倾斜 |
| | | 铅垂面（垂直于 $H$ 面） | |
| | | 侧垂面（垂直于 $W$ 面） | |
| 一般位置平面 | 倾斜平面 | | 与三个投影面都倾斜 |

## 任务四　立体的投影

### （一）立体的分类

在家具中，常见的立体包括平面立体和曲面立体，平面立体包括长方体、正方体、三棱柱和四棱锥等，曲面立体包括圆柱、圆锥、圆球和圆环等，如图 2-25 所示。

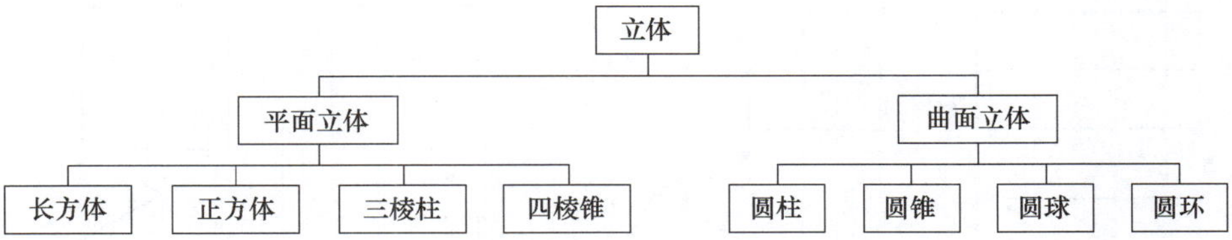


图 2-25　立体的分类

## （二）平面立体

平面立体是家具造型的主要组成部分，其具有稳定性和组合便利性，在家具设计中较为常见，如柜子和书架等。三棱柱和四棱锥常用于创造视觉冲击力强的现代家具装饰，如独特灯具或艺术装置，而多棱柱和多棱锥则因其复杂性，在家具设计中较为少见。常见平面立体有长方体、正方体、三棱柱和四棱锥，如图 2-26 所示。

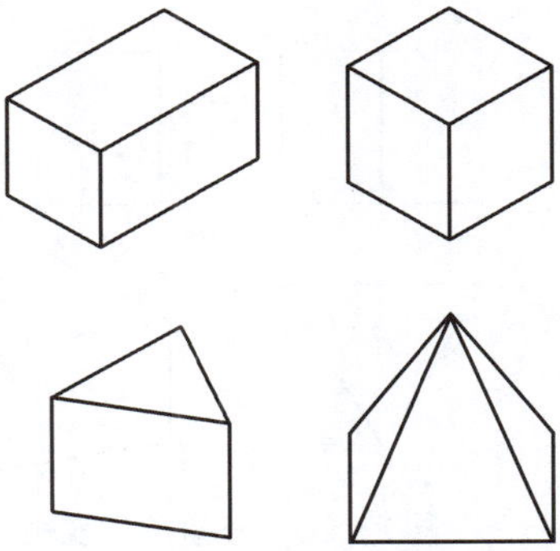

图 2-26　常见平面立体

### 1. 立方体

立方体是最基本的平面立体之一。在家具设计中，立方体的形状为设计提供了稳定性和均衡感，是构建多种家具结构的基础。

如图 2-27 所示为立方体三视图。三视图可全面展示立方体的形状和尺寸。

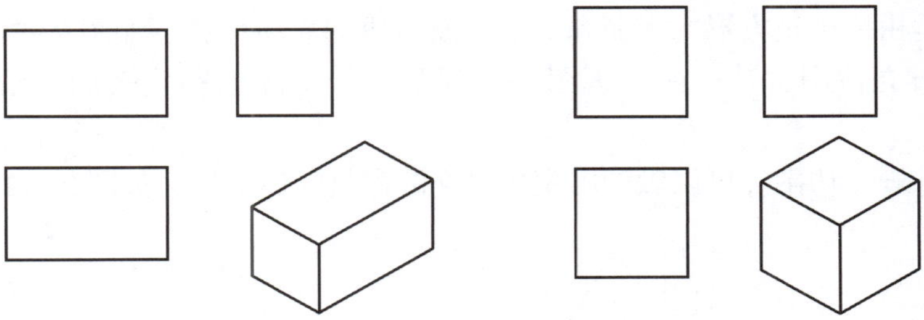

(a) 长方体　　(b) 正方体

图 2-27　立方体三视图

立方体在设计中的切割或叠加变化丰富，可通过切割或叠加等方式创造出新的形态和功能。对立方体进行斜切，可以设计出具有现代感的家具腿部造型，如图 2-28 所示。

### 2. 三棱柱

三棱柱是由两个平行的三角形面和三个矩形面围成的立体形状。三棱柱可用于具有动感和方向性的家具部件，如支架和装饰件。如图 2-29 所示为三棱柱的三视图，展现了三个面的形状特征和相互之间的关系。

对三棱柱进行切割或叠加，可以创造出新颖而有趣的造型变化，如图 2-30 所示。例如，通过不同角度的切割，三棱柱可变为一个具有独特支撑功能的家具部件。

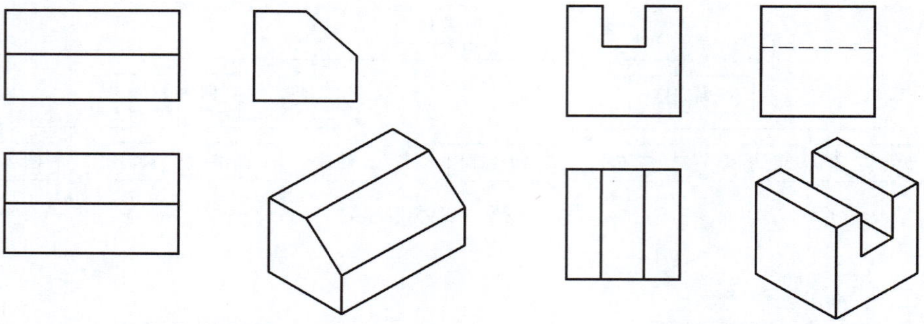

(a) 长方体切割　　(b) 正方体切割

图 2-28　立方体切割

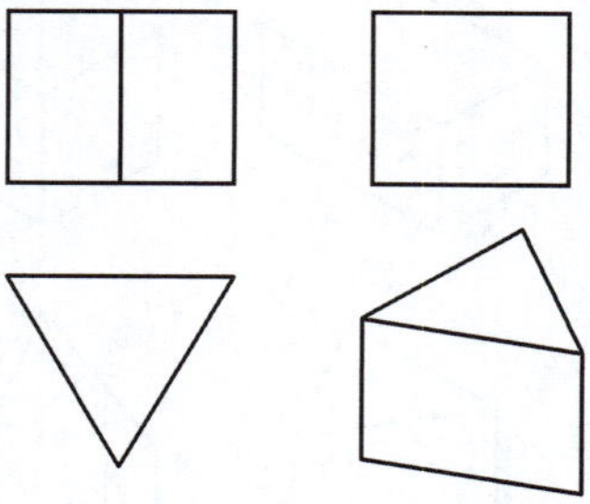

图 2-29　三棱柱三视图

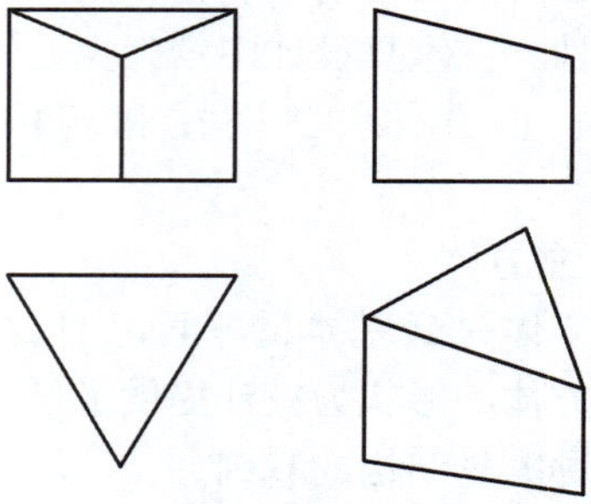

图 2-30　三棱柱切割

### 3. 四棱锥

四棱锥是由一个正方形的底面和四个斜面组成的立体形状。如图 2-31 所示为四棱锥的三视图与立体图，其中两个视图是一样的，但实际上所代表的直线和平面有所不同。

对四棱锥进行切割，可以设计出变化多样的家具立体形态，如图 2-32 所示。

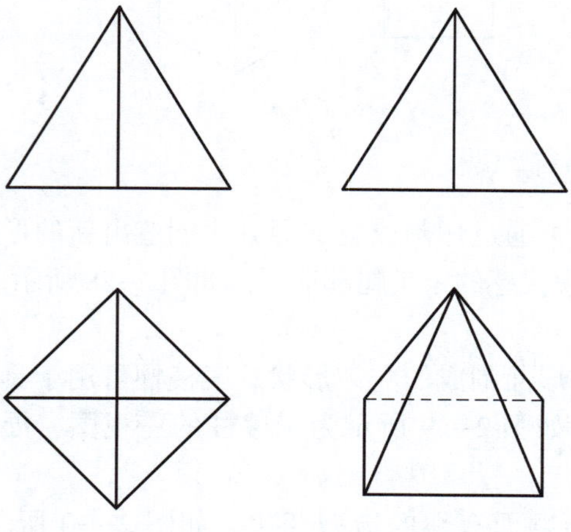

图 2-31　四棱锥三视图

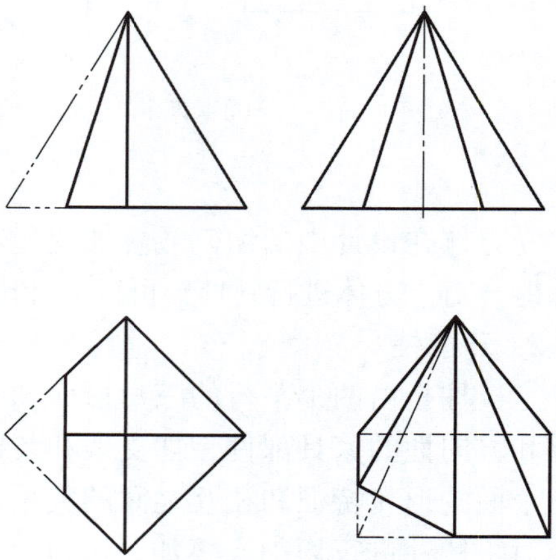

图 2-32　四棱锥切割

平面立体的三视图是一种基础且实用的图形呈现方法。通过主视图、左视图和俯视图，我们可以从不同角度捕捉立体的形态和尺寸，这为传达设计细节和保证制造过程的精确性提供了必要的信息。

### （三）曲面立体

立体除了由一组平面作为表面构成外，还可由曲面和平面构成或全部由曲面构成。常见的曲面立体有圆柱、圆锥、圆球和圆环，如图 2-33 所示。圆柱和圆锥常应用于设计圆形桌脚和椅腿等，能够为家具增添流畅与优雅的线条感。在儿童家具设计中，曲面立体可为产品增添趣味性和创意性。

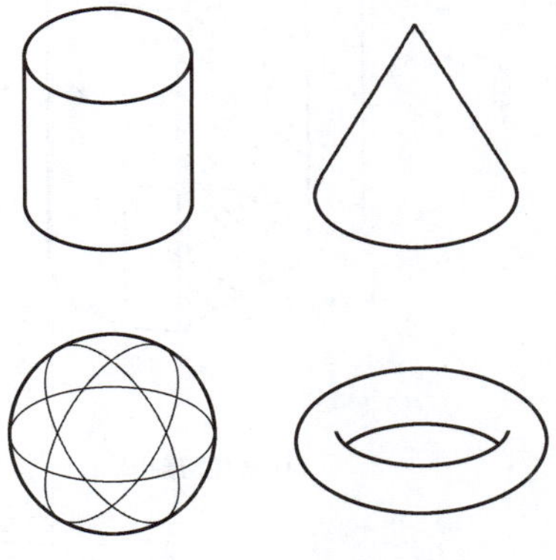

图 2-33 常见曲面立体

#### 1. 圆柱

设有一条直线平行于一条轴线，将直线绕轴线保持等距离旋转一周，直线的轨迹是圆柱面。如图 2-34 所示为圆柱的投影。

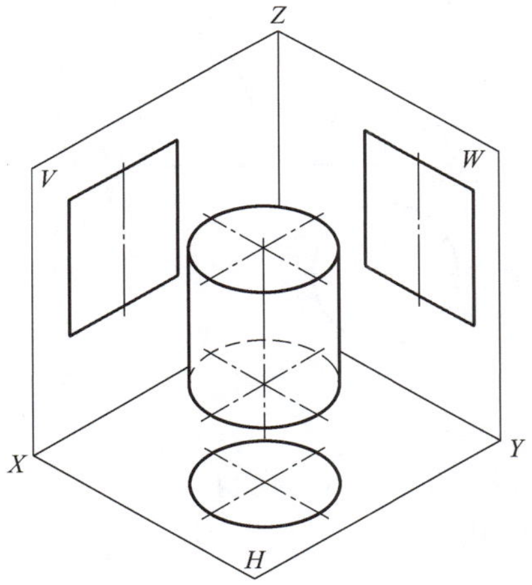


(a) 立体图

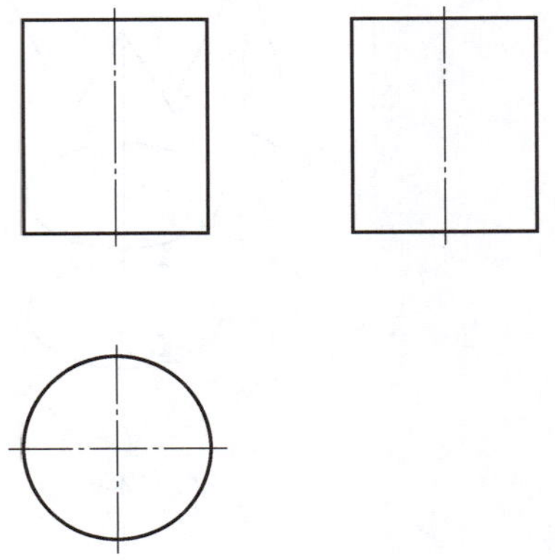

(b) 投影图

图 2-34 圆柱的投影

圆柱可被水平、垂直或斜面切割，从而得到不同的截面。将圆柱沿着垂直方向切割，截面为一个长方形，如图 2-35 所示。将圆柱沿着某个倾斜的平面切割，可得到一个斜切圆柱。

#### 2. 圆锥

当直母线与回转体轴线相交时，直母线绕回转体轴线保持角度不变，旋转的轨迹是圆锥面。同样地，一个三角形绕其自身一条边为轴线旋转一周形成圆锥。如图 2-36 所示为圆锥的投影。

圆锥的切割方式分为横切和斜切，如图 2-37 所示为圆锥的横切投影。如图 2-38 所示为圆锥的斜切投影。

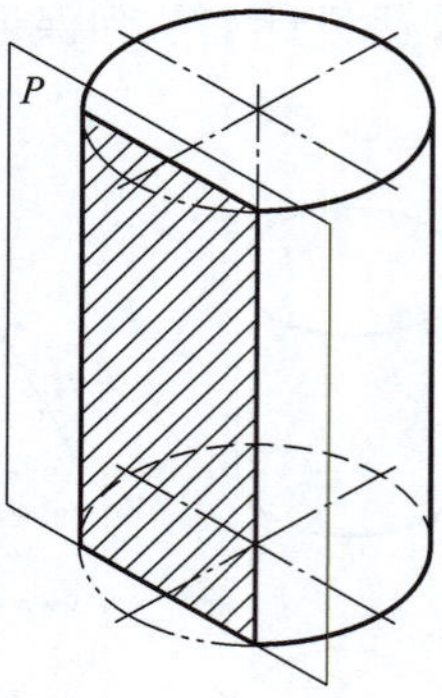


(a) 垂直切割图

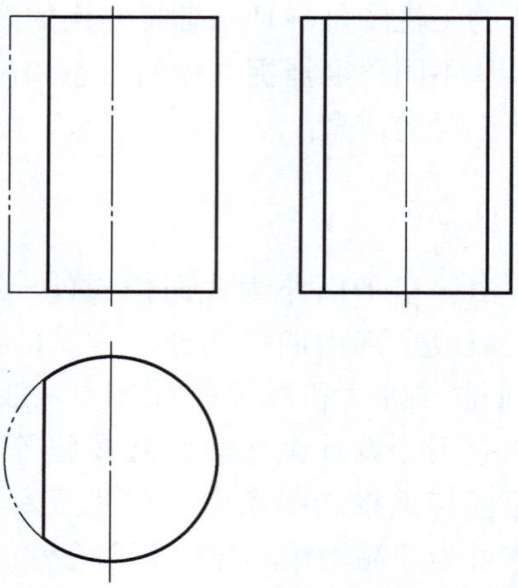

(b) 投影图

图 2-35　圆柱的垂直切割投影

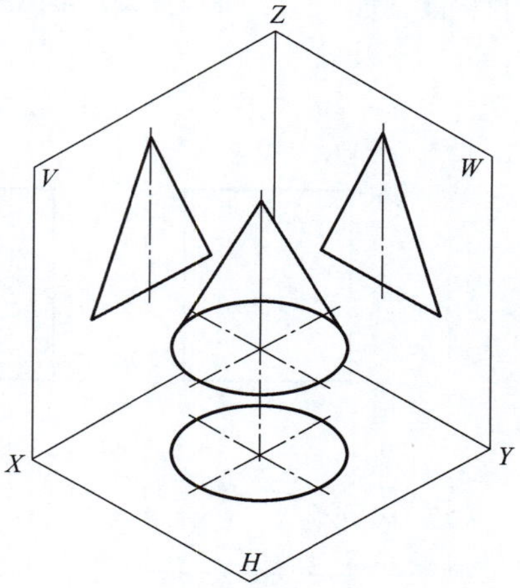


(a) 立体图

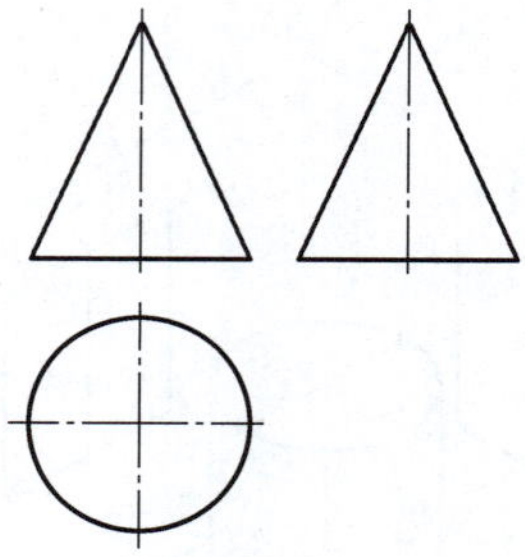

(b) 投影图

图 2-36　圆锥的投影

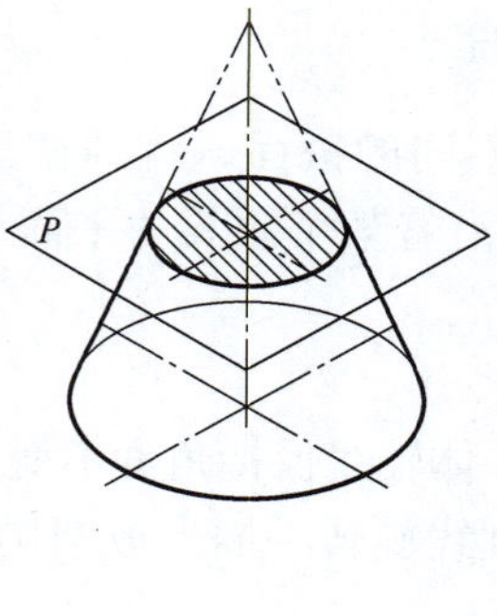


(a) 横切图

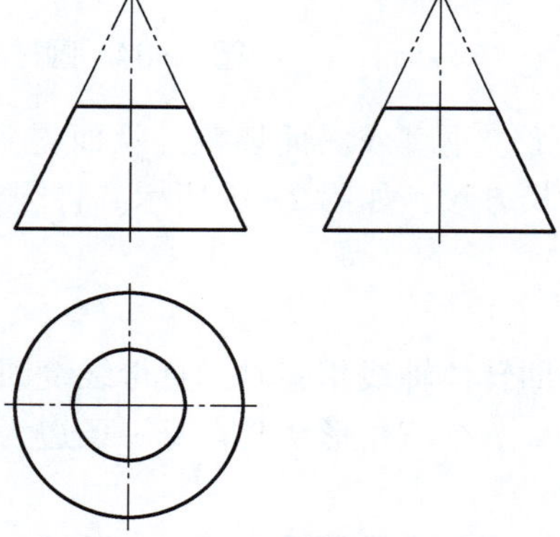

(b) 投影图

图 2-37　圆锥的横切投影

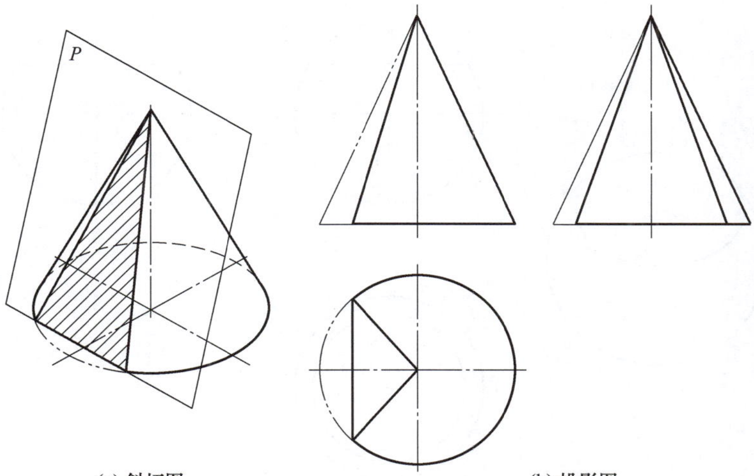


(a) 斜切图　　(b) 投影图

图 2-38　圆锥的斜切投影

### 3. 圆球

当一个圆以自身的一条中心线为回转体轴线，旋转的轨迹是圆球面。

由于母线本身为圆，所以圆球的三个投影都为圆，回转体轴线处于任何位置都一样，如图 2-39 所示。

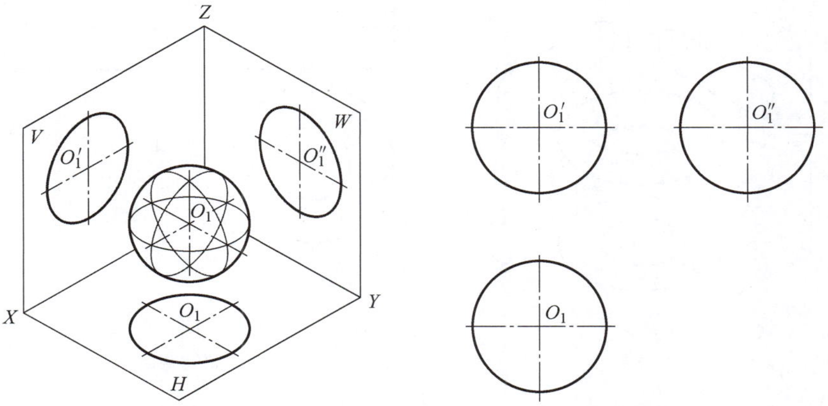


(a) 立体图　　(b) 投影图

图 2-39　圆球的投影

图 2-40 展示了水平切割圆球后的三个投影，这三个投影相互补充和对应，共同呈现出完整的切割后的圆球形状和特征。

### 4. 圆环

一条圆母线绕一条轴线旋转，当轴线在该圆周同一平面内且不和圆的中心线重合，旋转的轨迹是圆环。

当圆环的轴线位于圆母线外侧，回转体轴线处于铅垂线位置时，圆环的水平投影为

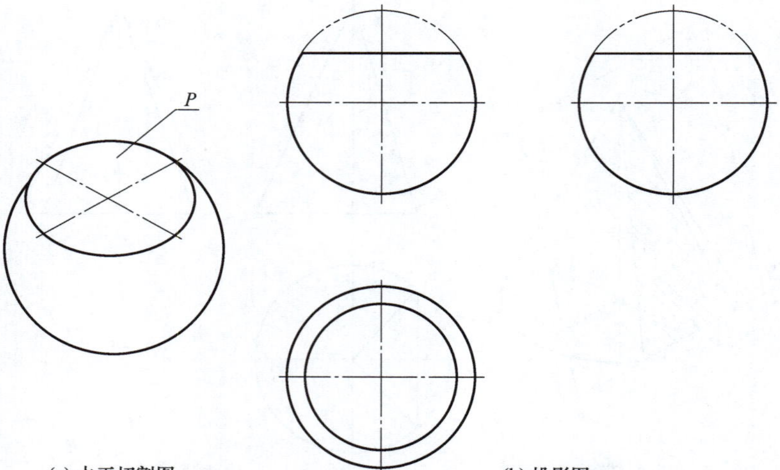


(a) 水平切割图　　(b) 投影图

图 2-40　圆球的水平切割投影

圆。大圆小圆中间的点划线是圆母线中心的运动轨迹，如图 2-41 所示。

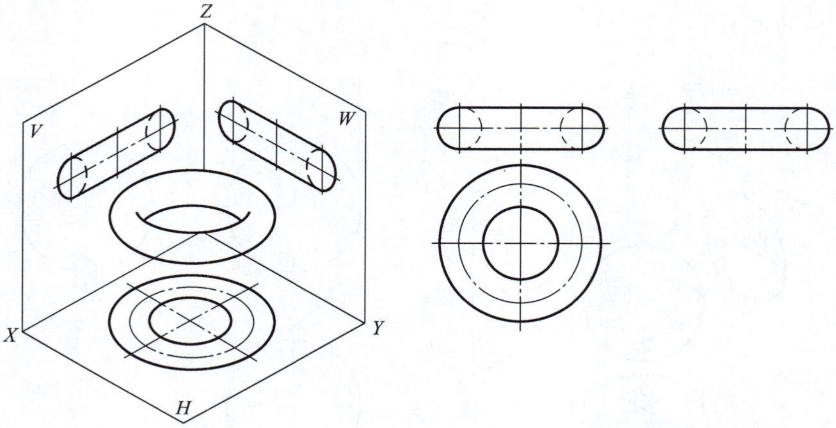


(a) 立体图　　(b) 投影图

图 2-41　圆环的投影

通过对立方体、三棱柱、四棱锥、圆柱、圆锥等立体的投影分析和变化研究，我们可以深入了解这些形状在空间中的表达和转换。这些立体不仅是家具设计中不可或缺的元素，它们的变化形态也为创意设计提供了无限可能。

## 巩固练习

1. 设计一个简单的家具组件（如桌子腿或椅子背），并绘制其三面投影。
2. 考虑组件的稳定性和美观性，分析其投影图是否能够准确传达设计意图。

# 项目三　读　　图

读图指根据已知的视图，想象与分析出物体的结构、形状、尺寸和技术要求等信息的过程。读图的方法主要有两种：形体分析法和线面分析法。

## 任务一　形体分析法

形体分析法是把组合体的三视图中反映形状特征较明显的视图按线框分成几个部分，然后根据投影关系找到各平面线框在另外视图中对应的投影，从而分析与想象出各部分的形状及它们之间的相互位置关系，最后综合想象出立体的整体形状。这种方法适用于由基本形体组成的立体。

形体分析法主要分成切割法和叠加法。形体分析法是设计和绘图中常用的方法，主要用于理解和描绘三维形状立体。

### （一）切割法

切割法又称为挖切法，其以一个基本的三维形状（如立方体、圆柱等）作为初始形态，通过想象在立体形状上进行切割或挖去某些部分，形成更复杂的形状。这种方法可以帮助我们理解如何从基本形体演变出复杂的立体。切割可以是平行于某一面的切割，也可以是斜向的切割。

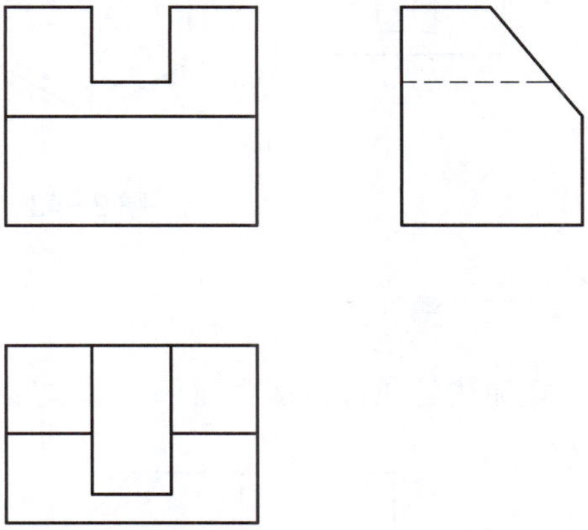

图 2-42　立体三视图

例：如图 2-42 所示为某立体的三视图，运用切割法，分析其所表示的立体形状。

切割法是一种用于识读和绘制立体的方法，它将立体看作是由基本形体切割而成的，通过分析切割的直线和平面，从而确定立体形状。

主要步骤为：

① 将立体看成一个长方体，如图 2-43（a）所示。

② 根据三等规律，确定对应的切割平面（或直线）。切割平面是指切割立体的平面，切割直线是指切割平面与立体的交线。平面 $A$ 为两个平行切割平面之一，且为侧平面，$a$、$a'$、$a''$分别为该侧平面的三面投影，如图 2-43（b）所示。

③ 立体中间切割一凹槽平面，切割凹槽在左视图中看不见，可以用虚线表示，平面 $C$ 为凹槽平面，且为水平面，$c$、$c'$、$c''$分别为该平面的三面投影，如图 2-43（c）所示。

如图 2-43（d）所示为运用形体分析法得出的立体图。立体图切割面和切割线的投影应遵循正投影的三等规律，切割面和切割线的投影应尽量清晰、完整、准确，以便于识读和绘制。

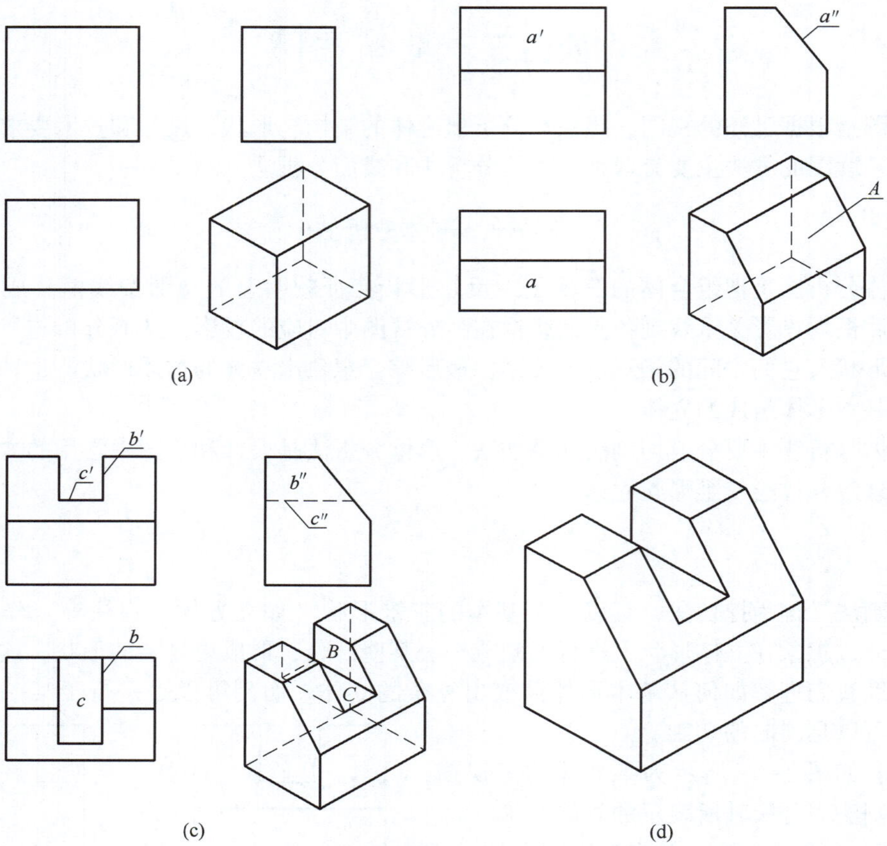


图 2-43　读图步骤（切割法）

## （二）叠加法

叠加法是通过将多个简单的基本形体叠加在一起，创建一个相对复杂的组合体的方法。每个基本形状保持其原有的完整性，只是在空间中相互定位和堆叠，以形成一个新的整体。这种方法可以帮助我们理解组合体是如何由一系列独立的部分组成的，并通过它们的相对位置和方向来定义最终的整体形状。

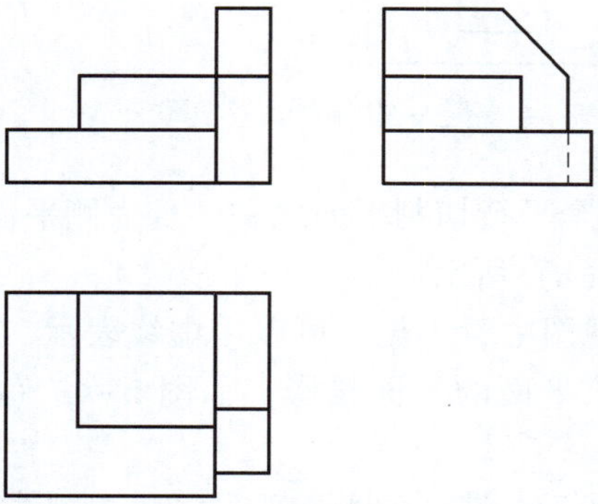

图 2-44　组合体三视图

例：如图 2-44 所示为某组合体的三视图，运用叠加法，分析其所表示的组合体形状。

该组合体由三个部分组成，在作图时，可以使用叠加法依次绘制。

主要步骤为：

① 通过已知三视图的投影规律，确定单个

叠加的立体三视图。首先，分析第一个立体的三视图，并绘制其立体图，如图 2-45（a）所示。

② 接着，分析第二个立体的三视图，并在其适当的位置绘制其立体图，如图 2-45（b）所示。

③ 最后，分析第三个立体的三视图，并在其适当的位置绘制其立体图，如图 2-45（c）所示。

④ 去掉立体共面多余的直线，如图 2-45（d）所示，可得最终组合体的立体图。

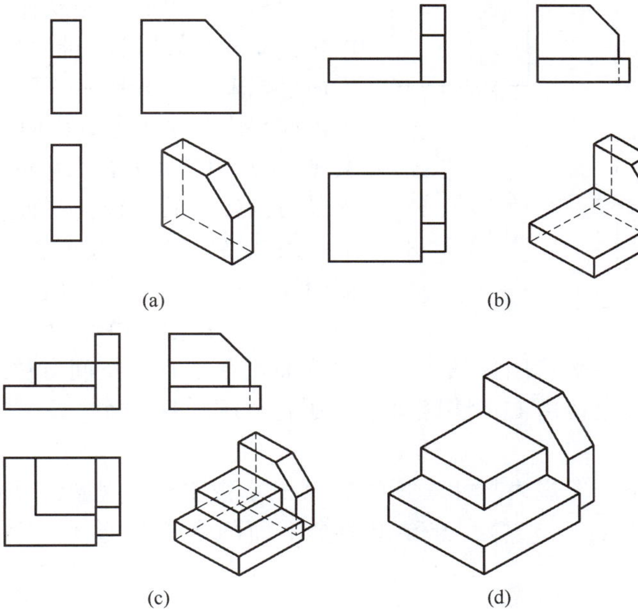

图 2-45　读图步骤（叠加法）

综合运用切割法和叠加法，我们能够分解和分析复杂的三维形状立体，进而准确地绘制出其二维视图或者构建三维模型。这种分析方法在建筑、室内和家具等领域应用广泛。

## 任务二　线面分析法

线面分析法是从已知视图的点、直线和平面入手，分析清楚关键的点、直线和平面在三视图中的位置关系，从而想象出物体的总体形状。这种方法适用于分析切割类形体和比较复杂的组合体中不易使用形体分析法的部分。

运用线面分析法的步骤：

① 分析立体三视图中对应平面的形状。当平面平行于投影面时，在该投影面上反映实形；当平面倾斜于投影面时，在投影面上的投影是其类似形；当平面垂直于投影面时，在投影面上的投影积聚成直线。

② 分析平面的相对位置。视图上任何相邻的封闭线框，都是物体上相交的或不相交的两个面的投影。通过分析，可以判断出各面之间的夹角、距离和方向。

③ 分析直线的位置关系。根据正投影的三等规律，分析直线的位置关系；对于物体中出现的一般位置直线，可看作两个点在三个投影面上的投影。

线面分析法是读图的重要方法，涉及立体平面和直线的详细分析，以确保图样的准确性和清晰性。通过该方法，设计师能够深入理解立体或家具结构和组件之间的关系，从而在图纸上准确地表达出其三维形态和细节特征。

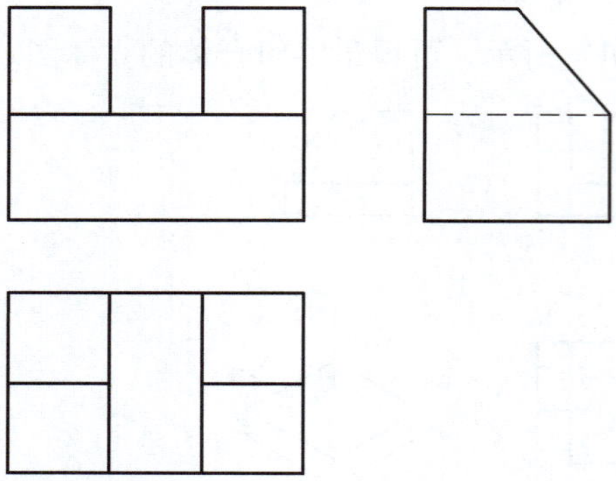

图 2-46　立体三视图

例：如图 2-46 所示为某立体三视图，运用线面分析法，分析其所表示的立体形状。

依据正投影的三等规律，通过分析各平面在三面的投影特性，特别是平面在某一投影面呈积聚性，积聚成一条直线的投影特性，可依次判读该立体各组成面。水平面（如 1、2、5、6）由其在俯视图中的实形及在正面与水平面投影中的直线（平面呈积聚性，积聚成一条直线）确定；侧垂面 3、4 则依据其在侧面投影中的直线（平面呈积聚性，积聚成一条直线）确定，并结合三等规律推导其在另外两视图（主视图、俯视图）的正面、水平面投影来判定空间方位。循此方法，逐一分析，最终确定该立体由 11 个相互垂直、平行或倾斜的平面构成。

主要步骤为：

①根据正投影的三等规律，可从平面 1、2 的主视图和左视图，反映积聚性且高平齐的投影平面 1′、2′，1″（2″），推导出两个平面的水平投影 1、2，如图 2-47（a）所示。

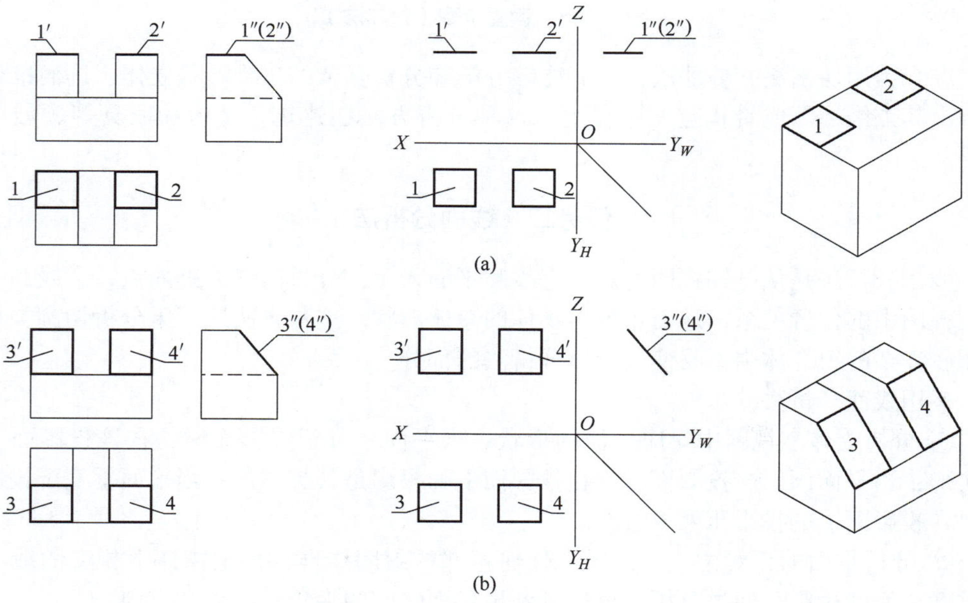

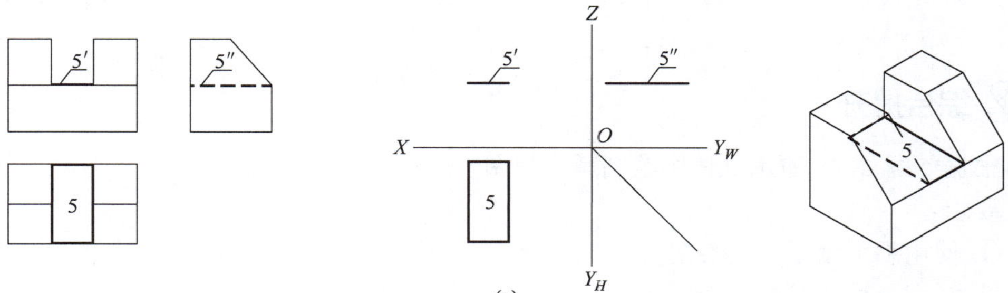


(c)

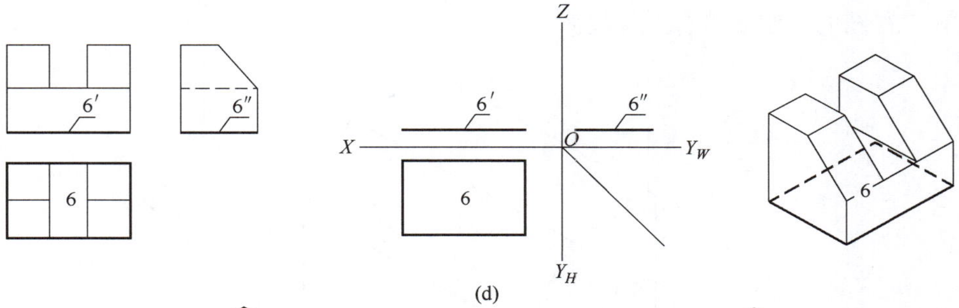


(d)

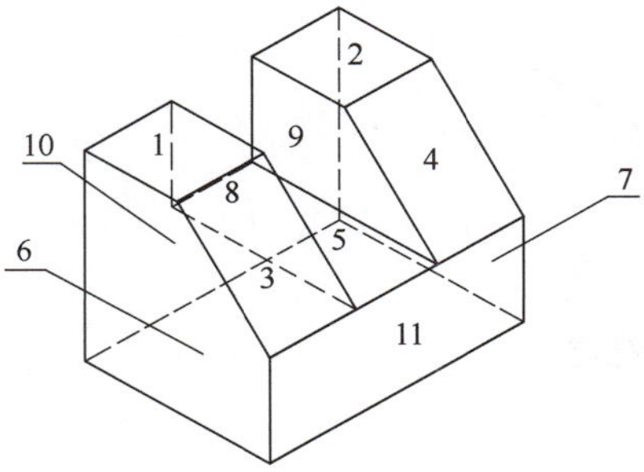


(e)

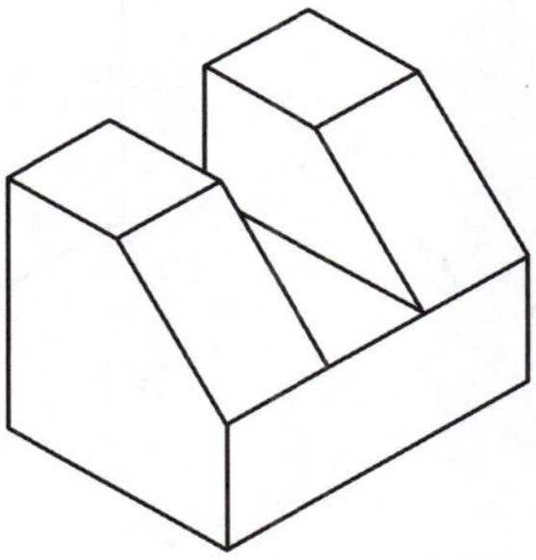

(f)

图 2-47　读图步骤（线面分析法）

②同上规律，从左视图中两平面 3″（4″）的投影积聚成一条直线，可推导出正面投影 3′、4′，并结合两个平面的侧面投影 3″（4″），可推导出这两个平面的水平投影 3、4，根据三面投影特性，得出平面 3、4 为侧垂面，如图 2-47(b) 所示。

③同步骤①，可推导出平面 5 的三面投影，并从该平面的三面投影特性，得出平面 5 为水平面，如图 2-47(c) 所示。

④同理，可推导出平面 6 的水平投影，并从该平面三面投影特性，得出平面 6 为水平面，如图 2-47(d) 所示。

⑤通常情况下，通过以上方法分析立体的平面，立体的形状特征即可呈现。该立体由 11 个平面两两垂直、平行或倾斜组成，如图 2-47（e）所示。通过以上线面分析法步骤即可得出立体，如图 2-47(f) 所示。

## 巩固练习

1. 形体分析法包含哪几种具体方法？请分别简述。

2. 在运用线面分析法读图时，为什么需要分析平面平行、倾斜、垂直于投影面时的投影特点？

## 综合提升

根据如图 2-48 所示立体图绘制其三视图。

要求：

① 使用手工绘图工具绘制。

② 注意各种图线的正确用法。

③ 三视图的绘制应符合三等规律。

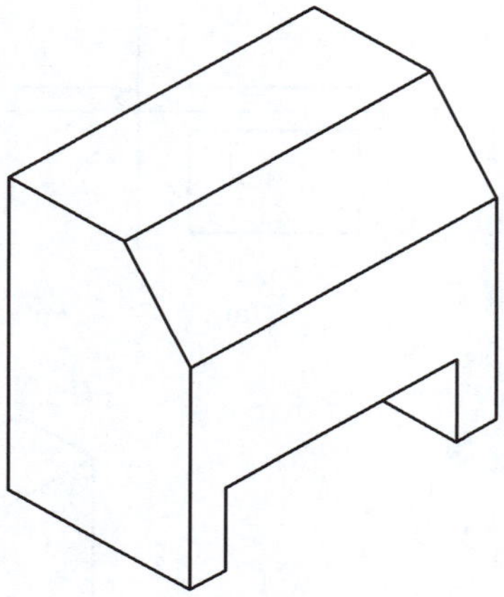

图 2-48　立体图

## 知识拓展

### 梓人遗制

在古代中国，木工艺的精湛技艺在世界范围内享有盛誉，宋代李诫编纂的《营造法式》更是木工艺领域的经典之作。在这部著作中，小木作制度作为独特的工艺分支，详细阐述了室内外木制装修构件的设计和制作方法。这一制度不仅体现了古代工匠对木材特性的深刻理解，也展现了他们在建筑装饰和家具制作上的高超技艺。小木作的范畴广泛，包括但不限于门窗的设计制作（图 2-49）、室内隔断的精巧构造、承尘板的装饰艺术、户外障隔的实用与美观兼顾，以及各种杂项木制品的创意与实施。这些作品不仅满足了建筑的实用性需求，更增添了空间的艺术氛围和审美价值。

“制度”一词在这里指的是一套详尽的规范和标准，它规定了木制品的形状、尺寸、结构和装饰等方面的具体要求，确保了工艺品的质量和美观。这些规范不仅为工匠们提供了操作的依据，也为后世的工艺传承和发展奠定了坚实的基础。

“梓人遗制”这一概念则揭示了古代木工艺的传承与发展。梓作为一种优质的木材，因其耐腐蚀和易于加工的特性，成为古代木器制作的首选材料。梓人，即专门从事小木作的工匠，他们不仅负责制作日常生活中的家具和木构件，还精通于雕刻和装饰技术，能够创造出既实用又美观的工艺品。随着时间的推移，梓人的技艺逐渐形成了一套完整的体系，这些被传承下来的技术和方法，被称为遗制，它们是古代木工艺智慧的结晶，也是中华文化宝贵的遗产。

在历史的长河中，“梓人遗制”不仅代表了一种工艺技术的传承，更是一种文化和精神的传递。这些规范和做法，不仅体现了古代工匠对材料的尊重和对工艺的追求，也展现了他们对美与和谐的不懈探索。今天，我们在欣赏和研究这些古代木工艺品时，不仅能够感受到匠人们精湛的技艺，还能够体会到他们对传统文化的坚守和对工艺精神的传承。因此，“梓人遗制”成为连接过去与现在、传统与现代的桥梁，激励着我们继续发扬光大这一悠久的工艺传统。

图 2-49　“梓人遗制”小木作格子门

# 模块三 立体图的画法

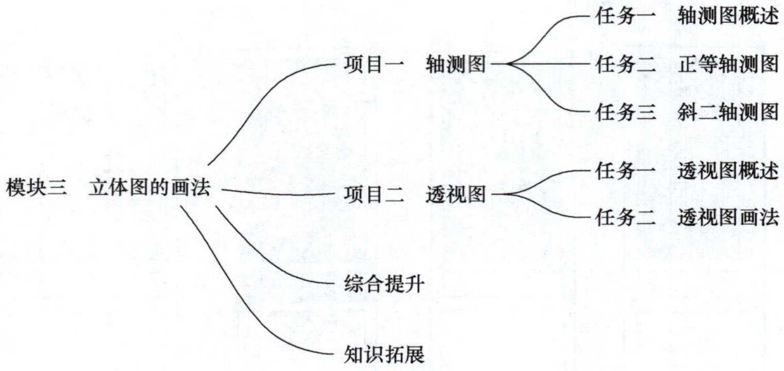


立体图是一种将三维物体的形态通过平面图形呈现的图形表示方法，能够使观察者更加直观地理解物体的外观和构造。立体图可以更加生动地展现家具或其他物体的外部结构和形态。本模块将重点介绍轴测图和透视图这两种常见且实用的立体图画法，深入探讨它们的绘制步骤与技巧。通过本模块的学习，学习者将能够更加精准地掌握如何通过三视图表现出三维物体的立体形态。

## 项目一 轴 测 图

本项目涵盖轴测图的基本概念、分类、形成过程和绘制方法，特别是正等轴测图与斜二轴测图的轴测投影方法。通过本项目的学习，学生将熟练掌握轴测图的绘制技巧，以提升图形表达的直观性与准确性。

### 任务一 轴测图概述

当投影方向垂直于轴测投影面时为正轴测投影；当投影方向倾斜于轴测投影面时为斜轴测投影。因此，正轴测图是用正投影法得到的，而斜轴测图是用斜投影法得到的。

#### （一）轴测图的形成

轴测图提供了一种更为直观的三维物体表示方法，椅子的正等轴测图如图 3-1 所示。该方法与传统的正投影法不同。正投影法通过将物体置于三个相互垂直的投影面上，并使用三组分别垂直于各投影面的平行线进行投射来获得图形，这种方法通常需要两个或三个视图来共同表达一个物体的形状，这可能会使得图形难以理解。相比之下，轴测图采用单一图形直接展示物体的立体形状，立体感强且易于理解。

轴测图是将物体的三个主轴（长、宽、高）分别沿着三个互相垂直的方向投影到一个倾斜的平面上所形成的立体图。其通过沿坐标轴投影物体的轮廓和细节，比传统的多视图投影更为简洁和直观，如图 3-2 所示。

图 3-1　椅子的正等轴测图

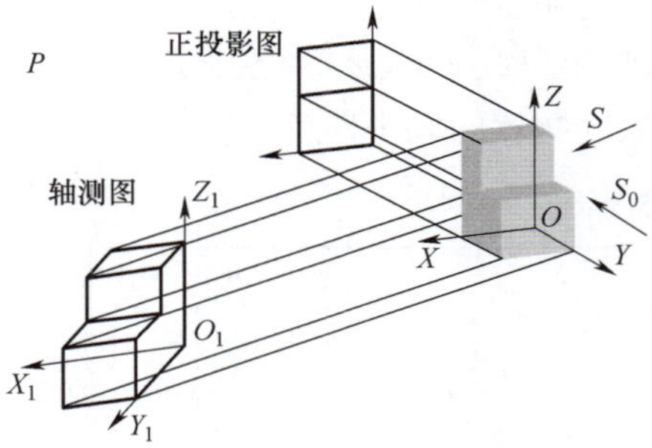


图 3-2　轴测图的形成

## （二）轴测图的分类

根据三个投影轴的相互关系，轴测图可分为正轴测图、斜轴测图两种类型，如图 3-3 所示。

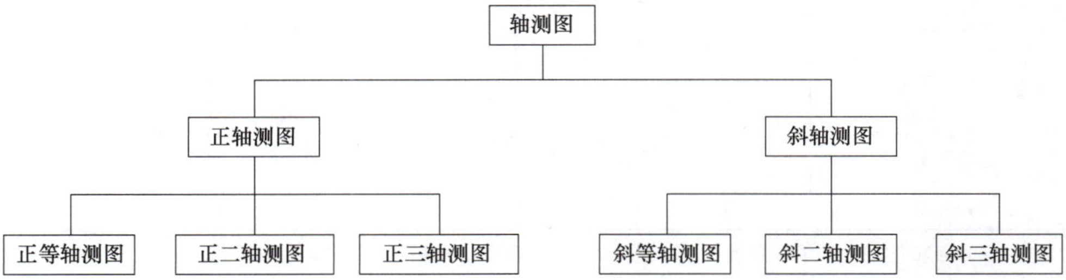


图 3-3　轴测图的分类

正轴测图即改变物体相对于投影面的位置，投射方向仍垂直于投影面，该正轴测图物体的三个主要方向（长、宽、高）被等比例缩放，更接近真实比例；斜轴测图即改变投射方向，使其倾斜于投影面，而不改变物体对投影面的相对位置，所得投影为斜轴测图。

# 任务二　正等轴测图

## （一）正等轴测图的形成

使三条坐标轴对轴测投影面处于倾角都相等的位置，使正方体的对角线垂直于轴测投影面，并向 $P$ 面作正投影，即得到正等轴测图的具体特性，见表 3-1。

为方便起见，绘制正等轴测图时通常会选择按照物体的实际尺寸进行，而不是根据传统的轴测投影比例进行缩小。这种方法虽然会导致绘制出的图形比精确的轴测投影大了 1/0.82（即大约 1.22 倍），但由于它并不损害图形的立体感和空间关系，在行业内得到了普遍采用。

这种方法简化了绘图过程，同时保持了图形的直观性和易懂性，可快速展示设计想法并进行初步设计评估。然而，如果设计规格要求严格，尺寸精度要求高，那么在绘制正等轴测图时，就必须将各个方向的尺寸按照 0.82 的系数进行缩放，以确保图形的比例与实际物体的大小保持一致。

**表 3-1　　　　正等轴测图**

<table>
<tr><td rowspan="4">特性</td><td>投影线方向</td><td>投影线与轴测投影面垂直</td></tr>
<tr><td>轴向伸缩系数</td><td>$p_1=q_1=r_1=0.82$</td></tr>
<tr><td>简化轴向伸缩系数</td><td>$p=q=r=1$</td></tr>
<tr><td>轴间角</td><td>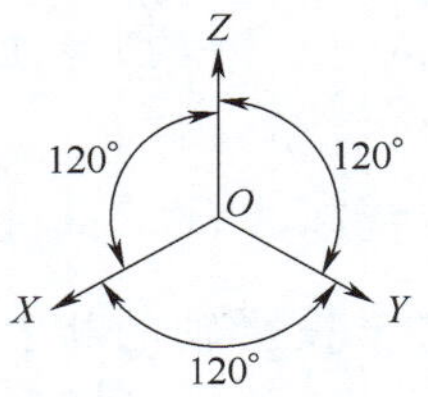
</td></tr>
<tr><td>边长为 $L$ 的正方体</td><td>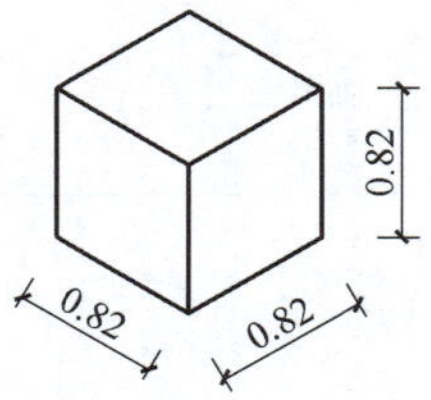
</td><td>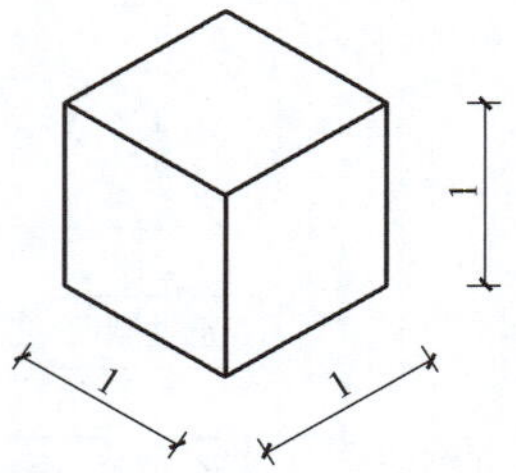
</td></tr>
</table>

备注：$p$ 为 $X$ 轴的轴向伸缩系数，$q$ 为 $Y$ 轴的轴向伸缩系数，$r$ 为 $Z$ 轴的轴向伸缩系数，后同。

## （二）平面立体

平面立体，如正方体和长方体，其所有表面均为平面。在正等轴测图的绘制中，这些立体的各个面将按照相等的比例进行展示。这种表示方法不仅反映了立体的几何特征，而且极大地方便了观察者对三维形态的直观理解。

例 1：根据立体三视图，如图 3-4 所示，绘制其正等轴测图。

解题思路：如图 3-5 所示，根据立体的总长、总宽和总高，画出长方体，然后按三视图的形体一块一块地切掉。最后将保留的部分加深，即可得到立体的正等轴测图，这种方法称为切割法。

主要步骤为：

① 绘制 X、Y、Z 轴，夹角为 120°，并分别取长、宽、高，通过平移在 XOY、XOZ、YOZ 面上绘制出长方形投影，如图 3-5（a）所示。

② 根据长方形在 XOY、XOZ、YOZ 上的投影，绘制出长方体，如图 3-5（b）所示。

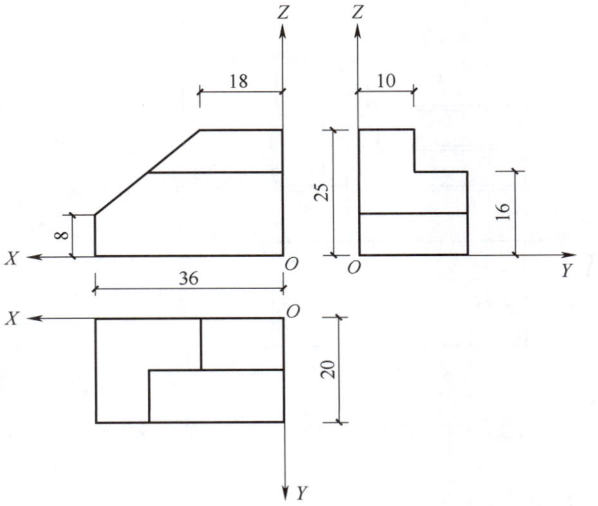


图 3-4　立体三视图

③ 在顶面取长 18mm，侧面取长 8mm，平移画线并连接，得出立体斜切割面，如图 3-5（c）所示。

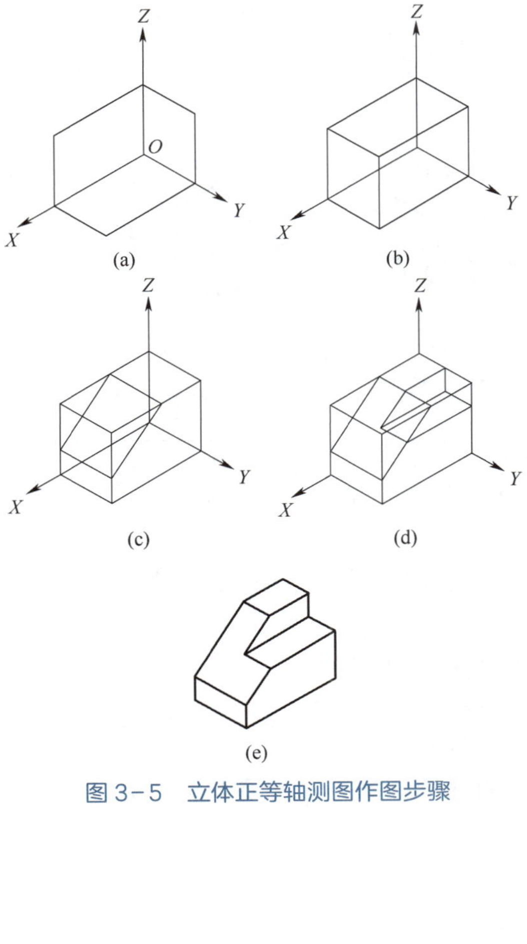


图 3-5　立体正等轴测图作图步骤

④ 按照同样的步骤完成直角切口的绘制，如图 3-5（d）所示。

⑤ 擦去多余的线，可见轮廓线加粗，即可完成，如图 3-5（e）所示。

例 2：已知柜子的主视图与俯视图，如图 3-6 所示，绘制其正等轴测图。

解题思路：绘制家具的正等轴测图时，可选择使用比例尺确保比例准确，相同方向的轮廓线使用两块三角板平移或平行尺绘制，直线要平直和匀称，以确保图样与实际家具的比例统一。在绘制过程中，可使用辅助线帮助定位和绘制准确的形状。在完成绘图之后，要再次检查尺寸和比例的准确性，确保绘图符合实际要求。

主要步骤为：

① 绘制 X、Y、Z 轴，根据已知的俯视图，绘制家具的底面正等轴测图，如图 3-7（a）所示。

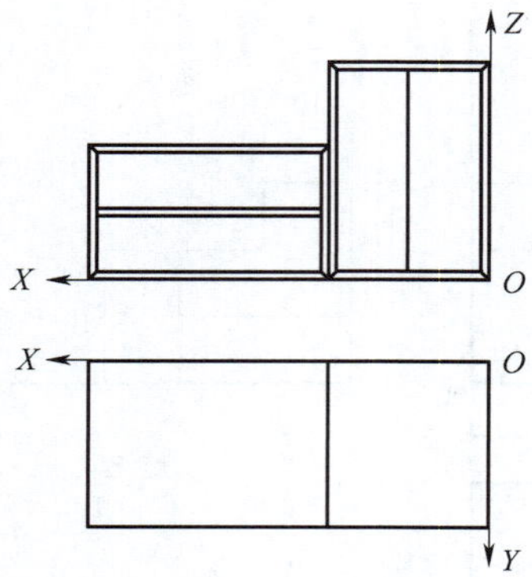


图 3-6　柜子两视图

② 将底面的正等轴测图进行高度的延展，如图 3-7（b）所示。

③ 通过同方向轮廓线平移的方法，依次绘制该家具外形轮廓，如图 3-7（c）所示。

④ 细化柜子的可见内部结构细节，如图 3-7（d）所示。

⑤ 擦去多余的线，可见轮廓线加粗，即可完成，如图 3-7（e）所示。

### （三）圆与圆柱

由于正等轴测图的等距特性，圆在正等轴测图中常以椭圆的形式呈现，其形状和大小受制于投影角度。为简化绘图步骤，正等轴测圆通常使用四心法绘制。

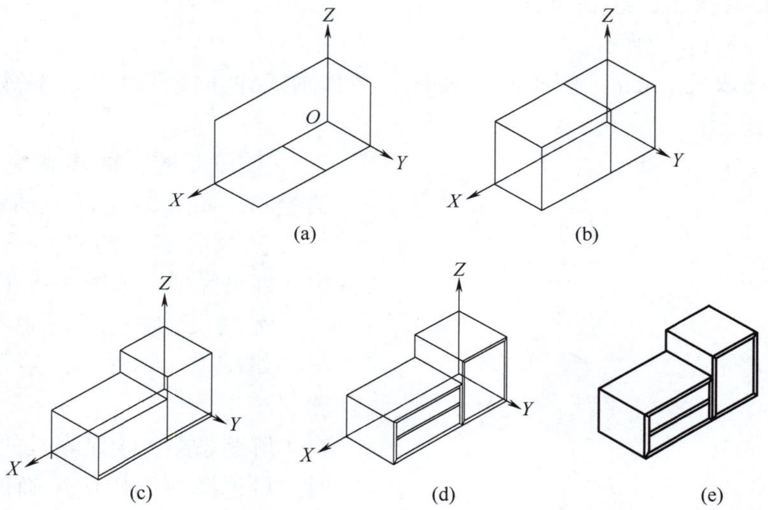


图 3-7　柜子正等轴测图作图步骤

圆柱是由两组对应的椭圆（代表底面和顶面）以及连接这两组椭圆的矩形侧面组成。以下将详细介绍如何依据圆柱的直径和高度，绘制出正等轴测圆柱。

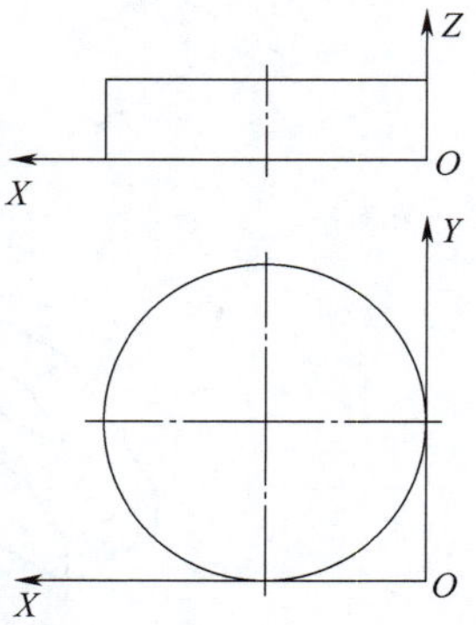


图 3-8　圆柱两视图

例：根据圆柱两视图，如图 3-8 所示，绘制正等轴测图。

解题思路：绘制正等轴测圆柱时，首先建立夹角为 120°的坐标轴，并绘制外切菱形，然后确定绘制椭圆的四个圆心。接着，分别以四个圆心和相应的半径绘制椭圆。将圆心垂直延伸以表示圆柱高度，并重复绘制椭圆。最后，绘制圆柱的侧面切线，并清除多余线条，加深轮廓以完成图形。

主要步骤为：

① 绘制两条夹角为 120°的坐标轴（$X$、$Y$ 轴），并取圆半径，通过平移绘制正等轴测圆的外切菱形，如图 3-9（a）所示。

② 分别取外切棱形边长的中点 $A$、$B$、$C$、$D$ 并连接，可得正等轴测圆的四个圆心 $O_1$、$O_2$、$O_3$、$O_4$，如图 3-9（b）所示。

③ 使用圆规绘制椭圆，分别以 $O_1$、$O_2$、$O_3$、$O_4$ 为圆心，以 $O_1A$、$O_2D$、$O_3A$、$O_4B$ 为半径画四段圆弧，如图 3-9（c）、（d）所示。

④ 分别将 $O_1$、$O_2$、$O_3$、$O_4$ 垂直向下延伸至圆柱高度，并重复步骤③，如图 3-9（e）所示。

⑤ 绘制两侧圆柱切线，如图 3-9（f）所示。

⑥ 擦去多余的线，可见轮廓线加粗，即可完成，如图 3-9（g）所示。

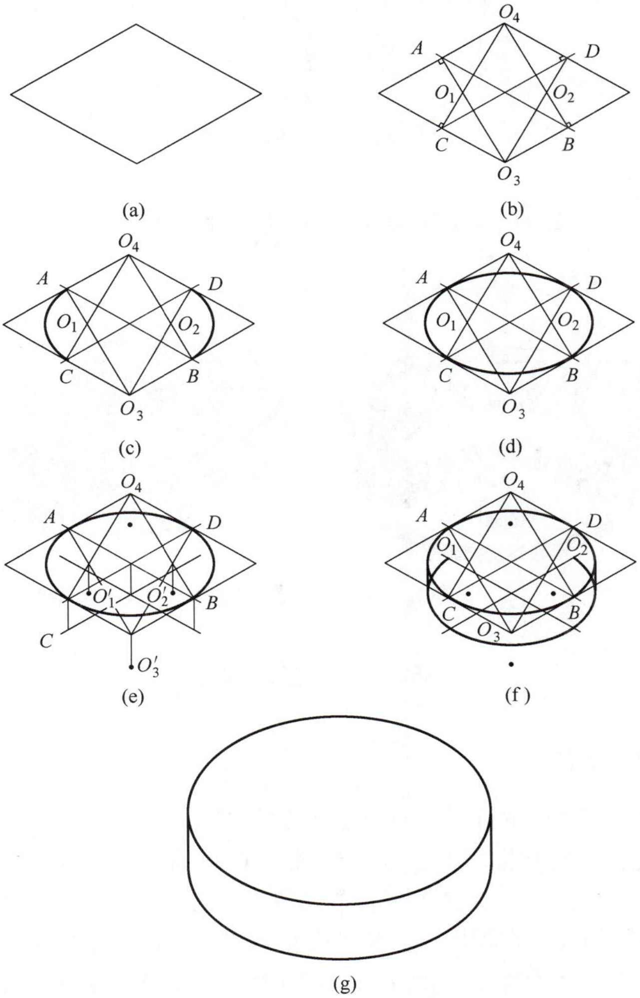


图 3-9　正等轴测圆柱作图步骤

当圆形物体平行于坐标面时，圆形物体的正等轴测投影一般为椭圆，可用四心法求出四个圆弧的圆心，绘制出圆弧，光滑地连成椭圆，如图 3-10 所示。

在实际作图中也经常遇到平行于坐标面的圆。如图 3-11 所示为常见圆形家具，由于它们与轴测投影面的倾角相等，所以正等轴测投影是形状相同，长、短轴的方向不同的椭圆。

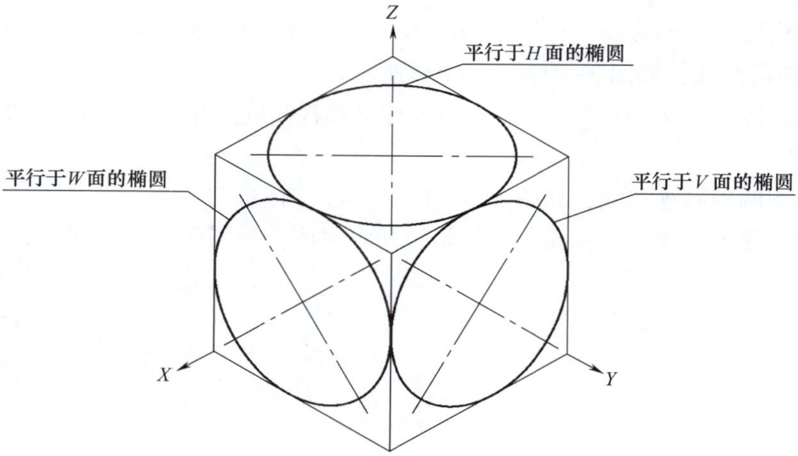


图 3-10　圆形物体平行于坐标面的正等轴测图

图 3-11　常见圆形家具

## 任务三　斜二轴测图

### （一）斜二轴测图的形成

斜轴测图的特点是使立体上有一个表面在轴测图上能反映实形。为了提升图形的直观性并简化作图过程，通常将两个主要投影轴（X、Y 轴）之间的夹角定为 90°，Y 轴与水平方向 X 轴呈 45°，与 X 和 Z 轴平行的线段在投影后保持长度不变，轴向伸缩系数为 1，而与 Y 轴平行的线段在投影时其长度会根据投影方向的不同而有所变化，通常选择将线段的投影长度缩短至原长度的一半，即 Y 轴的轴向伸缩系数设为 0.5，从而形成斜二轴测图，具体特性见表 3-2。

**表 3-2　　斜二轴测图**

| | | |
|---|---|---|
| 特性 | 投影线方向 | 投影线与轴测投影面垂直 |
| | 轴向伸缩系数 | $p=1;q=0.5;r=1$ |
| | 轴间角 | 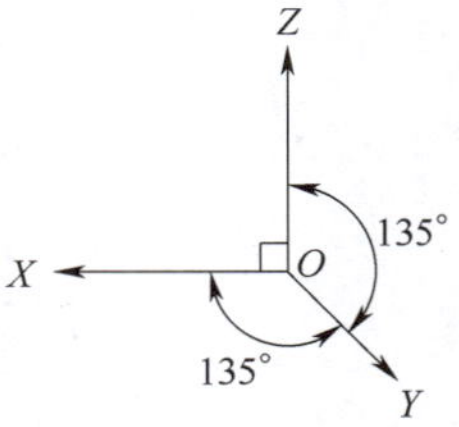 |
| 边长为 $L$ 的正方体 | 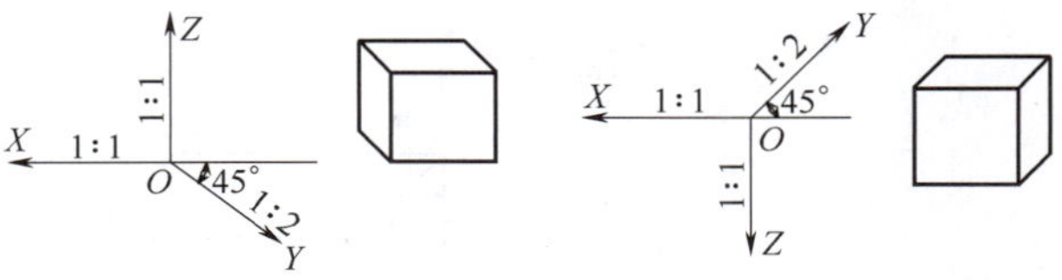 | |

通过这种方法，斜二轴测图能够在保持一定尺寸比例的同时，提供一个更加直观和易于理解的三维物体表示，适用于家具设计和工业产品展示等。

### （二）平面立体

绘制正面斜轴测图时要先明确轴测轴的方向和轴向伸缩系数。先绘制反映实形的正平面，一般从最前面画起。绘制 $Y$ 轴方向（宽度方向）时，要注意轴向伸缩系数为 0.5，即长度要缩小一半。

例 1：根据立体三视图，如图 3-12 所示，绘制其斜二轴测图。

解题思路：首先，依据三视图和尺寸绘制上方立体的斜二测图；接着，在 $X$ 轴、$Y$ 轴形成的投影面上绘制下方四根柱子的基底；然后，将柱子基底向上延伸，绘制出完整的柱体；随后，细化图形，去掉看不见的轮廓线；最后，加粗外轮廓线，去除多余辅助线即可。

主要步骤为：

① 绘制 $X$、$Y$ 和 $Z$ 轴，根据已知的三视图，绘制上方立体的斜二轴测图，如图 3-13（a）、（b）所示。

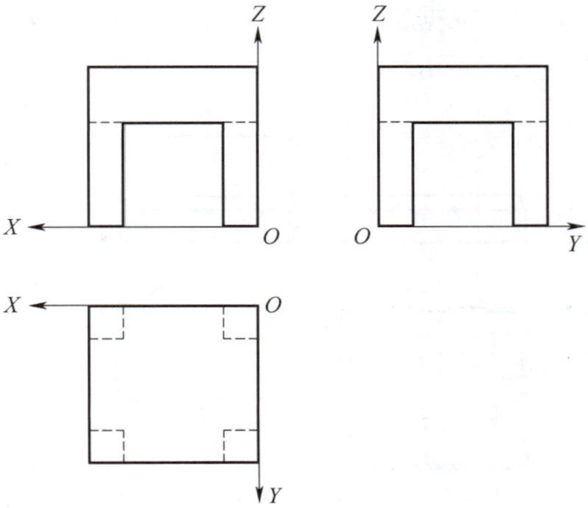


图 3-12　立体三视图

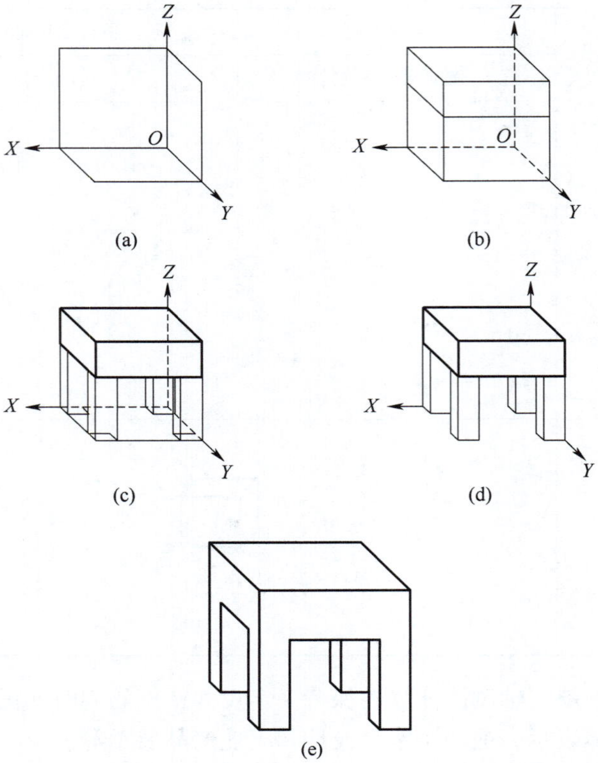


图 3-13　立体斜二轴测图作图步骤

② 在 X、Y 轴形成的投影面上绘制下方四根长柱子的斜二轴测图，将底面的斜二轴测图向上延展，如图 3-13（c）所示。

③ 细化并擦去多余的看不见的轮廓线，如图 3-13（d）所示。

④ 擦去多余的线，可见轮廓线加粗，即可完成，如图 3-13（e）所示。

例 2：根据单床三视图，如图 3-14 所示，绘制其斜二轴测图。

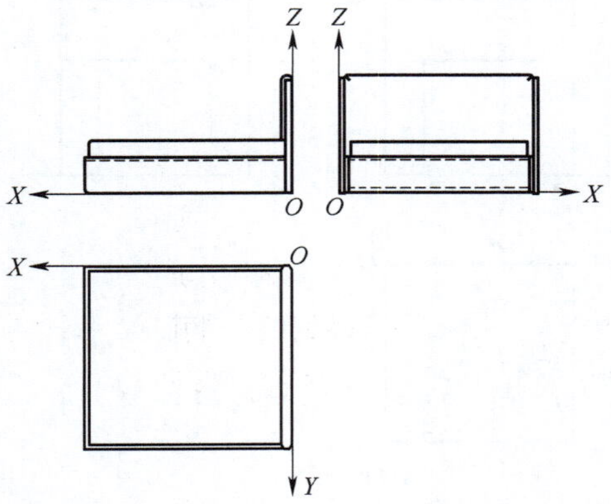


图 3-14　单床三视图

解题思路：首先，绘制床的基本框架，包括床屏和底部结构，确保尺寸比例正确；然后，根据底部轮廓向上拉伸高度，形成床的完整轮廓；接着，绘制略小于床架的床垫；随后，细化图形，添加必要细节并去除多余线条；最后，加粗可见轮廓线即可完成。

主要步骤为：

① 绘制 X、Y、Z 轴，根据已知的三视图，绘制单床的轮廓，包括床屏与床的底面，如图 3-15（a）所示。

② 根据底面拉伸床的高度，完善单床

的轮廓，如图3-15（b）所示。

③ 绘制床垫，注意床垫通常比床架稍小，如图3-15（c）所示。

④ 细化单床的立体图细节，如图3-15（d）所示。

⑤ 擦去多余的线，可见轮廓线加粗，即可完成，如图3-15（e）所示。

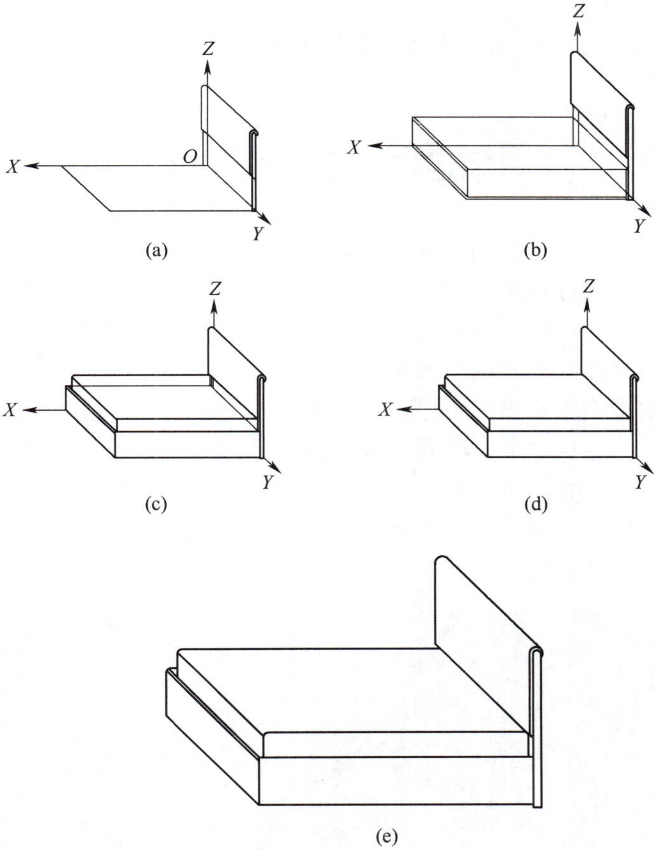


图3-15　单床斜二轴测图作图步骤

## （三）圆与圆柱

在斜二轴测图中，平行于画面的圆是不变形的，而垂直于画面的圆通常采用“八点法”绘制，这种方法是一种简化的绘图技术。首先绘制一个外切正方形的斜二轴测图，然后通过其对角线确定椭圆中心，接着从中心向四角连线得到四个椭圆顶点。再通过辅助线，即在圆直径一侧画半圆并作45°的倾斜线，来确定剩余四个椭圆上的点。最后，将这八个点平滑连接形成椭圆。然而，这种方法由于其简化性质，导致椭圆与原圆在形状和大小上存在偏差，精确度和还原度并不高。因此，它更适合于初步设计而非精确制图，在此不再赘述。

## 巩固练习

根据立体三视图，如图 3-12 所示，绘制其正等轴测图。

要求：

① 了解正等轴测图的基本概念和绘制方法。

② 准确测量三视图中的尺寸。

③ 根据测量的尺寸，绘制立体的正等轴测图。

# 项目二　透　视　图

在家具设计等领域，透视图以其生动、直观的特性，满足设计师之间的交流以及与客户沟通上的需求。通过效果图的直观展示，设计师和客户能够更深入地感知、评估设计作品的质量，从而获得认可或提出修改意见。透视图遵循透视原理绘制，能够更真实地反映三维空间中立体的设计细节与思路。

透视图的绘制遵循中心投影的原理，更符合人类的视觉习惯，如物体近大远小、近高远低的视觉规律。相比之下，轴测图并不具备这样的直观性。如图 3-16 所示，透视图的绘制运用人们在观看周围的景物时有“近大远小”的视觉习惯。当沿着平直的路面与栏杆向远处观望时，会觉得同样宽的路面却随着距离的增加逐渐变窄，最终消失于一点，这就是透视图的消失现象。

图 3-16　透视图的消失现象

## 任务一　透视图概述

### （一）透视图的概念

在人与建筑物之间设立一个透明的铅垂面 $P$ 作为投影面（画面），人的视线（投射线）透过投影面而与投影面相交所得的图形，称为透视图。

透视图能够反映物体的真实比例和视觉效果，但是不能保持物体的真实形状和尺寸，它是运用中心投影原理在一个投影面上画的立体图。因此，比较接近人们眼睛观察的感觉。如果仅从轮廓形状来说，犹如摄影所得的照片。因此，在家具设计中，立体图常使用透视图。

## （二）透视图的分类

透视图按照其灭点的数量可以分为三种：一点透视图、两点透视图和三点透视图，见表 3-3。当家具或物体有一组线平行于画面，另一组线垂直于画面时，其灭点就是主点。

表 3-3 透视图种类及其图例与应用范围

| 种类 | 图例 | 应用范围 |
|---|---|---|
| 一点透视图 | 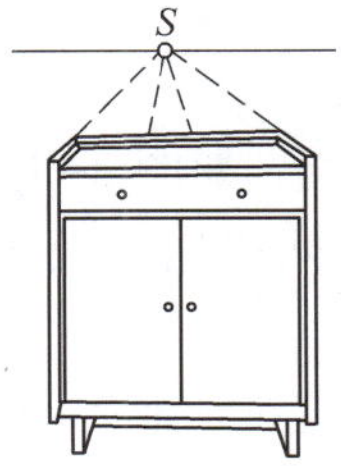 | 物体有一个面与画面平行，只有一个透视灭点，称为一点透视图或者平行透视图。由于其灭点是心点，也称心点透视图。一点透视图一般用于展示物体的一个面的本来形状，如床、整套家具等 |
| 两点透视图 | 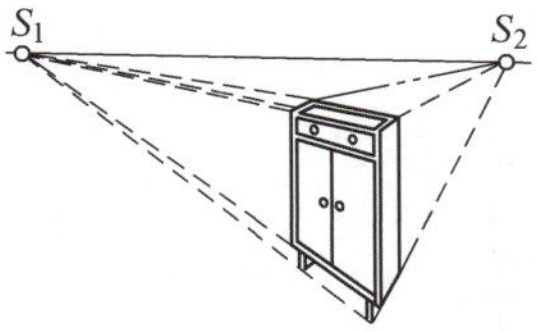 | 物体有一组线条与画面平行，共有两个透视灭点，且在视平线上，称两点透视图或成角透视图。两点透视图一般用于同时展示物体的两个面，如表述各种家具的外观 |
| 三点透视图 | 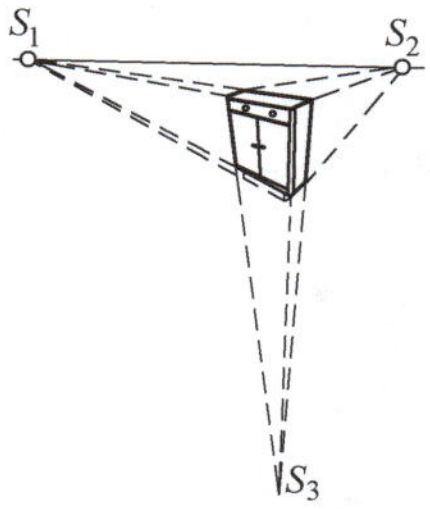 | 在两点透视图的基础上，如将画面绕基线旋转一定的角度，则物体的三组主向棱线与画面都不平行，共有三个透视灭点，称为三点透视图。三点透视图一般用于同时展示多套家具，如家具布置的鸟瞰图或仰视图 |

在画面上只有一个主要的灭点，称为一点透视图。当家具或物体只有垂直于画面的一组轮廓线平行于画面，而另外两组水平的轮廓线在画面上与视平线斜交时，就会产生两个灭点。这两个灭点都在视平线上，称为两点透视图。当画面倾斜于物体或家具的三组主要方向的轮廓线时，将形成三个灭点，称为三点透视图，又称为斜透视图。

一点透视图常用于画室内家具陈列，两点透视图多应用在画单独或一组家具的效果图上，而三点透视图则多用于画建筑物。实际应用中应根据需要加以选择和应用。

## （三）透视图的形成

透视图的形成是由物体、投影中心和投影面三者的相对位置和关系决定的。物体的位置决定了其大小和方向，投影中心的位置决定了物体的远近和倾斜角度，投影面的位置和形状决定了物体的变形。

透视图的形成如图 3-17 所示。图中的标识介绍如下：

① 基面 *G*。基面 *G* 相当于水平投影面，即物体所在的水平地面。

② 画面 *P*。垂直于基面 *G* 的平面，相当于正立投影面。

③ 基线 *XX*。画面 *P* 与基面 *G* 的交线，相当于投影轴 *X*。

④ 视点 *S*。透视投射中心，相当于人眼。

⑤ 站点 *s*。视点 *S* 的水平投影，又称驻点。

⑥ 主点 *s'*。视点 *S* 在画面 *P* 上的正投影，又称心点。

⑦ 视平线 *HH*。通过视点 *S* 作一条水平面与画面 *P* 相交的交线。

⑧ 视高 *Ss*。视点 *S* 离基面 *G* 的距离，即画面 *P* 上视平线 *HH* 与基线 *XX* 的距离。

⑨ 视距 *Ss'*。视点 *S* 与主点 *s'* 的距离，即视点 *S* 与画面 *P* 的距离。

透视图的三个要素是地平线、消失点和视平线。如图 3-17 所示，直线 $\overline{A}\,\overline{B}$ 即为直线 *AB* 的透视。直线 *AB* 的透视表现了其在三维空间中向远处延伸的视觉现象，增强了图形的深度感和真实感。

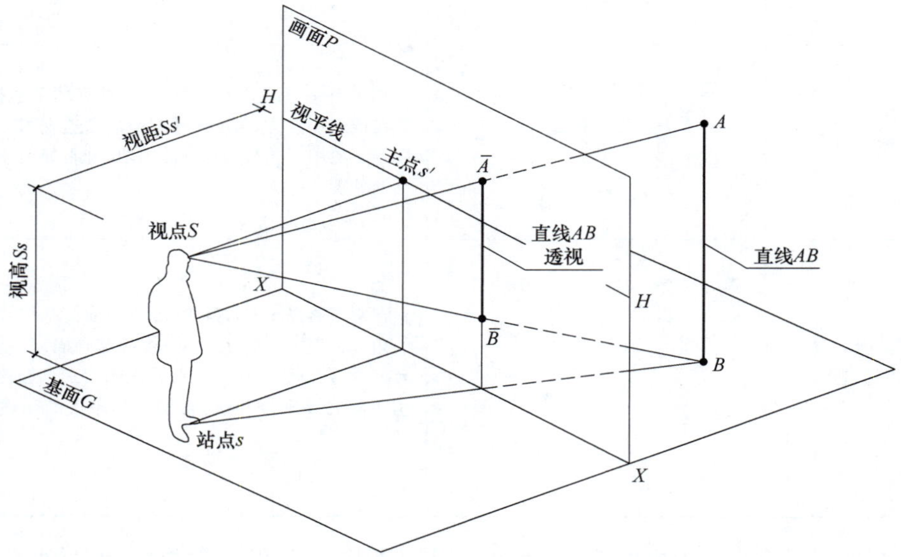


图 3-17　透视图的形成

例：已知直线 *AB* 在基面 *G* 上，且设点 *A* 在画面 *P* 后，基线 *XX* 上，如图 3-18 所示，绘制直线 *AB* 的透视图。

解题思路：图 3-18（a）是透视直观图，图 3-18（b）是透视投影图（包括主视图和俯视图），表现了直线 *AB* 在基面上的正投影，可了解直线 *AB* 在透视图中的位置关系。通过理解透视图的要素和绘制步骤，即可绘制出具有立体感和深度感的透视图，从而更加清晰地展示物体在三维空间中的形状和位置关系。

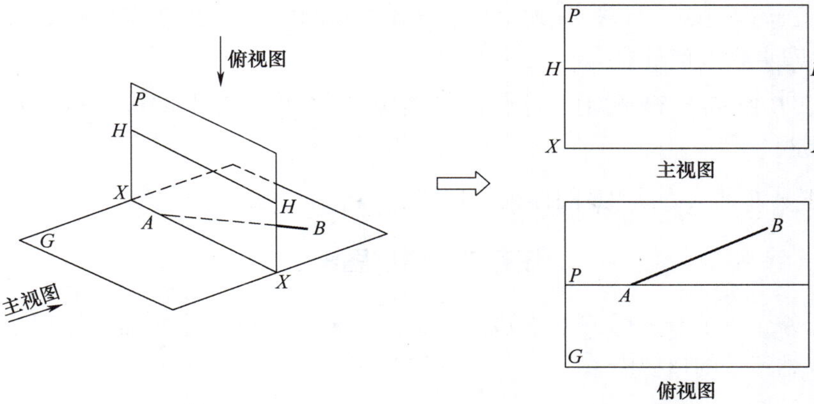


(a)　　(b)

图 3-18　求作直线 AB 的透视图

主要步骤为：

① 通过点 $A$ 作基线 $XX$ 的垂线，可得点 $A$ 的透视，过点 $s$ 作直线 $AB$ 的平行线，得到灭点的投影点 $m$，过点 $m$ 作视平线 $HH$ 的垂线得灭点 M，如图 3-19（a）所示。

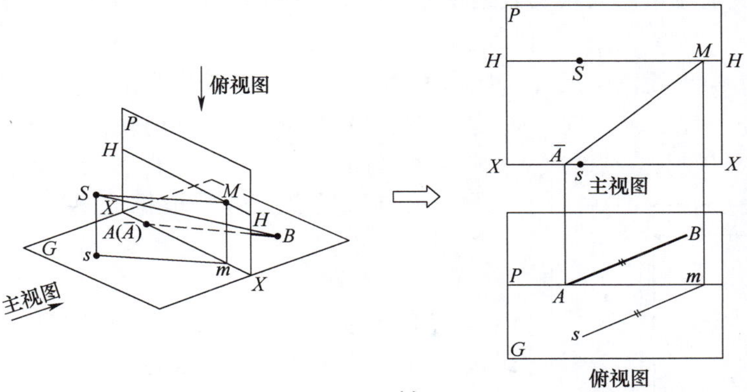


(a)

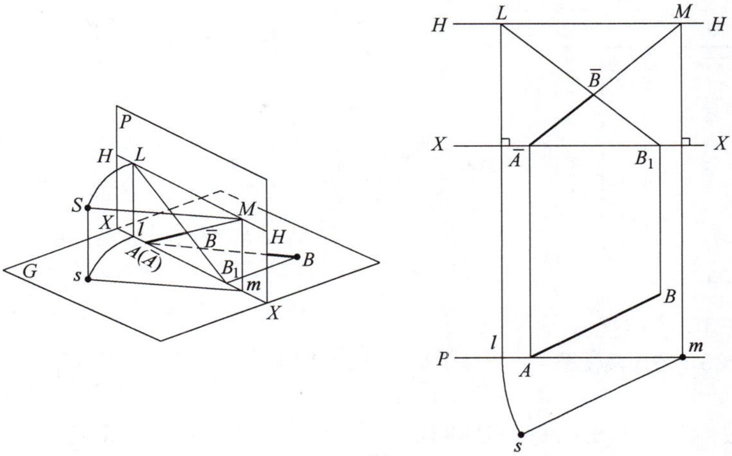


(b)

图 3-19　直线 AB 透视图作图步骤

② 以点 $m$ 为圆心，直线 $ms$ 为半径作圆弧，在画面 $P$ 上可得量点的投影，通过 $l$ 作视平线 $HH$ 的垂线可得量点 $L$。

③ 过点 $B$ 作基线 $XX$ 的垂线得点 $B_1$，连接点 $L$、$B_1$；直线 $\overline{A}M$ 与直线 $LB_1$ 的交点 $\overline{B}$ 为点 $B$ 的透视。

④ 直线 $\overline{A}\,\overline{B}$ 即为直线 $AB$ 的透视，如图 3-19（b）所示。

## 任务二　透视图画法

前一任务介绍了透视图的基本知识，本任务学习如何将这些知识运用于设计实践中，绘制常见家具的透视图。

### （一）一点透视法

一点透视法，主要包括视线迹点法和量点法。该法适用于表现一个方向的深度，常用于绘制直线沿着单一方向延伸的物体或场景，如家具、室内空间、走廊或道路等。视线迹点法侧重于通过观察者的视线来确定位置，而量点法侧重于使用已知尺寸和构造线来确定位置，其适用于需要精确表达物体尺寸和比例的场合，本节将重点介绍量点法的步骤和技巧。

例：已知方桌两视图与尺寸，如图 3-20 所示，绘制该家具的一点透视图。

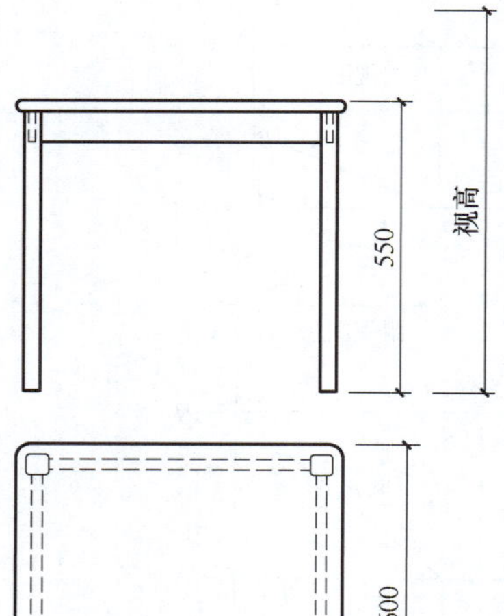


图 3-20　方桌两视图

解题思路：已知方桌两视图，要绘制出家具的一点透视图，首先确定透视图的要素，如视高、视距、灭点和量点，然后根据这些要素按步骤进行绘制。

主要步骤为：

① 确定视高。视高是指观察者与基面的垂直距离。可选择将视高定为略高于家具的高度，以便更好地展示家具的透视效果。如果家具的高度远高于视高，可将视高定在家具的中上方，如图 3-20 所示。

② 确定灭点与量点。灭点是透视图中的一个重要概念，其表示同一平行线在视平面上的交点。在这个案例中，通过点 $S$ 作 $P$ 面的垂线，可以得到点 $O$（$m$）。然后以点 $O$ 为圆心，直线 $OS$ 为半径，作圆弧，可以得到点 $l$，如图 3-21（a）所示。

③ 分别作出相互平行且距离为视高的视平线 $HH$ 和基线 $XX$，将 $P$ 面（图中积聚成一条直线）上的量点 $l$、灭点 $m$ 垂直延伸到视平线 $HH$ 上，可得量点 $L$ 和灭点 $M$，并将方桌的总长延伸到基线 $XX$ 上，从而作出它的底面透视，如图 3-21（b）所示。

④ 绘制家具的“盒子”。将家具看成一个“盒子”来绘制，这样可以更好地表现家具的立体感。首先绘制出家具的底部，然后绘制出家具“盒子”的外轮廓，如图 3-21（c）所示。

⑤ 细化家具结构。家具外轮廓绘制完成后，细化家具的结构，如绘制凳子的四条腿和横枨，以及凳面的细节，如图 3-21（d）所示。

⑥ 擦去多余的线，加深轮廓。绘制完成后，擦去多余的线，使绘制出的透视图更清晰。同时，还可使用深色线条来加粗家具的轮廓，使其更加突出，如图 3-21（e）所示。

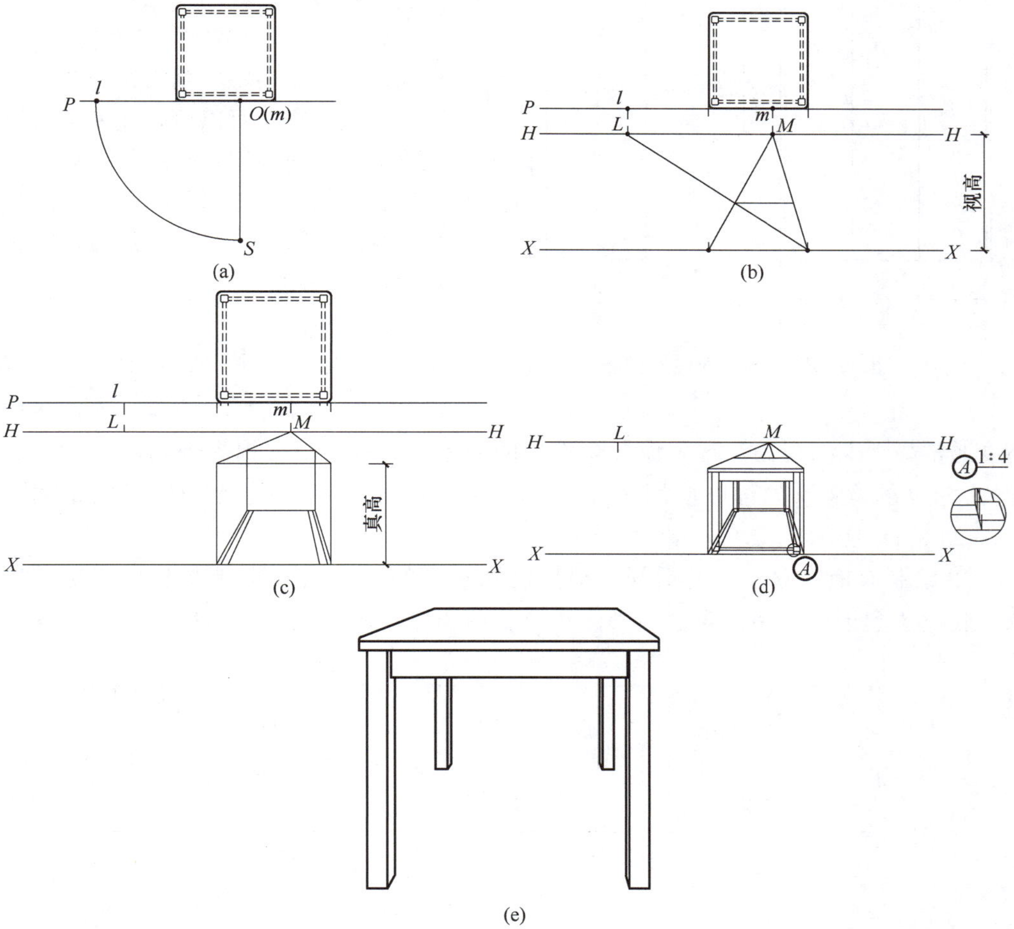


图 3-21　方桌一点透视图作图步骤

## （二）两点透视法

两点透视法，又称为成角透视法，是在观察者位于物体侧面时采用的透视画法。其通过两个灭点来表现物体的深度和宽度，适用于物体的三个主轴都不与观察平面平行的复杂情形。在绘制两点透视图时，首先要构建物体的正面投影和侧面投影，随后确定位于视平线两侧的两个灭点。通过从物体的角点向这两个灭点引出透视线，并与投影面相交，可以准确捕捉物体的三维形态。

相对于精确复杂的画法，简易画法提供了一种快速而简便的绘制方法。它特别适用于形状简单或对比例精度要求不高的物体。简易画法侧重于物体的基本形状和轮廓，通过简化的步骤和符号，迅速传达设计意图。在采用简易画法时，可以忽略一些细节，如精确的尺寸和复杂的纹理，从而专注于物体的整体布局和空间关系。

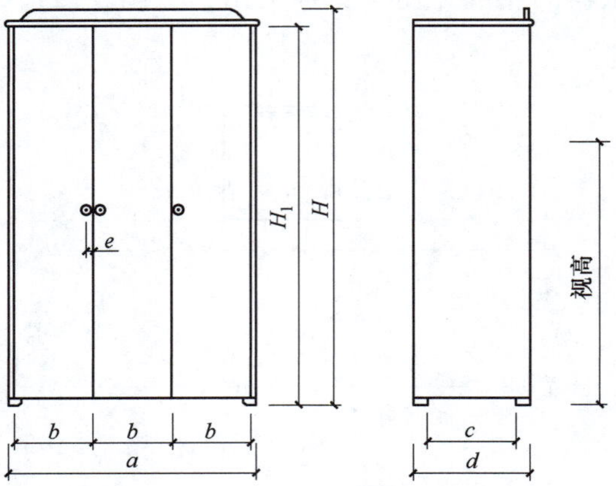

图 3-22　三门衣柜两视图

例：已知三门衣柜两视图，如图 3-22 所示，请使用简易画法绘制三门衣柜的两点透视图。

解题思路：已知三门衣柜两视图，要使用简易画法来绘制衣柜的两点透视图。两点透视图可以更好地展示衣柜的三维效果，使其看起来更真实。绘制时，首先要确定透视图的要素，如视高、视距、灭点和量点，然后根据这些要素进行绘制。

主要步骤为：

① 确定视高和点 $M_1$、$M_2$、$L_1$、$L_2$、$O$ 的距离。首先确定视高，衣柜的高度通常高于人的视高，这里设置为衣柜的中上方。然后根据视高来确定点 $M_1$、$M_2$、$L_1$、$L_2$、$O$ 的位置。如可以使用 $M_1M_2$ = 视高×（5～7）的比例设置 $M_1M_2$ 的距离，如图 3-23（a）所示。

② 绘制衣柜“盒子”的透视。根据已知衣柜的两视图，绘制衣柜的“盒子”形状。假设“盒子”一条垂直边与画面重合，两面则与画面呈一定角度，注意要按照透

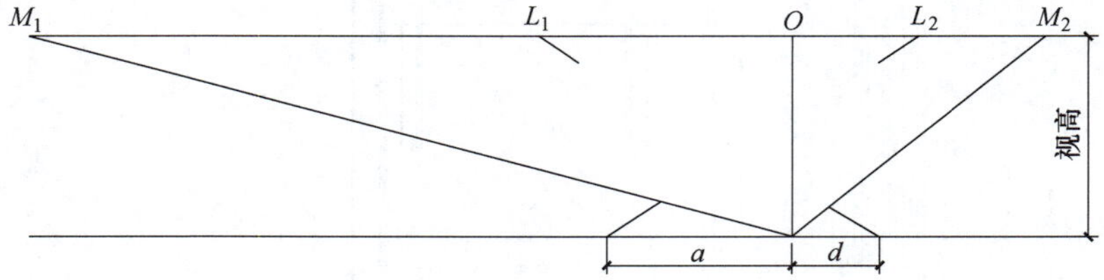

(a)

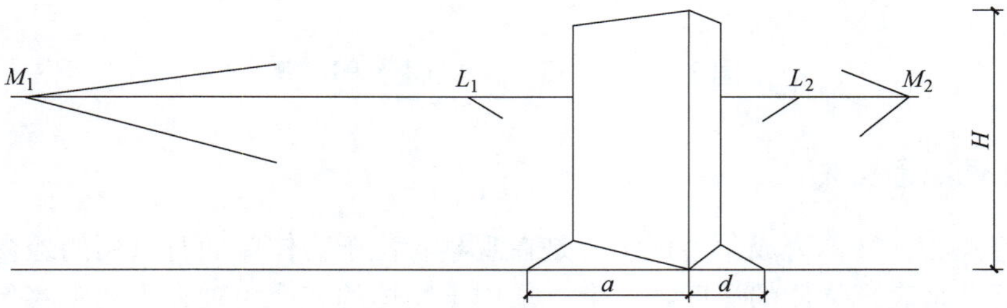

(b)

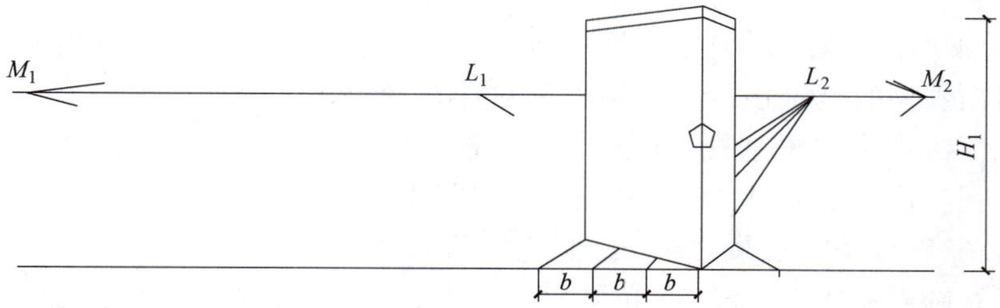

(c)

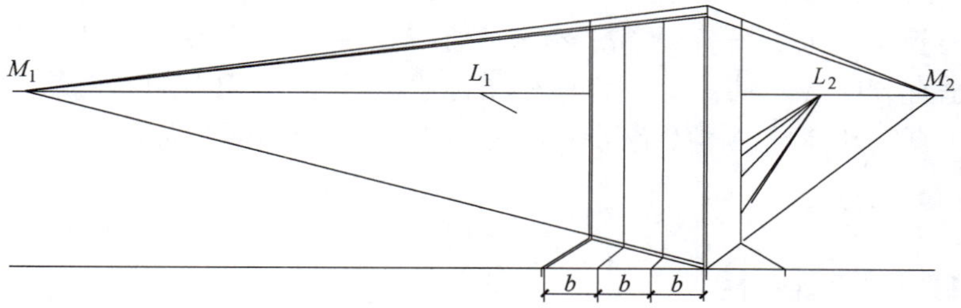

(d)

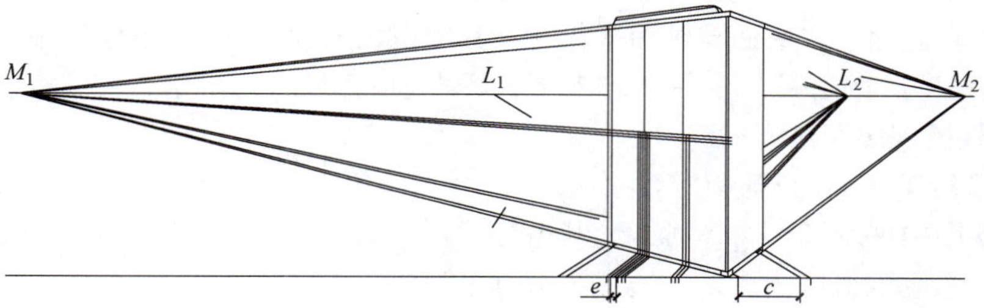

(e)

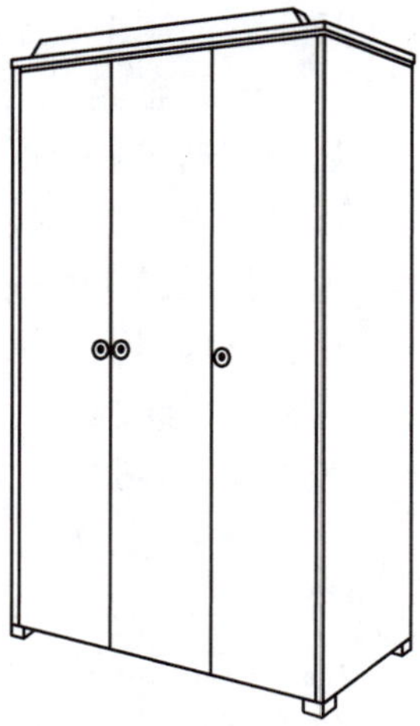
(f)

图 3-23 三门衣柜两点透视图作图步骤

视原理进行绘制，如图 3-23（b）所示。

③ 细化内部尺寸。从与画面重合的垂直边（如“⬠”所示）向左取出 $b$ 的值，并

细化高度尺寸，如图 3-23（c）所示。

④ 细化衣柜正面透视。将 $b$ 的取值所得到的点分别与点 $L_2$ 连接取出透视点并向上延伸，可得出衣柜的柜门分界线，如图 3-23（d）所示。

⑤ 细化拉手等部位的透视。通过与绘制柜门相同的方法延伸出拉手、旁板、顶板等部位的透视，这一步更需要耐心和细心，如图 3-23（e）所示。

⑥ 擦去多余的线，加深轮廓。绘制完成后，擦去多余的线，只保留清晰的轮廓，使绘制的透视图更易读，加粗家具的轮廓，突出其形状和细节，如图 3-23（f）所示。

在透视绘图中，三点透视法是一种用于表现物体高度和深度的绘图方法。与一点透视法和两点透视法不同，三点透视法有三个消失点——两个在水平线（$X$ 轴、$Y$ 轴）上，一个在垂直方向（$Z$ 轴）上。这种绘图方法通常用于表现高层建筑、俯视或仰视的视角，能更真实地体现物体的空间纵深感，在家具设计中较少使用。

### （三）圆与圆柱透视图画法

**1. 圆与圆柱的透视特性**

当圆在画面上时，其透视是它本身，但直径和位置可能受到视角和距离的影响而变化；当圆不在画面上，平面与画面平行时，其透视仍为圆，其大小随其与画面的距离而定；当圆平面与画面不平行，一般情况下其透视为椭圆。

**2. 圆柱透视图画法**

（1）平行于画面的圆柱

在透视图中展示圆形物体时，绘制平行于画面的圆是一种常见需求。平行于画面的圆在透视图中应该保持圆形，且透视图平行于基线。

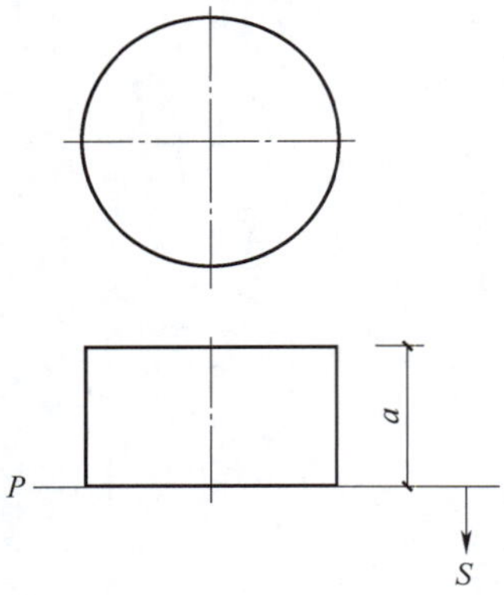


图 3-24　平行于画面的圆柱两视图

例：有一个圆柱平行于画面，其两视图如图 3-24 所示，绘制平行于画面的圆柱透视图。

解题思路：首先，确定视高、灭点与量点；然后，在基线上根据圆柱半径绘制圆，并测量圆柱厚度以确定透视点；接着，绘制后圆的透视，并从灭点出发与先前绘制的圆作公切线，形成圆柱的轮廓；最后，整理图形，擦去多余的线并加粗轮廓，完成圆柱透视图的绘制。

主要步骤为：

① 确定视高 $HX$，定好点 $M$（$S$）和点 $L$。如图 3-25（a）所示，确定视高 $HX$、点 $M$（$S$）和点 $L$，在基线 $XX$ 上确定圆的位置，根据圆柱两视图提供的半径绘制圆；取出圆柱的厚度 $a$，与 $L$ 点连接取透视点 1。

② 绘制后圆的透视。根据步骤①所得到的透视点 1，垂直向上与前圆和点 $M$（$S$）连接相交得到圆心 2，用相同的方法可依次得出半径的透视点 3、4，从而绘制出后圆的透视，如图 3-25（b）所示。

③ 绘制圆柱的切线。通过点 $M$（$S$）与步骤①、步骤②绘制的圆作公切线，可得出圆柱的轮廓，如图 3-25（c）所示。

④ 整理绘制的透视图。擦去多余的线，加粗轮廓，即可完成圆柱的透视图，如图 3-25（d）所示。

通过以上步骤，可以绘制出透视图中平行于画面的圆柱，提高绘图的准确性和美感，使圆柱在透视图中呈现出真实的立体感。

（2）在基面上画面后的圆柱

例：在基面上有一个圆柱与画面相切，其两视图如图 3-26 所示，绘制在基面上画面后的圆柱透视图。

解题思路：首先，确定视高并绘制外切正方形，找出圆的直径，并通过与灭点和量点连接，绘制出外切正方形的透视；接着，通过正方形中点画半圆并作 45°斜线，求出圆的透视近似点；然后，根据圆柱厚度绘制上方外切正方形的透视，并求出上方圆的透视点；之后，用曲线板将透视点连接成圆，并绘制圆柱的公切线；最后，整理图形，擦去多余的线并加粗轮廓，完成圆柱透视图的绘制。

主要步骤为：

① 绘制该圆的外切正方形。确定视高，依次绘制视平线 $HH$、基线 $XX$、点 $M$ 和点 $L$；取出圆的直径 $a$，得出两个点与点 $M$ 连接，点 $L$ 连接对角线，如图 3-27（a）所示。

② 求出透视点。外切正方形的对角线和中点相连接；通过基线 $XX$ 外切正方形中点画半圆，并作两条 45°斜线，分别通过与半圆交点向基线 $XX$ 作垂线，在基线 $XX$ 得到的交

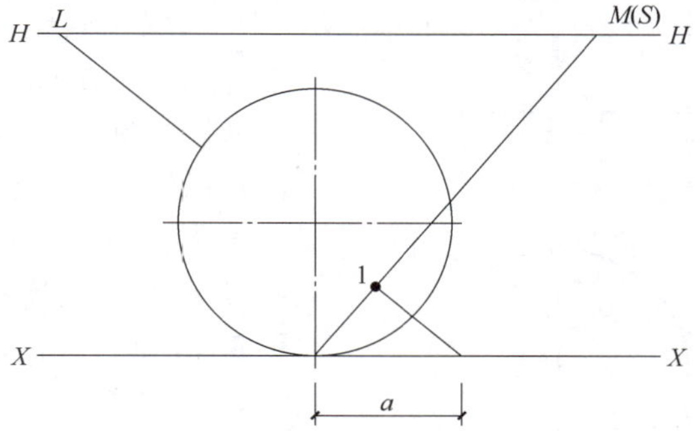

(a)

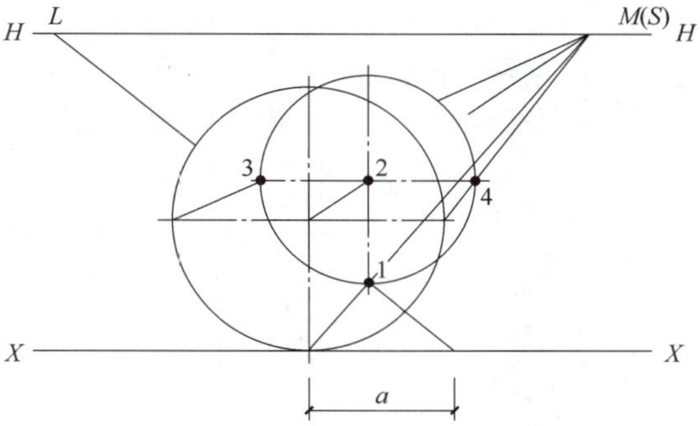

(b)

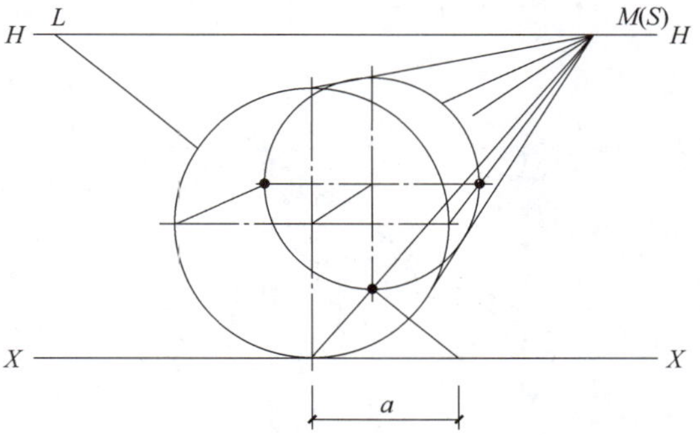

(c)

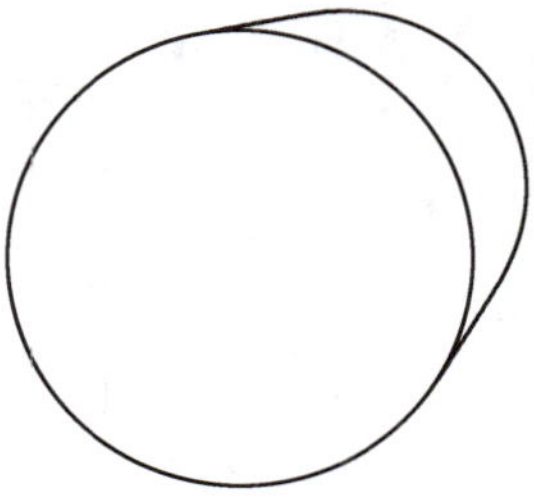
(d)

图 3-25　平行于画面的圆柱透视图作图步骤

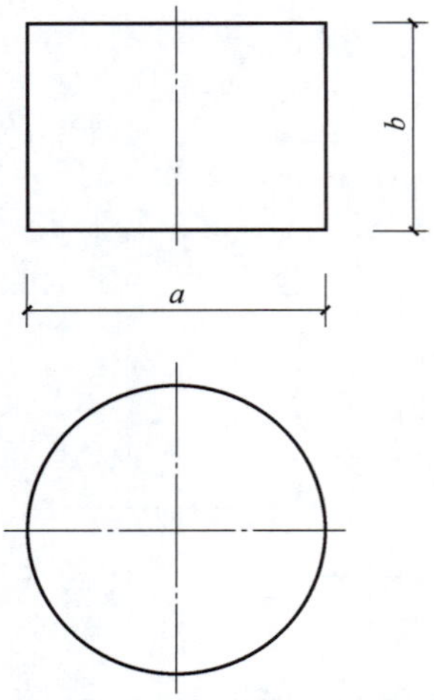


图 3-26　在基面上画面后的圆柱两视图

点与点 $M$ 连接，即可得到八个透视近似点（中点四个，对角线上交点四个），如图 3-27（b）所示。

③ 求出圆柱上方外切正方形的透视。取厚度 $b$，绘制上方外切正方形边长的透视，参照步骤①，将上方外切正方形的对角线连接起来，参照步骤②，求出上方圆的八个透视近似点，如图 3-27（c）所示。

④ 绘制上方圆的透视。将求出的八个透视近似点，用曲线板光滑地连接起来，并画出圆柱轮廓公切线，如图 3-27（d）所示。

⑤ 整理绘制的透视图。擦去多余的线，加粗轮廓，即可完成圆柱的透视图，如图 3-27（e）所示。

（3）水平轴线与画面相交的圆柱

水平轴线与画面相交的圆柱透视图画法与在基面上画面后的圆柱透视图画法相近。

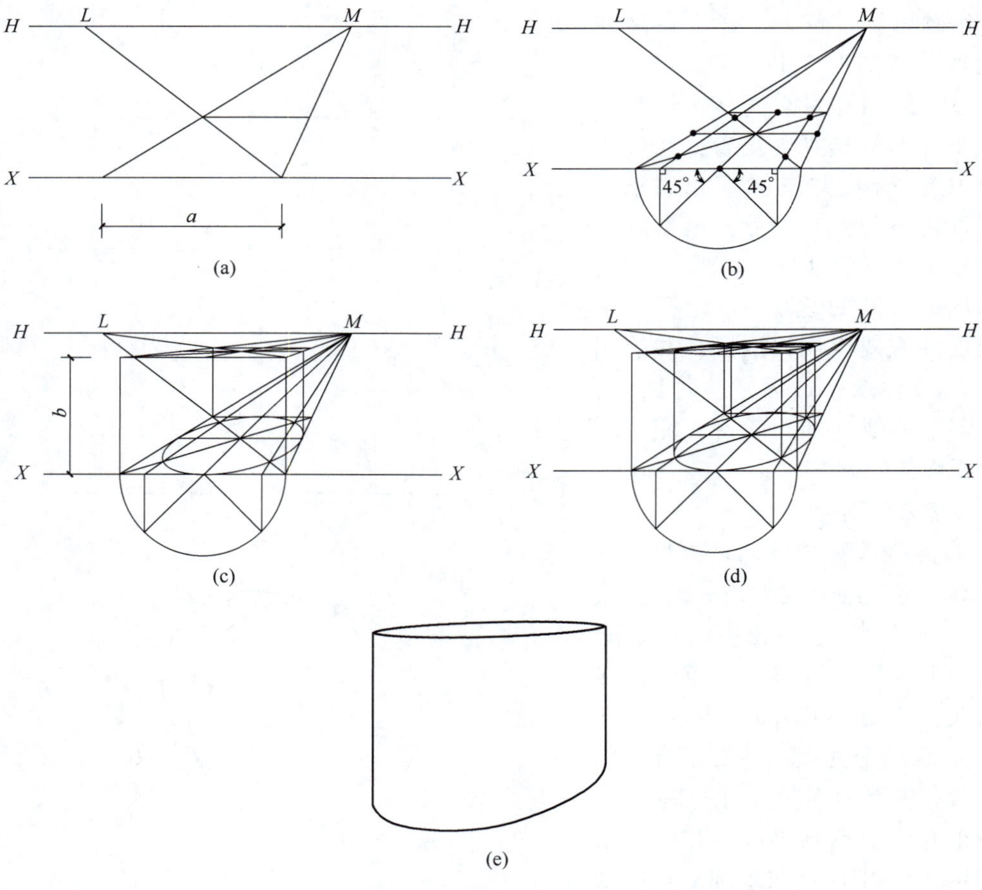


图 3-27　在基面上画面后的圆柱透视图作图步骤

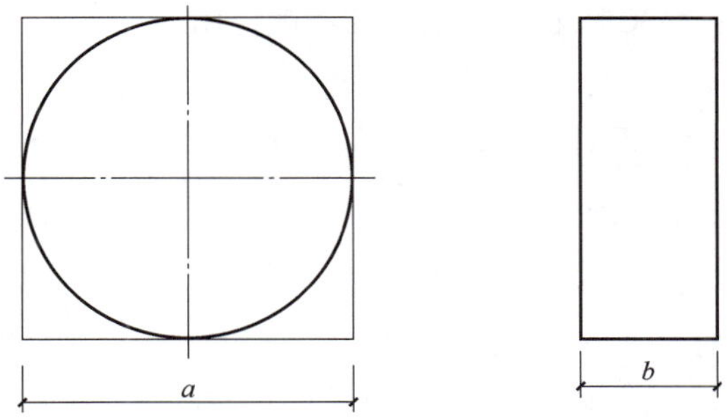


图 3-28 水平轴线与画面相交的圆柱两视图

例：有一个圆柱的水平轴线与画面相交，其两视图如图 3-28 所示，绘制水平轴线与画面相交的圆柱透视图。

解题思路：首先，确定视高并定好相应的点，然后画出外切正方形的透视并连接对角线；接着，以垂直边长为半径画半圆，通过中点作 45°斜线与半圆相交得两点并与定好的相应点连接，得到圆的八个透视近似点；之后，将这八个透视近似点光滑连接形成圆的透视；再量取厚度，重复上述步骤绘制圆柱后圆的透视；最后，将前后圆的透视近似点连接并整理图形，擦去多余的线并加粗轮廓，完成圆柱透视图的绘制。

主要步骤为：

① 确定视高，作出视平线 $HH$、基线 $XX$，并定好点 $M_1$、$M_2$、$L_1$、$L_2$、$O$。使用简易画法定好点 $M_1$、$M_2$、$L_1$、$L_2$、$O$，量取圆的外切正方形边长 $a$，画出外切正方形的透视，并将其对角线相连接，如图 3-29（a）所示。

② 绘制圆的八个透视近似点。以垂直边长为半径画半圆，并通过中点作 45°斜线与半圆相交得两点分别与点 $M_1$ 连接，与外切正方形对角线相交可得四点，分别为点 2、4、6、8（另四点为正方形边长中点，分别为点 1、3、5、7），如图 3-29（b）所示。

③ 将八个透视近似点光滑连接。使用曲线板将所得八个透视近似点光滑连接，即为圆的透视图，如图 3-29（c）所示。

④ 绘制圆柱后圆的可见部分透视近似点。量取圆外切正方形的厚度 $b$，并与点 $L_1$ 连接相交于点 $l$，按照步骤①~③，取出后圆可见部分透视近似点（点 5′、6′、7′、8′、1′），如图 3-29（d）所示。

⑤ 绘制圆柱。使用曲线板光滑地连接后圆所得的五个透视近似点（点 5′、6′、7′、8′、1′），将前圆的透视近似点分别与点 $M_2$ 连接，与对应直线相交求出后方正方形透视圆的点，并光滑连接步骤④所得五个透视近似点与两圆公切透视线，如图 3-29（e）所示。

⑥ 整理绘制的透视图。擦去多余的线，加粗轮廓，即可完成圆柱的透视图，如图 3-29（f）所示。

圆和圆柱在家具设计中应用广泛，它们不仅为家具带来美观的视觉效果，还提升了实用性和舒适度。从圆形桌面和圆柱形桌腿的稳定性，到储物柜、床头柜的趣味设计，再到装饰柱、镜子框架、座椅背板和扶手的舒适度，脚轮移动的便利性，把手和拉手的简洁设计，灯具的现代感，楼梯扶手的安全性，这些元素都体现了圆和圆柱在家具设计中的多功能性和灵活性，满足了不同风格和功能的需求，为室内空间和家具设计增添了美感和实用价值，如图 3-30 所示为梳妆台的透视应用。

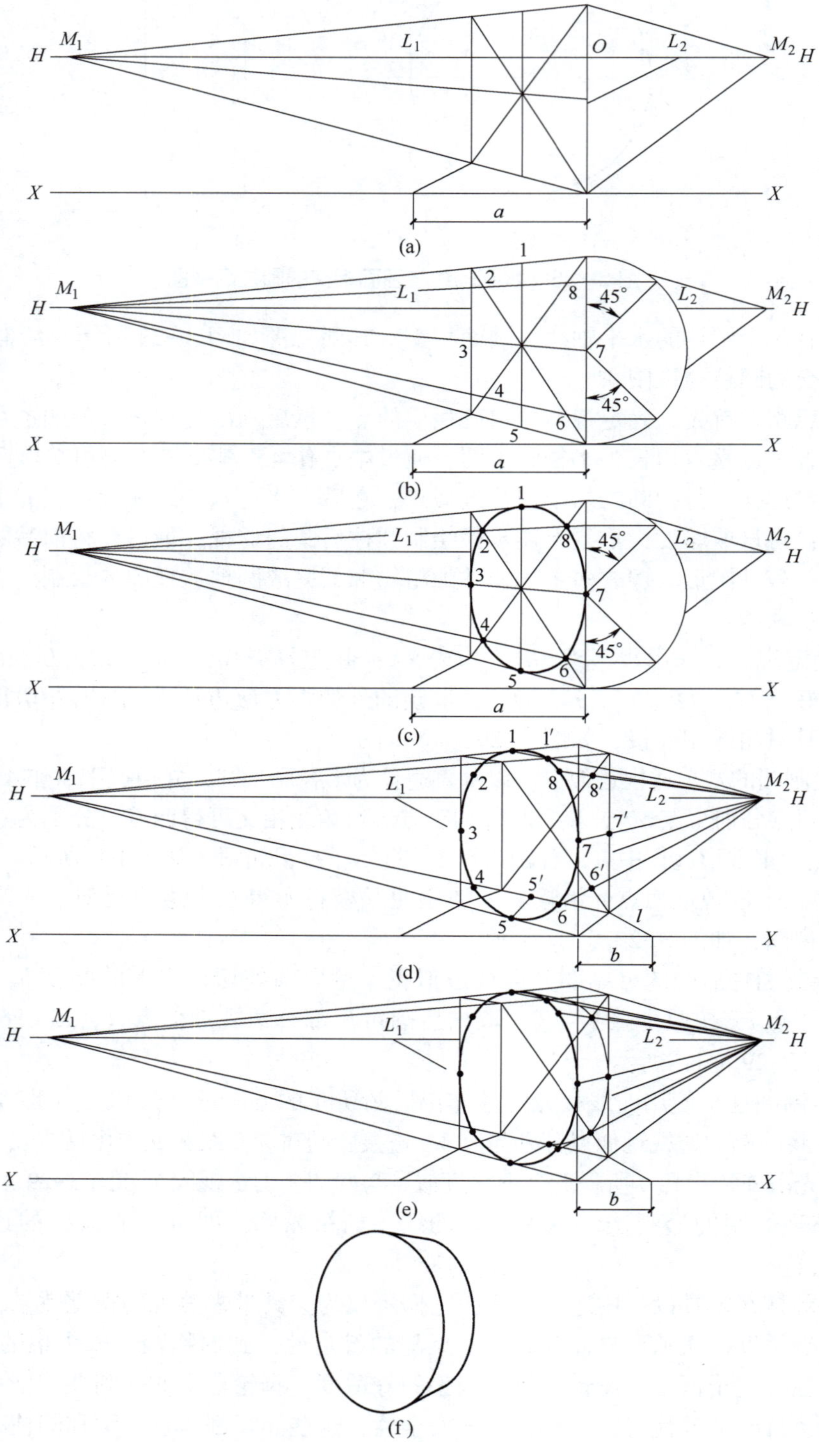


图 3-29 水平轴线与画面相交的圆柱透视图作图步骤

图 3-30　梳妆台的透视应用

## 巩固练习

根据所学内容，绘制书柜的两点透视图。

要求：

① 理解透视原理。理解两点透视图的基本概念，包括消失现象、灭点和视平线等。

② 绘制两点透视图。根据书柜的位置，按照所学步骤，绘制两点透视图。

## 综合提升

观察生活中的各种家具，分析它们的形状和结构，选择一种家具，绘制家具的轴测图或透视图。

## 知识拓展

数字化建模在家具设计中的应用

数字化建模正在改变家具设计师的工作方式，其利用计算机软件来创建和修改立体图，极大程度上提升了设计工作的效率和精确度。主要应用在以下几个方面：

① 精确尺寸。确保家具的每个部分都按照精确的尺寸设计，以适应人体工程学和空间布局。

② 材料模拟。模拟不同材料的质感和颜色，帮助设计师在早期阶段评估所选材料对最终产品的影响。

③ 结构分析。通过软件分析家具的结构稳定性，预测承重能力和耐用性。

④ 快速迭代。设计师可以迅速尝试不同的设计方案，通过数字化原型快速迭代，直至找到最佳解决方案。

⑤ 复杂形状设计。创建复杂的曲面和内部结构，这些在传统制图方法中难以实现。

⑥ 制造准备。生成可以直接用于 CNC 加工或 3D 打印的精确模型和图样。

⑦ 视觉呈现。生成逼真的渲染图，用于营销材料和客户演示，提高沟通效率。

⑧ 成本估算。在设计阶段进行成本估算，考虑材料、制造和运输等因素。

⑨ 环境影响。评估家具设计的环境影响，推动可持续设计实践。

⑩ 协作工作。促进团队成员之间的协作，使他们无论身处何地，都能共享和编辑同一个数字化模型。

数字化建模不单是家具设计的辅助工具，也是推动创新、提高质量和加快产品上市时间的核心环节。掌握这项技术，设计师可以更好地将创意转化为现实，以满足市场和消费者的需求。尽管如此，掌握基础的轴测图与透视图的画法仍然至关重要。手绘技能不仅是设计师沟通想法的基础，也是培养空间想象力和设计直觉的重要途径。

# 实 践 篇

## 知识目标

① 了解基本视图、斜视图、剖视图、剖面图、局部详图等概念。
② 熟悉家具常见材料的剖面符号。
③ 熟悉家具常见传统榫卯结构的类型与使用场合。
④ 熟悉家具设计流程与注意事项。
⑤ 熟悉家具的结构装配图和零、部件图的基础知识。

## 技能目标

① 掌握家具剖视图的表达方法。
② 掌握绘制家具基本视图的技能。
③ 掌握常见传统榫卯和五金的绘制方法与技能。
④ 掌握简单家具的设计表达（设计草图、设计图等）。
⑤ 掌握家具的结构装配图和零、部件图的画法。

## 素质目标

① 通过手工制图和电脑绘图的切换，培养灵活变通寻求最佳解决方案的能力。
② 通过手工绘制家具图，训练制图的专业素养和一丝不苟的钻研精神。
③ 通过学习家具图样，形成系统的知识体系。

# 模块四　家具图样

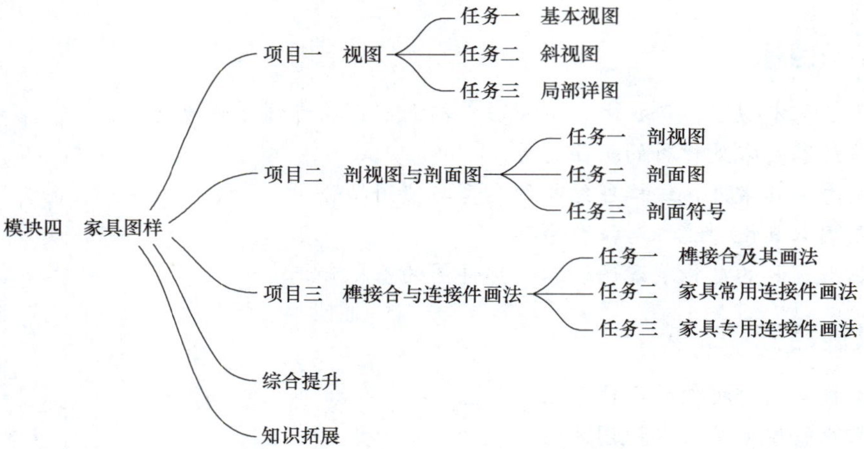


图样是传递信息的重要工具之一。在家具生产中，产品设计、生产组织、成本核算、产品包装和检验等环节均需要图样文件做规范指导。作为家具行业的技术人员，必然要接触产品图样。因此，正确领会图样表达的内容要求，掌握识图、读图和绘图能力，是家具设计及相关专业人士必不可少的理论知识基础和技能手段。本模块以家具制图标准为依据，正确全面地表达家具的造型与结构。

## 项目一　视　　图

在家具生产中，表达家具外观或零、部件时，一般常用三视图。除三视图外，制图标准还规定有其他视图，如右视图、仰视图、后视图、斜视图、局部详图、剖视图和剖面图等。

### 任务一　基本视图

#### （一）基本视图的概念

在绘制空间形体的投影时，通常会利用六个基本的投影面（即上、下、左、右、前、后）形成六个基本视图来展示其特征，即俯视图、仰视图、左视图、右视图、主视图和后视图，统称六个基本视图。

前面已经介绍过用正投影法按三个投影方向投影得到三个基本视图，即主视图、俯视图、左视图，这三个基本视图应用最多。在这三个基本视图的相对方向又可得到另外三个基本视图，即后视图、仰视图、右视图。六个基本视图及其位置关系如图 4-1 所示。如图 4-1（a）所示，该形体标注了的六个投影方向（分别用小写字母表示），沿投影方向可以得到相应的六个投影图（分别用大写字母表示），如图 4-1（b）所示，即形体的六面投影。六个基本视图名称及投影方向见表 4-1。

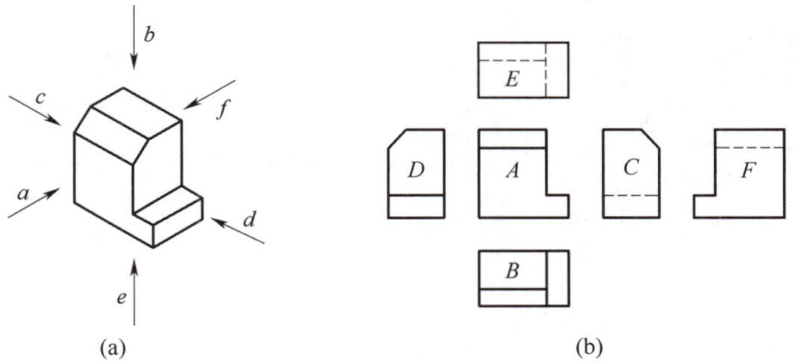


图 4-1　六个基本视图及其位置关系

表 4-1　六个基本视图名称及投影方向

| 视图代码 | 视图名称 | 投影方向 |
|---|---|---|
| *A* | 主视图 | 由前向后作投影所得到的视图 |
| *B* | 俯视图 | 由上向下作投影所得到的视图 |
| *C* | 左视图 | 由左向右作投影所得到的视图 |
| *D* | 右视图 | 由右向左作投影所得到的视图 |
| *E* | 仰视图 | 由下向上作投影所得到的视图 |
| *F* | 后视图 | 由后向前作投影所得到的视图 |

将形体按正投影法向投影面投射所得到的投影，称为基本视图。基本视图是采用“第一角画法”并按正投影绘制的多面投影图。所谓“第一角画法”是我国国家标准规定的统一画法，即将形体置于观察者与投影面之间进行投射。有时我们也会见到另一种画法，即将投影面置于观察者与物体之间，然后按规定方向展开投影面，这样也可以得到基本视图，但这样得到的基本视图，位置与“第一角画法”不同。本书仅介绍“第一角画法”绘制基本视图。

### （二）基本视图的位置关系

如果将形体的六个基本投影面视作一个长方形盒子，物体放在盒子里面，将其投影投在盒子的六个面上，可得到该形体的六个基本视图，如图 4-2 所示。

将盒子按如图 4-2 所示方向展开，就得到六个基本视图的位置关系，如图 4-3 所示。根据各投影所处的位置，可推导出基本视图的名称，无须再额外标注。

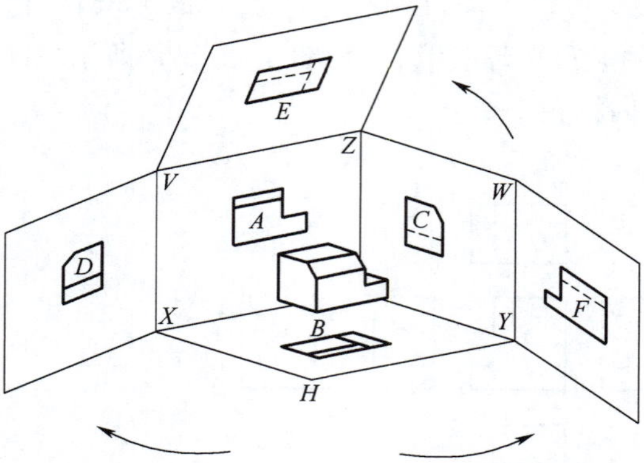


图 4-2　六面投影体系展开图

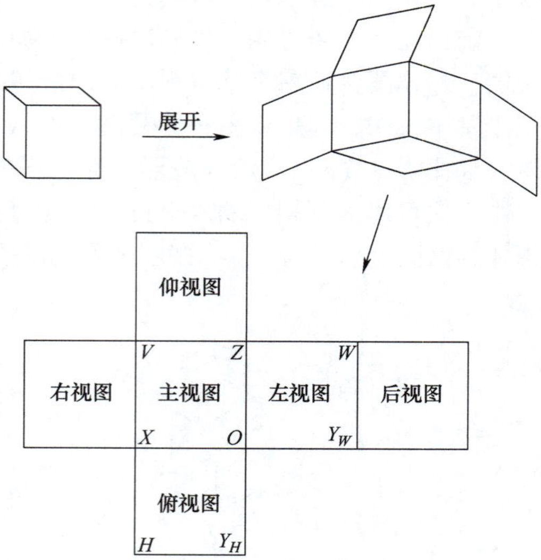


图 4-3　六个基本视图的位置关系

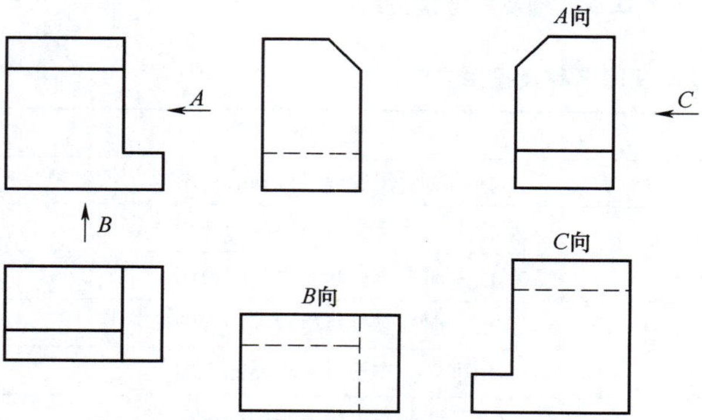


图 4-4　六个基本视图的位置关系变化

但应注意的是，有时由于图形安排上的特殊需要，不能按图 4-3 中的位置关系配置时，也可以按图 4-4 中的位置关系配置。其中，主视图、俯视图、左视图的位置一般不动，其他的基本视图可以根据需要适当调整，用箭头指出投影方向，并用字母标出。即在相应的基本视图上方，用与代表方向的同一字母标注“×向”，以示名称。

### （三）主视图的选择

清楚反映家具外观或零、部件的形状特征是主视图选择的首要考虑因素。通常情况下，我们会选择形体的“正面”作为主视图的投影方向，因为正面能够较好地展示形体的外观和主要结构。然而，并不是所有形体的正面都能完全反映其形状特征。

以家具中的椅子为例，椅子的正面可能无法充分展示其形状特征。而椅子的侧面则更能凸显其外观和主要功能尺寸，尤其是靠背和坐面的倾斜角度，都可以在侧面视图中清晰展现。因此，我们常常会选择椅子的侧面作为主视图，以提供全面、准确的信息。

如图 4-5 所示的实木椅的三视图，其中选择了椅子的左侧面作为主视图，更好地呈现椅子的外观和主要结构，使观察者能够更全面地了解椅子的设计。因此，在选择主视图时，我们需要根据不同物体的特点，灵活选择最能反映物体特征的投影方向，以确保主视图在绘图中发挥最大的作用。

### （四）基本视图数量的确定

基本视图的数量取决于形体本身形状、结构的复杂程度。基本视图的数量应按需而定，通常遵循两个原则：一是要完整、清楚地表达形体的信息；二是要避免重复表达，即能用一个基本视图表达清楚的，就不要用两个。

根据以上原则，在实际工作中，要视家具或零、部件的具体情况确定基本视图的数量。如图 4-6 所示的一根可拆装的桌腿，只需绘制一个基本视图，就能清楚反映零件的各项信息，如两端标注出的直径尺寸，可反映这根桌腿呈圆锥状。

图 4-5　主视图的选择原则示例

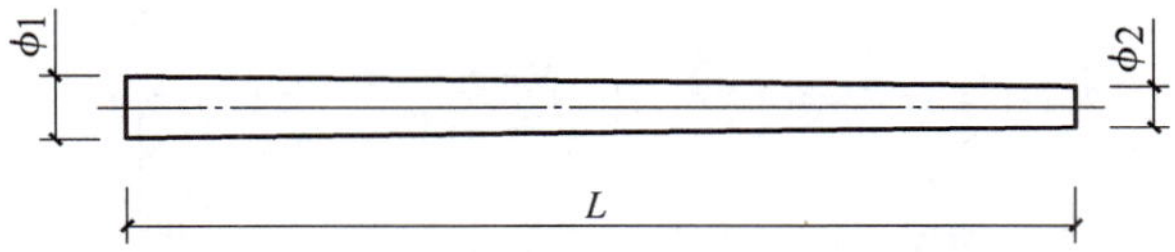


图 4-6　一个基本视图可以表达清楚的零件

有的家具或零、部件用一个基本视图表达不清楚，但也无须用到三个基本视图，那我们就绘制两个能完整反映其信息的基本视图即可。如图 4-7 所示的家具零件，只需要绘制主视图、左视图，即可将零件的形状、孔位、封边要求等信息表达清楚。

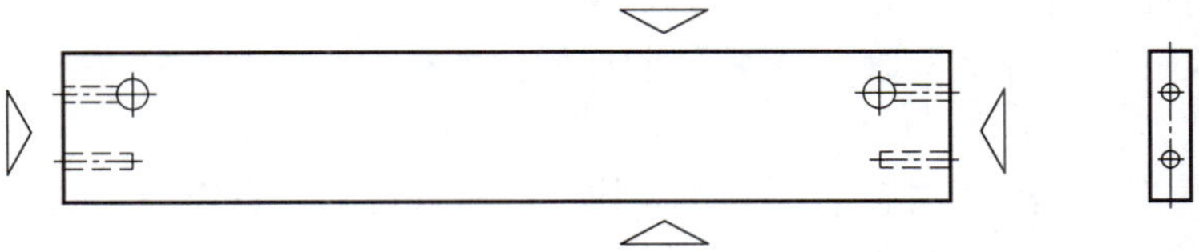

图 4-7　两个基本视图可以表达清楚的零件

而有的家具则用三个基本视图表达也不够，如图 4-8 所示。演讲台的正面、后面都需要基本视图来表达，所以根据需要采用了四个基本视图。

## 任务二　斜　视　图

### （一）斜视图的概念

当物体或某些部分倾斜于基本投影面时，用基本视图无法表达其实际的形状和尺寸。如图 4-9 所示的带斜向板腿的桌面支架，因其板腿向外侧撇出，在俯视图上的投影变形较大，我们设想用一个新的投影面，平行于要表达的平面进行投影，再旋转投影面使其与正面重合，将新得到的投影图移至适当位置，得到的新视图为斜视图。

### （二）斜视图的画法

为了使斜视图便于识别，需要添加相应的标注。通常使用箭头表示投影方向，并用与代表方向的同一字母标注“×向”，如“*A* 向”。在绘制斜视图时，需要注意物体的实际形状和尺寸。

例：桌面支架两视图如图 4-9 所示，要求根据已知尺寸，绘制 *A* 向斜视图。

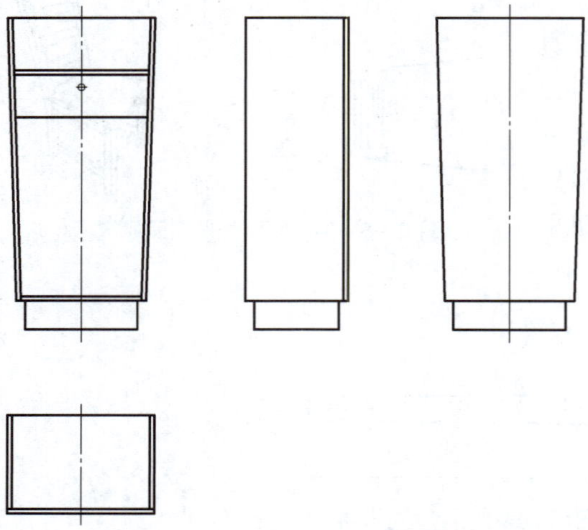

图 4-8　四个基本视图可以表达清楚的家具

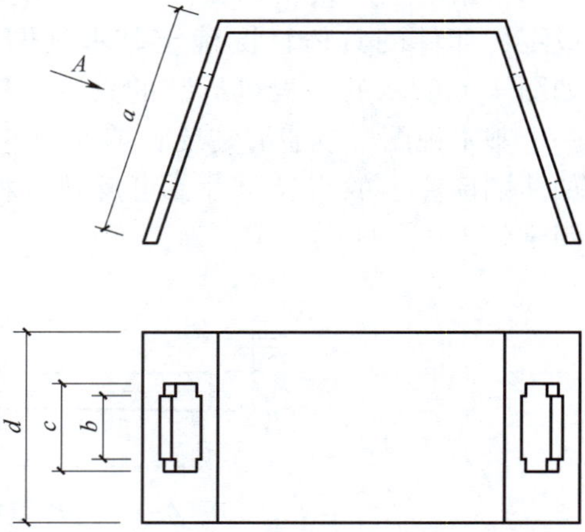


图 4-9　桌面支架两视图

解题思路：主视图显示了斜向板腿的长度 $a$，而宽度 $b$ 可通过俯视图进行测量。而斜视图则同时反映斜向板腿的长度 $a$ 与宽度 $b$ 的实际尺寸。因此，可通过 *A* 向垂直投影线求出 *A* 向尺寸，再分别量取 $b$、$c$ 和 $d$ 的尺寸，即可求出 *A* 向斜视图。

主要步骤为：

① 通过 *A* 向的细节尺寸向右下角作垂线，并在合适的位置作中心线（点划线），在斜视图的上方标注 *A* 向，如图 4-10（a）所示。

② 中心线向外，分别从俯视图中量取 $b$、$c$、$d$ 三个尺寸，细化斜视图的轮廓与形状，并加粗轮廓，如图 4-10（b）所示。

③ 整理图线，擦去多余的线，如图 4-10（c）所示。

斜视图作为特殊平面的补充，能够表达形体特征和尺寸等信息，弥补了三视图固定视角的局限性，让视图表达更加灵活。因此，在家具制图案例中，可根据具体情况进行选用。

## 任务三　局部详图

由于家具尺寸通常远大于图纸尺寸，因此在绘制家具图样时，一般会按比例进行缩小，但对于家具零、部件的接合部分，尤其是涉及装配关系的部位，在缩小比例后的基本视图上往往难以清楚表现。为解决这一问题，可采用局部详图来表达。

局部详图就是将家具或零、部件的部分结构，由大于基本视图或原形体的绘图比例画出。局部详图是表达家具结构最常用的方法，其解决了基本视图因采用缩小比例导致形体局部结构表达不清的问题。局部详图可画成剖视图、剖面图等各种形式，但以画成剖视图最多。如图 4-11 所示为椅子座面结构的局部详图（剖视图），从图中可以看出座面采用实木攒框结构，芯板以四面开槽的方式插入座面框，在座面留下了工艺缝，予以实木芯板干缩湿胀的空间。

在绘制局部详图时应注意两点：一是位置的安排要尽可能靠近被放大的图形处，以便于看图；二是局部详图必须加标注。即在视图中被放大部位的附近，应画出直径 8mm 的实线圆圈作为局部详图的索引标志，圈中写上数字，如图 4-12（a）所示。在相应的局部详图附近画上直径 12mm 的粗实线圆圈，圆圈中写上与索引标志相同的数字，在圆圈外右侧中间画一条水平细实线，注明比例，如图 4-12（b）所示。

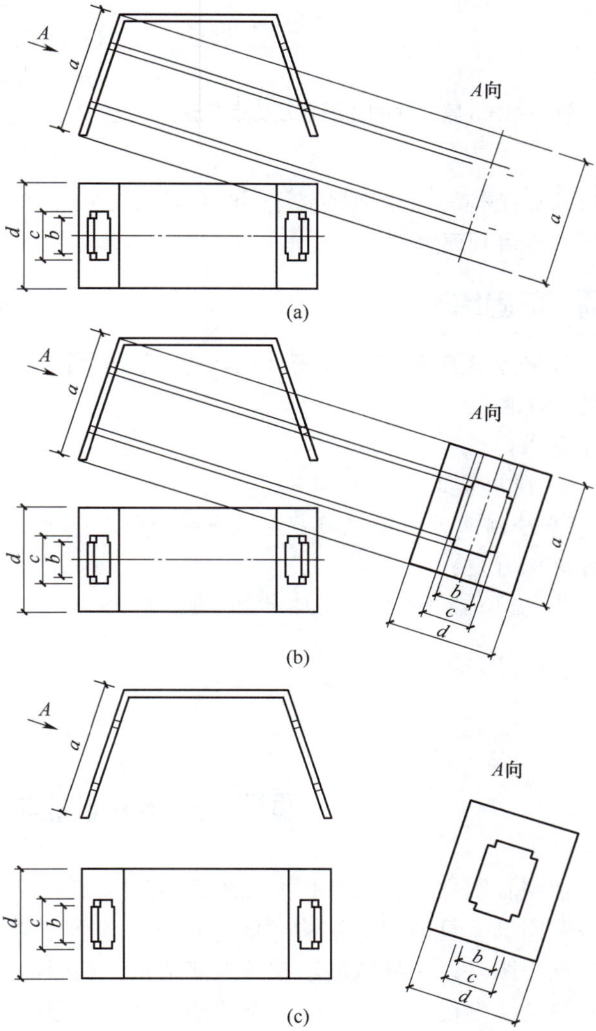


图 4-10　斜视图的画法

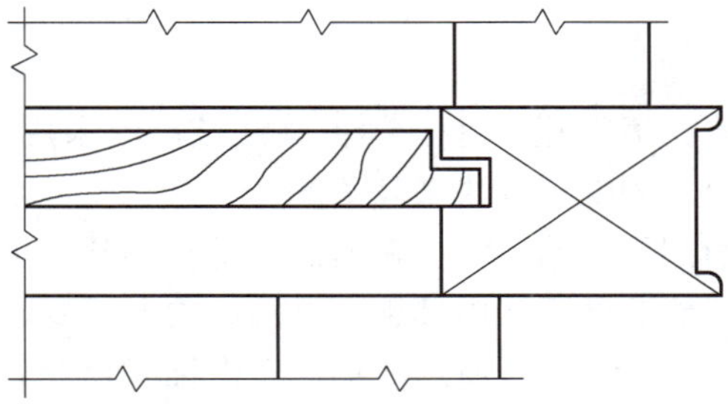

图 4-11　椅子座面结构的局部详图（剖视图）

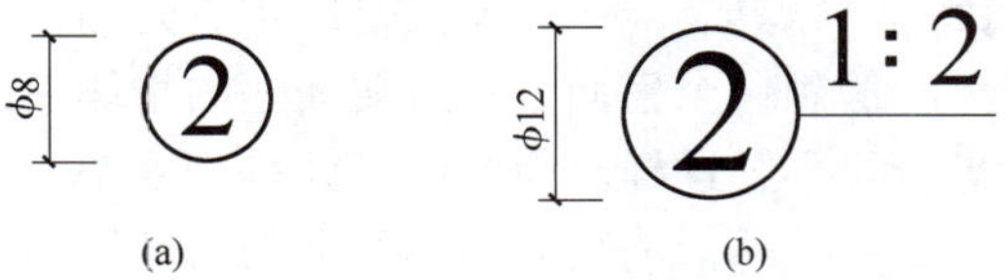


图 4-12　局部详图的标注

| | | |
|---|---|---|
| *A*向 | *B*–*B* | 拉手*C*向 |
| 1∶1 | 2∶1 | 1∶1 |

图 4-13　局部详图的图名及比例标注

局部详图可绘制成与原视图不同的比例，但在图名下方必须明确标注比例，如图 4-13 所示，以确保准确表达视图中形体的尺寸关系。局部详图的绘制可以突出特定部分的细节，提供更清晰和更具体的信息，更好地展示形状或结构。在绘制局部详图时，需要注意比例的一致性和准确性，以确保家具图样的可读性和可理解性。

**巩固练习**

根据方桌立体图，如图 4-14 所示，绘制方桌的三视图。

要求：

① 使用手工绘图工具。

② 绘制家具的主视图、左视图和俯视图（尺寸按比例自定）。

③ 确保线条清晰、尺寸准确，符合三等规律。

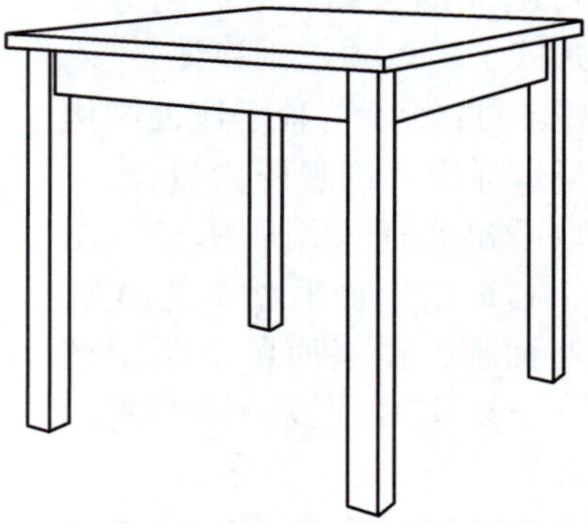

图 4-14　方桌立体图

## 项目二　剖视图与剖面图

在家具图样中，六个基本视图只能反映其外观特征，但在实际的加工生产过程中，还需要明确家具的内部结构才能完成加工。为了表达家具的内部结构，可以使用剖视图。剖视图可以清晰地展示家具内部结构，从而提升家具图样的明晰性。由于家具内部结构复杂，仅仅使用虚线难以充分清楚表达。因此，采用剖视图成为一种直观且有效的方法，用于清晰表达家具的内部结构。

### 任务一　剖　视　图

#### （一）剖视图的概念

为了直观地展示家具内部结构，并清楚地表达其装配关系，剖视画法被广泛采用。因此，家具装配图，尤其是结构装配图，基本上采用剖视画法来表达。

假想一个平面，将所要表达的物体沿此平面剖开，然后将挡在前面的部分移开，再进行投影，这样获得的图形就是剖视图。剖视图能够将原来内部不可见的结构形状变成可见的，从而清晰表达不可见的内部结构。如图 4-15（a）所示的抽屉，沿抽屉长度方向将其纵向剖开，可将抽屉的面板、抽屉后背板与底板的接合方式完整清晰地表达出来，如图 4-15（b）所示（主视图）；沿抽屉的宽度方向将其横向剖开，可将抽屉两边的旁板与底板的接合方式完整清晰地表达出来，如图 4-15（b）所示（左视图）。剖视图的有效应用可以用最简洁的形式充分展示家具或零、部件的内部形状和装配结构等关键信息。

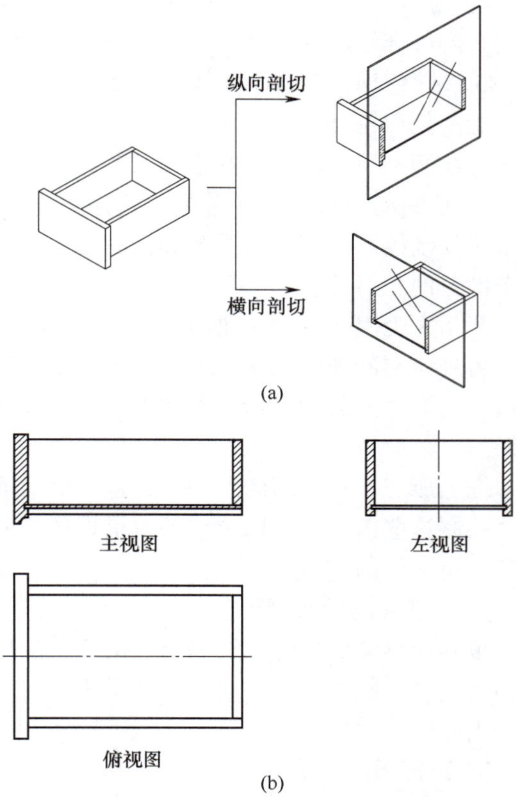


(a)

(b)

图 4-15　剖视图的形成及表达方法

## （二）剖视图的表示方法

为了准确识读剖视图，需要在视图上进行适当的标注，以便快速确定剖切位置、投影方向和材料的应用情况。

### 1. 剖视图的标注

（1）剖切符号与标注

使用两段粗实线表示剖切符号（长 6~10mm），标明剖切面的位置，剖切符号尽量不与可见轮廓线相交。当该剖切面剖切后得到的剖视图没有绘制在相应的视图位置时，还要在剖切符号两端作一条垂直的短粗实线（长 4~6mm），以示投影方向。在家具制图中，剖切符号的标注多采用拉丁文大写字母，并且这些字母会被注写在剖切符号的端部。

（2）剖视图的名称

在剖视图的下方标注图名“×-×”，如 *A*-*A*、*B*-*B*。

### 2. 剖视图的绘制要求

（1）剖切面的选择

剖切面通常选取在最能展现内部结构特征的位置，并与投影面平行，以确保剖视图能够反映形体实形。如果形体具有对称平面，剖切面一般选取在对称平面上。对于回转体而言，剖切面一般都要通过回转体轴线。

（2）剖视图的绘制内容

剖视图是一种基于假想的作图过程，其通过将一个视图绘制成剖视图，并根据剖切面的位置和方向，保持其他视图按照完整形体进行绘制。

剖视图的绘制内容包括以下几个方面：

① 剖切面表示。一般情况下，剖视图需要明确绘制剖切面的位置和方向，当剖切面处于形体对称平面时，则不需要标注。剖切面可以是平的、垂直的，或者根据具体需要选用倾斜的或弯曲的。通过绘制剖切面，可以展示形体内部结构。

② 可见轮廓线。除了绘制剖切面，剖视图还需要绘制可见轮廓线。可见轮廓线用来表示形体在剖切面后面的部分，包括形体的外轮廓和突出部分，以此呈现出形体的整体形状和外观特征。

③ 内部结构。剖视图主要用于展示形体内部结构，需要绘制形体内部形状、构造、空间布局等详细信息。这些信息可以通过绘制内部构件、标注尺寸和注释来实现。

④ 材料表示。剖视图可以用规定剖面符号表示所使用材料。材料类别可通过在剖面上绘制剖面符号来显示。

在绘制剖视图时，需要注意以下几点：

① 绘制剖切面和可见轮廓线。剖视图需要绘制剖切面和剖切面后面的可见轮廓线，而不仅仅是绘制与剖切面重合部分的图形。这样的绘制方式能够展示出形体内部结构和各个部分的相对位置。

② 剖视图不仅要表达形体的内部结构，还应体现所使用的材料。

另外，在剖视图上除了要表达形体的内部结构外，还应展现所用的材料。因此，要在被剖切形体的截面上绘制材料剖面符号。常用家具材料的剖面符号，在之后将加以介绍。

综上所述，剖视图的绘制内容包括剖切面表示、可见轮廓线内部结构和材料表示。通过绘制这些内容，可以更清晰地呈现形体的内、外部特征和结构，帮助读者更好地理解和分析形体的构造。

（3）剖视图的线型要求

被剖切形体的外轮廓线和未被剖切且能投影到的轮廓线均用实线绘制。为了增加图纸的清晰度，剖视图上一般不绘制虚线，但如果绘制少量虚线可以减少视图数量，也可绘制出必要的虚线。

**3. 剖视图的种类**

在家具制图中，为满足不同的结构需要，常使用全剖视图、半剖视图、阶梯剖视图、局部剖视图和旋转剖视图等。

（1）全剖视图

使用一个剖切面将所要表达的形体全部剖开，由此绘制的剖视图称为全剖视图。

如图 4-16 所示的橱柜左视图就是全剖视图，因其剖切面位置明确，不会产生歧义，所以省略了剖切符号和剖视图名称。

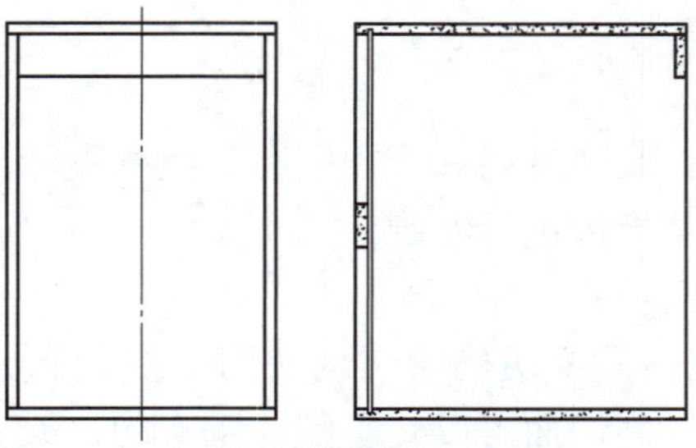

(a) 两视图

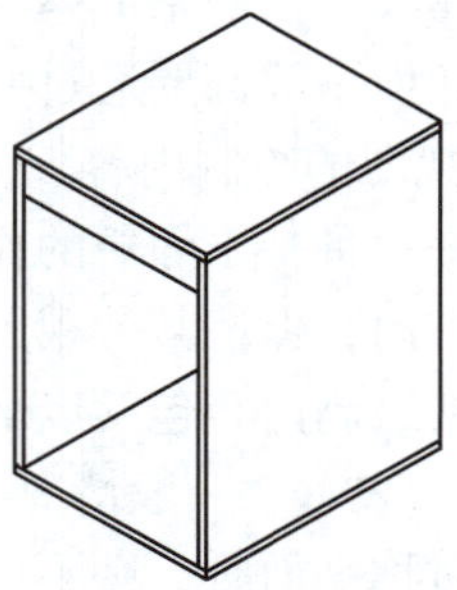

(b) 立体图

图 4-16　橱柜的全剖视图

（2）半剖视图

当家具或零、部件既需要表现外观，又需要表现内部结构时，应采用半剖视图。半剖视图要求形体具有对称性，即以对称中心线（点划线）为界，一半是保留了外形的视图，一半则是剖视图。

如图 4-17 所示的左视图画成了半剖视图，保留了抽面板。需要注意的是，半剖视图仅是一种作图方法，并不意味着真将物体切分一半。因此，剖视外形的分界不能画成实线，要以对称中心线（点划线）为界。

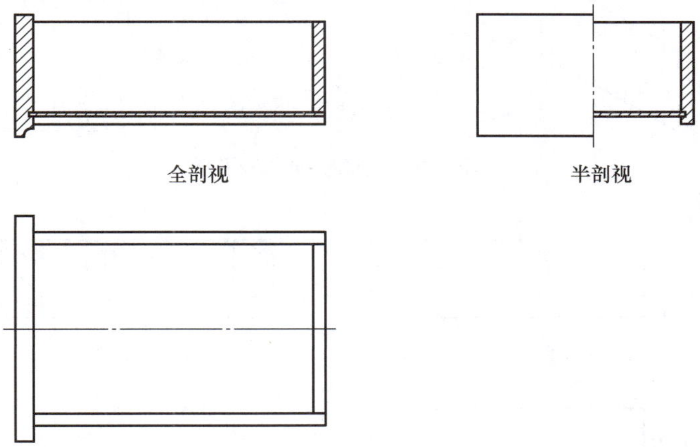


图 4-17　全剖视图与半剖视图

如图 4-18 所示，桌子的俯视图绘制成了半剖视图。从图中可以看到，*A*-*A* 剖切面位置正好位于桌面板与桌腿连接处，并未剖切到任何一个零件，相当于把桌面拆卸掉，再投影，用拆卸代替了剖切，所以剖视图上没有画剖面符号，且“移去”的一半桌面的轮廓用双点划线表示。

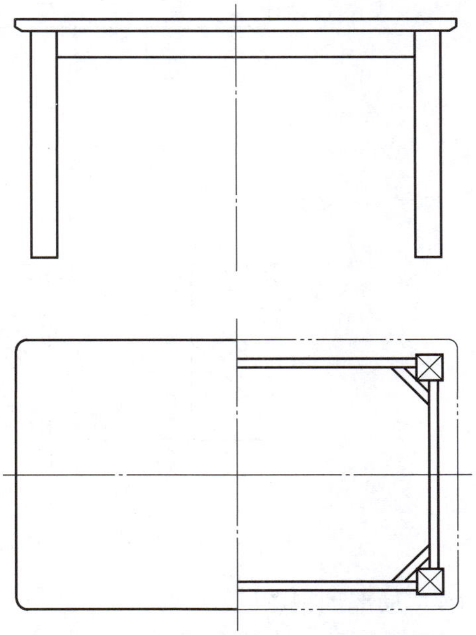

图 4-18　一种特殊的剖视表达方法

(3) 阶梯剖视图

当一个剖切面不能将形体沿需要表达的部位剖开时，可将剖切面沿需要表达的位置，转折成阶梯形状，再将形体剖开，如图 4-19 所示，所得的剖视图称为阶梯剖视图。

使用两个平行的剖切面剖切了上述形体，这两个剖切面的标注一致，得到的阶梯剖视图仍按“字母”命名，如图 4-20 所示。

虽然在阶梯剖视图中，剖切面发生了转折，但这个剖切面是假想的，所以在剖视面的转折处不要画分界线，如图 4-21 所示。

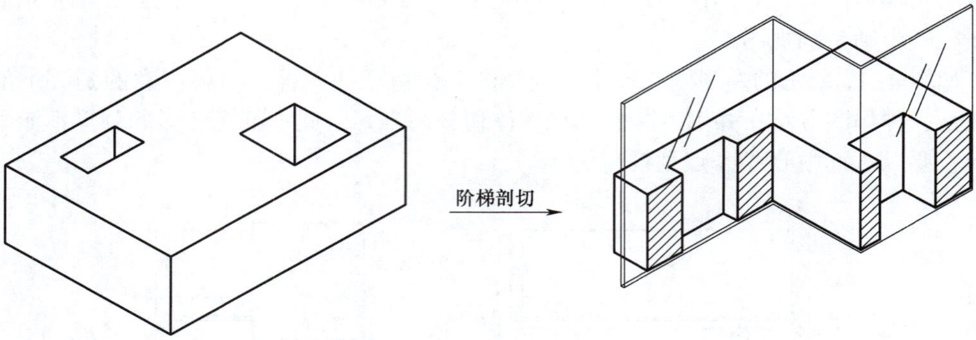


图 4-19　阶梯剖视图的形成

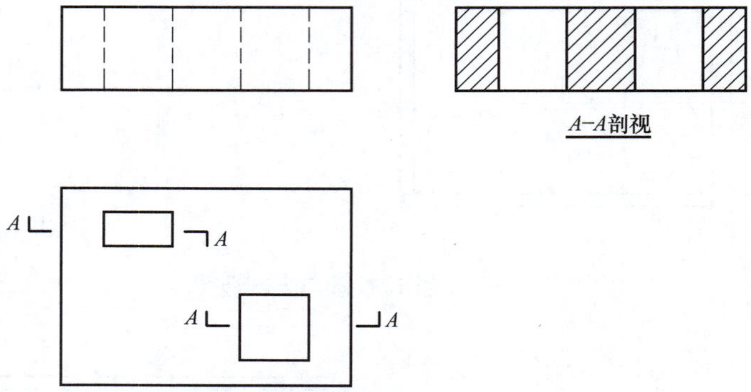


图 4-20　阶梯剖视图

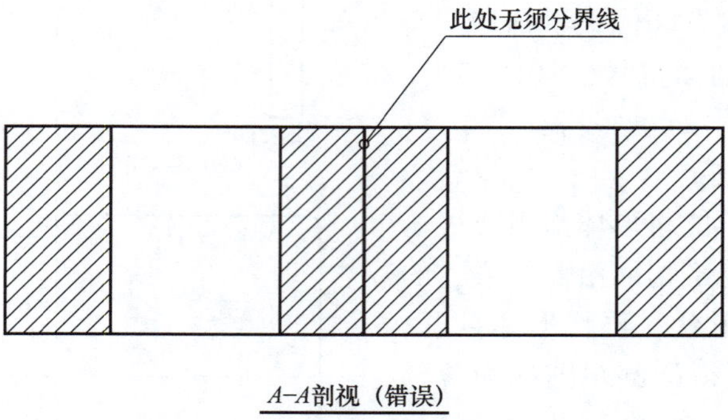


图 4-21　阶梯剖视图的错误画法

（4）局部剖视图

当需要展示形体的局部构造，同时保留其大部分外观时，可采用局部剖视图。局部剖视图与投影图之间用波浪线分开。如图 4-22 所示的空心桌面板，由于仅展示了局部结构，因此采用双折线作为分界线。这幅图实际上进行了两次局部剖切，一次是“揭去”表面的装饰覆面层，以展现出蒙面的胶合板；另一次则是“揭去”胶合板，露出填充的蜂窝纸。

（5）旋转剖视图

使用两个相交且交线垂直于某一基本投影面的剖切面来剖开形体，剖切后，将得到的剖视图以两剖切面的交线为轴，旋转成与投影面平行后再进行投影，以此绘制的视图为旋转剖视图。旋转剖视图的名称后应加注“展开”字样。如图 4-23 所示为衣架局部旋转剖视图，需注意，在两剖切面相交处要标上代表剖切面编号的字母。

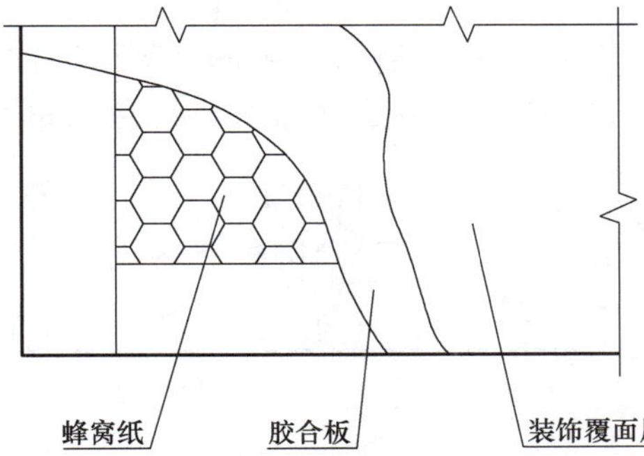


图 4-22　空心桌面板局部剖视图

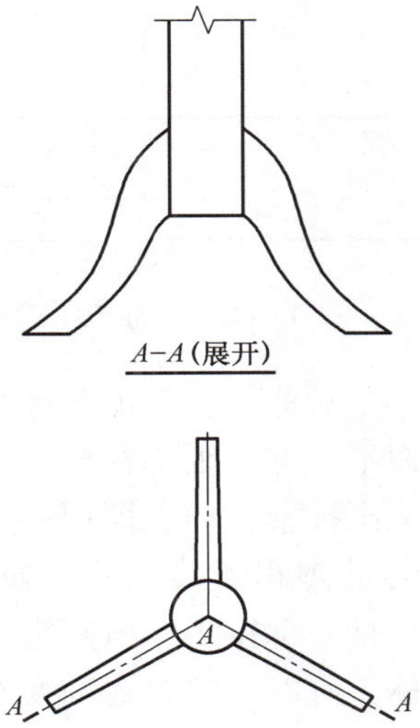


图 4-23　衣架局部旋转剖视图

## 任务二　剖　面　图

假想用剖切面将家具或零、部件的某部分切断，仅画出切断部分的图形，这种图称为剖面图，又称为断面图。与剖视图不同，剖面图只需要反映剖切的断面，断面之后的结构不用画出。

按图形的位置可将剖面图分为移出剖面图和重合剖面图。

### （一）移出剖面图

绘制在视图轮廓线以外的剖面，称为移出剖面图。如图 4-24 所示，在桌腿上用垂直于桌腿轴线的剖切面剖切桌腿，并将剖面旋转

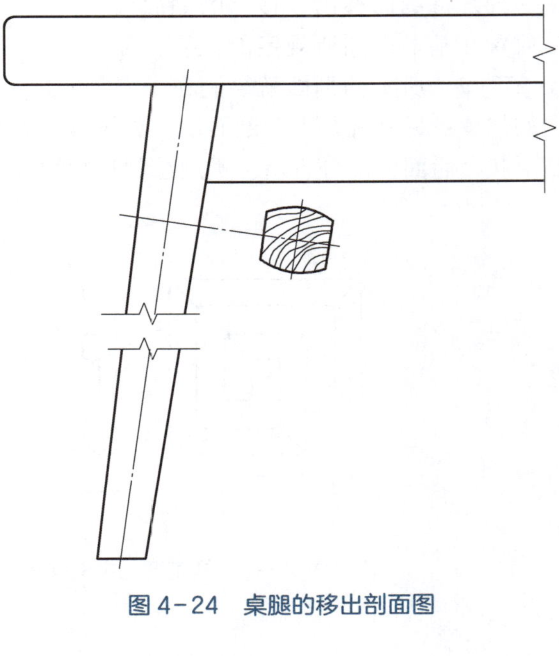

图 4-24　桌腿的移出剖面图

90°移到轮廓线外，即为移出剖面图。移出剖面图的轮廓线用粗实线绘制，并尽量配置在剖切符号或剖切面迹线的延长线上，也可以绘制在适当的位置。剖切位置可用点划线表示，当移出剖面绘制在剖切面迹线的延长线上时，可以省去剖切符号和剖面图名称。

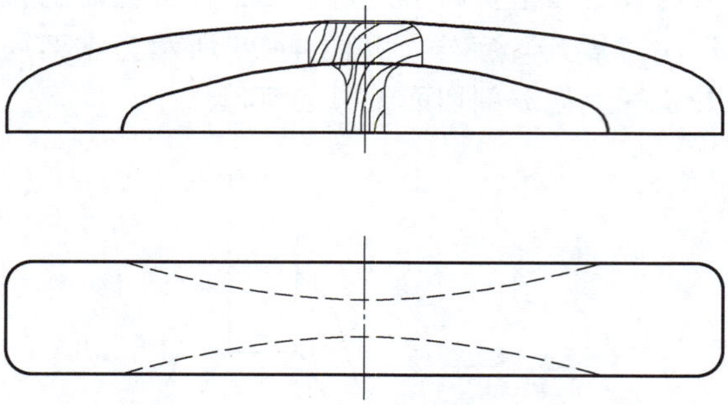

图 4-25　对称拉手的重合剖面图

### （二）重合剖面图

绘制在剖切面迹线处，并与视图重合的剖面，称为重合剖面图。重合剖面图的轮廓线用细实线绘制。如图 4-25 所示，对称拉手的两个视图，其中间部分的剖面，经过旋转 90°后绘制在轮廓线内部，形成了重合剖面图。

移出剖面图和重合剖面图的剖面形状都是对称的，旋转方向和投影方向不影响剖面形状，因此不需要标注任何符号。如果剖面不对称，则要在标注剖切符号的同时标出投影方向，即用一条垂直于剖切符号的短粗实线表示。如图 4-26 所示，仍是一个拉手，但其重合剖面形状不对称，所以一定要在剖切符号上画出代表投影方向的短粗实线。

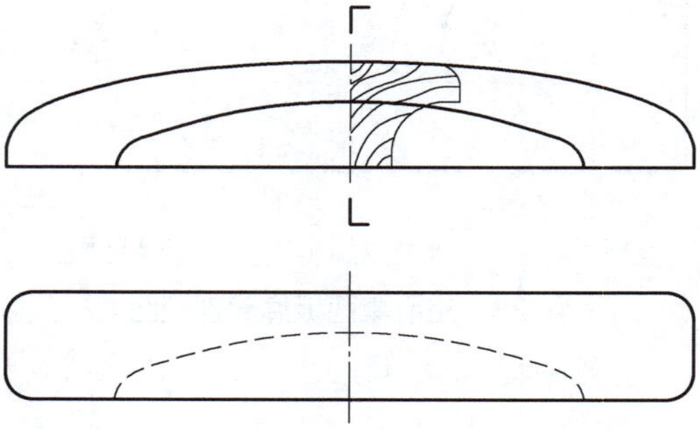

图 4-26　不对称拉手的重合剖面图

在家具表面雕刻线条形状及其深浅层次的表现中，通常用到两种剖面画法：一种是将剖面移出，移出的剖面位置被放置在基本视图所规定的位置，如图 4-27（a）所示的剖面就绘制在了左视图的位置；另一种是重合剖面图，如图 4-27（b）所示，此时只需要绘制出表面的凹凸形状，后面的部分省略，不用绘制轮廓线。

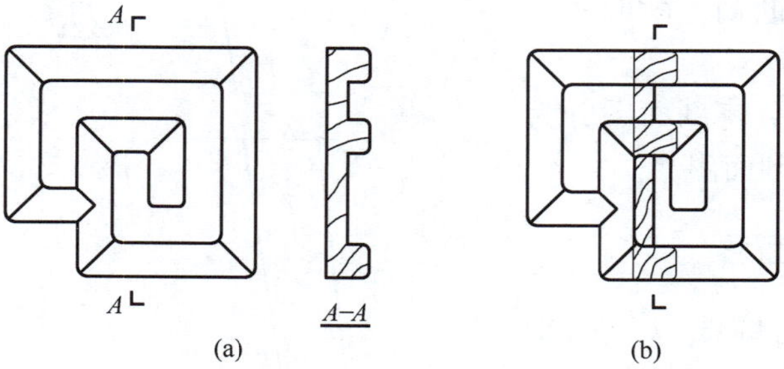


图 4-27　雕刻产品中的移出剖面图与重合剖面图

## 任务三　剖面符号

### （一）家具常用材料

在绘制家具或零、部件的剖视图或剖面图时，假想其中被剖切开的部分应绘制剖面符号，以表示被剖切家具或零、部件的形状范围和材料的类别。需要注意的是，剖面符号所用线（剖面线）型均为细实线。家具常用材料的剖面符号见表 4-2。

在绘制家具常用材料的剖面符号时，要注意以下几点：

① 对于方材，其横剖面的符号可以用两直线相交的方式表示横截的端部；对于板材，其横剖面的符号不能用相交直线表示。另外，在基本视图中，为保证图面的清晰，木材的纵剖面符号往往可省略。

② 在绘制胶合板时，应用文字注明胶合板的层数。剖面符号以细实线绘制，且其倾斜方向与主要轮廓线呈 30°。无论胶合板有几层，图中均绘制三层。另外，如果胶合板的板面很薄，在视图中可省略剖面符号。

③ 如果基材表面有贴面材料，在基本视图中，贴面部分可与轮廓线合并，不必单独表示。

④ 金属剖面符号以细实线绘制，且与主要轮廓线呈 45°倾斜。在基本视图中，如果金属的厚度不超过 2mm 时，应将剖面涂黑。

表 4-2　　家具常用材料的剖面符号

| 名称 | | | 剖面符号 | 名称 | 剖面符号 |
|---|---|---|---|---|---|
| 木材 | 横剖 | 方材 |  | 纤维板 | 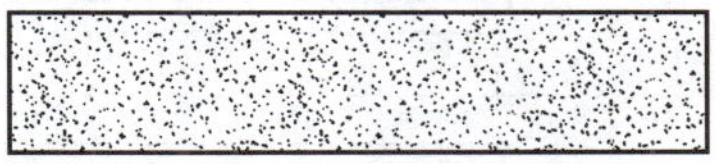 |
| | | 板材 |  | 金属 | 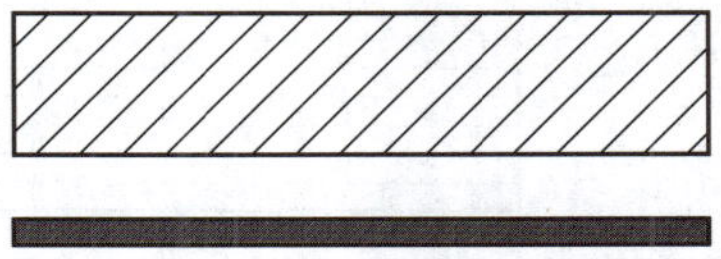 |
| | 纵剖 | | 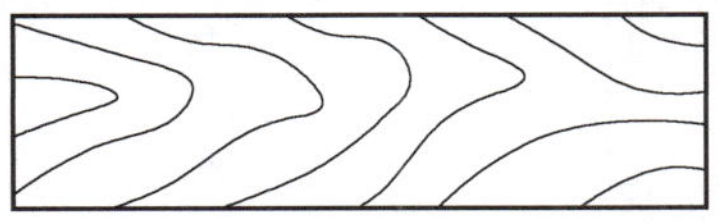 | | |
| 胶合板 | | | 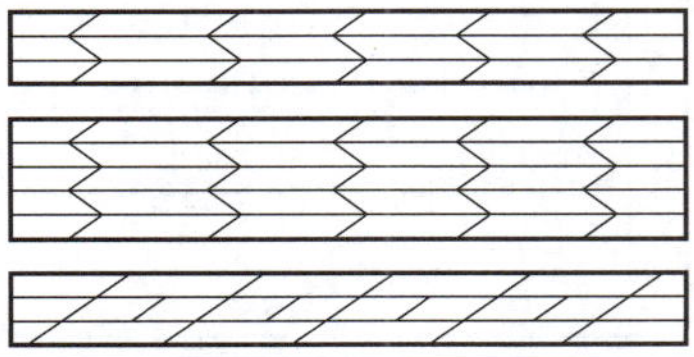 | 塑料、有机玻璃、橡胶 | 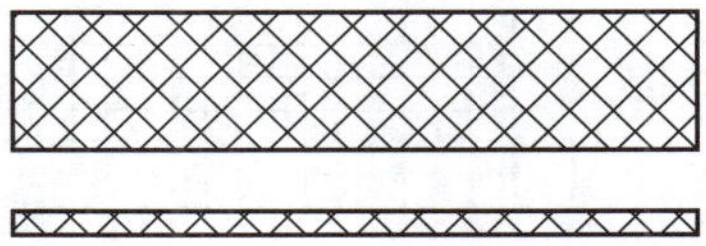 |
| 覆面刨花板 | | | 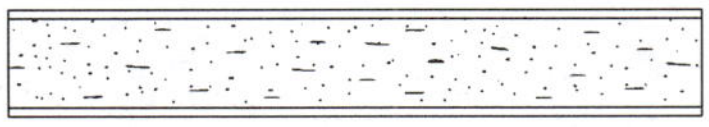 | 软质填充料 | 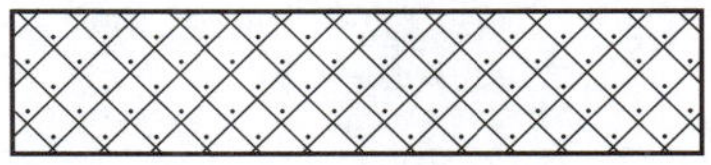 |
| 细木工板 | 横剖 | | 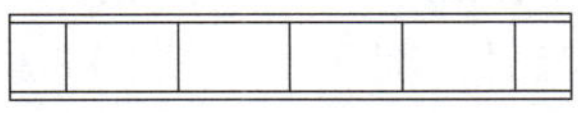 | 砖石料 | 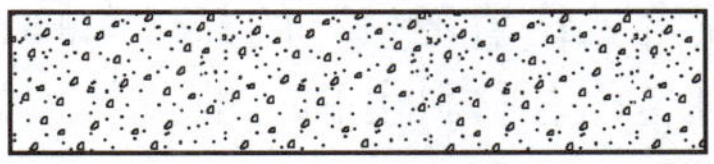 |
| | 纵剖 | | 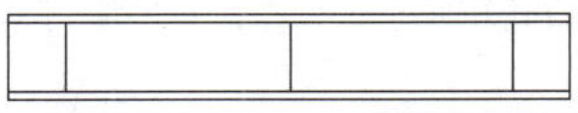 | | |

## （二）家具常用辅助材料

除了常用实木、人造板等材料外，家具制造中也常常用到玻璃、镜子以及竹、藤编等辅助材料。在剖面图中要画出剖面符号，在视图中也要标出图例。所谓图例，就是有些形体虽未被剖切，但也绘制符号，以表示其材料。家具常用辅助材料的剖面符号与图例见表 4-3。

表 4-3　　家具常用辅助材料的剖面符号与图例

| 名称 | 剖面符号 | 图例 |
| --- | --- | --- |
| 玻璃 |  |  |
| 镜子 | 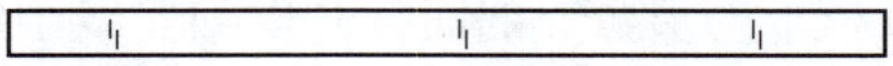 | 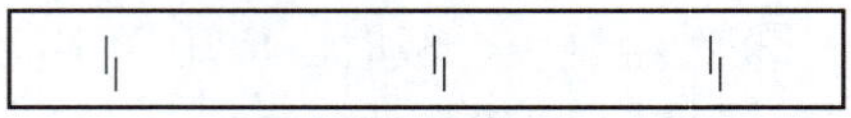 |
| 弹簧 | — | 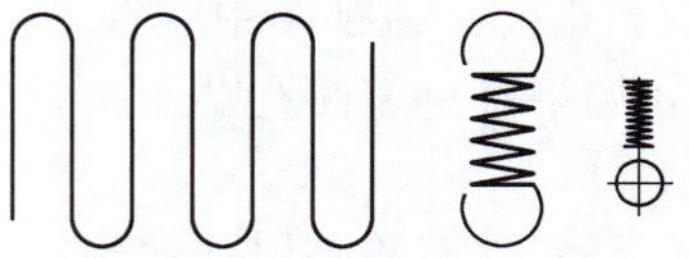 |
| 空心板 | 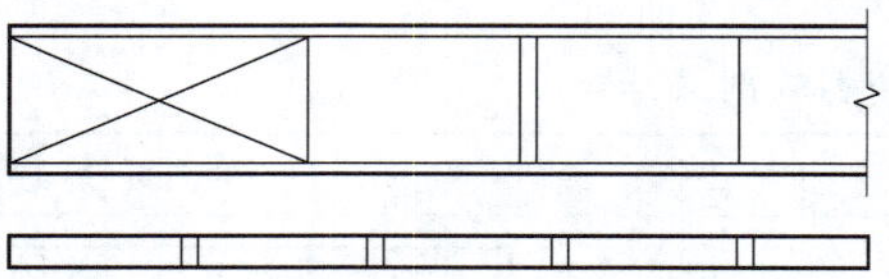 | 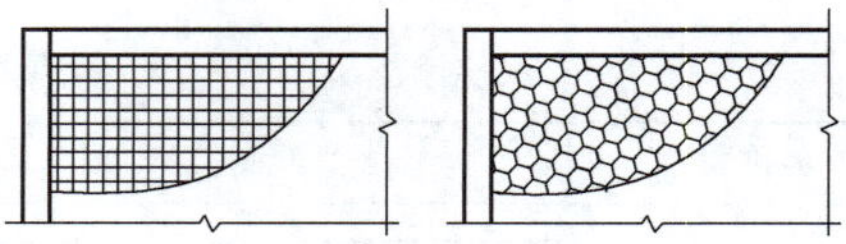 |
| 竹、藤编 | 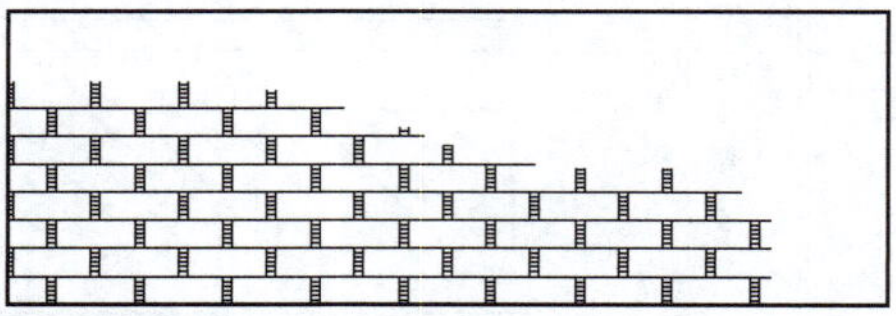 |  |
| 网纱 | 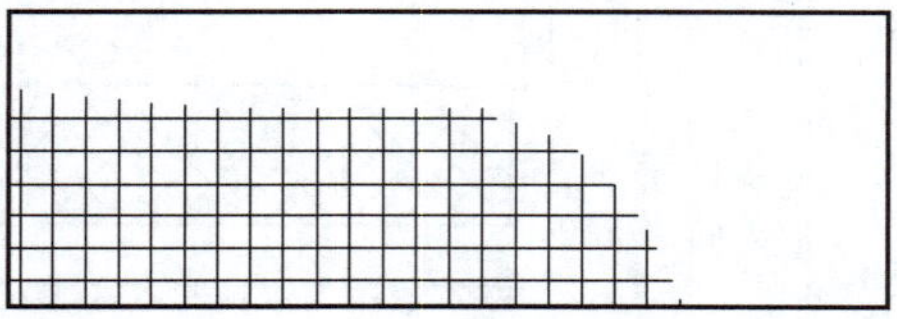 | 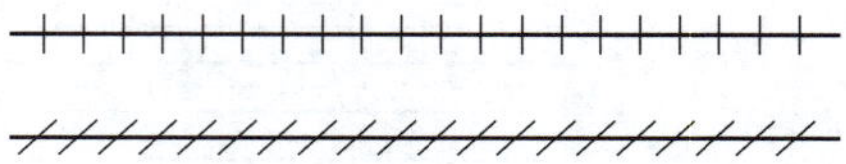 |

## （三）多层材料

为了实现家具的某些功能，有些材料多层叠加使用，这种情况下仅用剖面符号不能完全表达清楚材料的具体名称，要附以文字说明，即用细实线作为引出线，分格标注材料名称。材料名称一般按从上到下、从左到右的顺序列出，必要时还要标明其厚度，如图 4-28 所示。

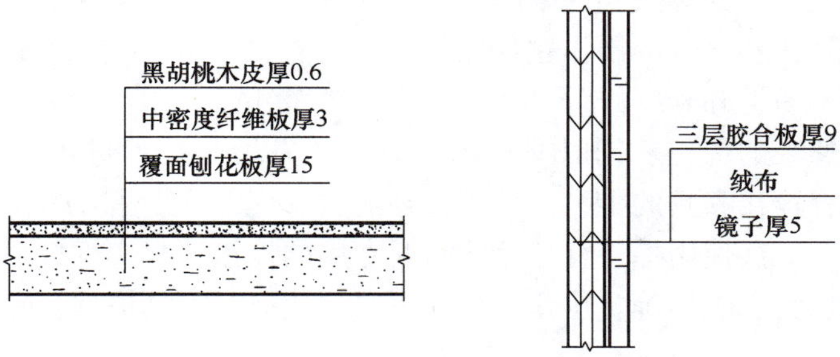


图 4-28 多层材料的剖面标注方法

## 巩固练习

根据沙发三视图与立体图，如图 4-29 所示，将沙发三视图的其中一个视图改成全剖视图。

要求：

① 绘制剖切线。

② 绘制剖面线。

③ 确保线条清晰、尺寸准确、比例适当、图线整洁。

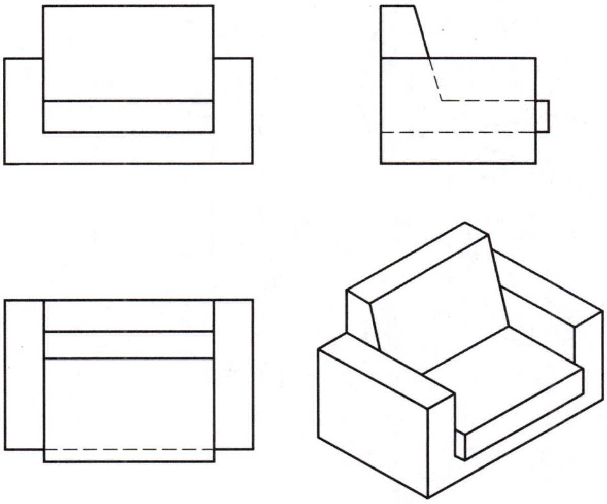

图 4-29 沙发三视图与立体图

# 项目三 榫接合与连接件画法

榫接合是实木家具零、部件最常见的连接方式，其连接紧密，稳定性好，不易松动。榫头和榫眼的形状可以被设计成各种不同的形状和图案，以增加家具的美观度。榫接合也有一些缺点，因为榫头和榫眼的形状需要精确匹配，其需要较高的木工技能和经验才能制作。此外，榫接合的制作过程比较复杂，需要使用专门的工具或设备，且连接方式比较固定，不易拆卸和维修。

榫接合有着悠久的历史，同时又伴随着时代的发展与技术进步，不断产生新的变化。除了用榫接合连接家具的零、部件外，还有许多其他的连接方式。在家具制造中，由于板材的特性，无法使用榫接合，因此需要专用的连接件来实现板件之间的连接，常见的连接件包括螺钉、螺栓等。这些连接件可以快速连接家具构件，并满足一定的拆卸和重组要求。

本项目将学习常见的榫接合方式及画法，掌握包括板式家具专用五金配件在内的家具常用连接件的画法，为在今后的家具设计工作中正确表达家具结构，合理选用连接件打下良好基础。

## 任务一　榫接合及其画法

### （一）榫接合概述

榫接合可以分为榫头和榫眼（榫槽）两部分。榫头是木材纵切面上突出的部分，而榫眼则是榫头所插入的开口或凹槽。榫接合示意图如图 4-30 所示。在绘制榫接合时，无论是剖视图还是视图，榫头的横断面通常用淡墨色进行涂色，以显示榫头的端面形状、类型和大小。

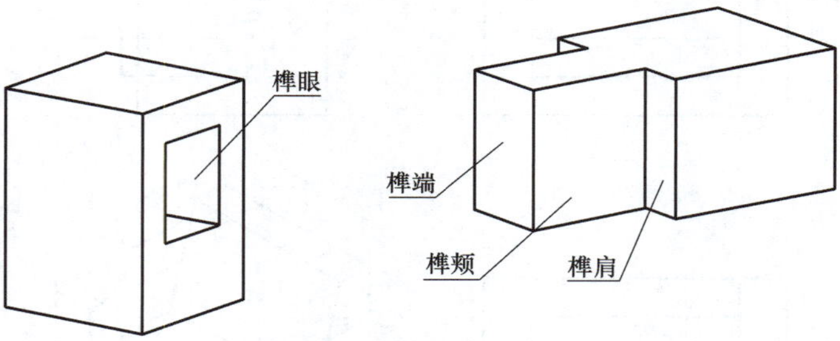


图 4-30　榫接合示意图

### （二）榫接合的画法

根据榫接合的形式和需求，其画法会有所不同。如图 4-31 所示为双面切肩闭口不贯通单榫的画法。

如果榫头的零、部件断面尺寸较大，则可以设计多个榫头，以增加接合面，提高接合强度。如图 4-32 所示为闭口不贯通双榫的画法。

圆榫又称为木销或定位木销，是插入榫的一种。相对于整体榫而言，插入榫与方材不是一个整体，其单独加工后再装入方材的预制孔或槽中。采用圆榫连接，可以简化工艺，圆榫由专门的设备加工而成。打眼则可以通过多轴钻床或加工中心完成，加工装配非常便利。如图 4-33 所示为圆榫连接的画法。

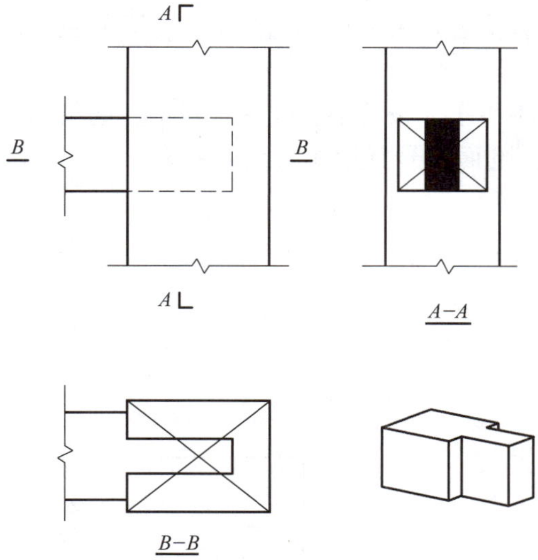


图 4-31 双面切肩闭口不贯通单榫的画法

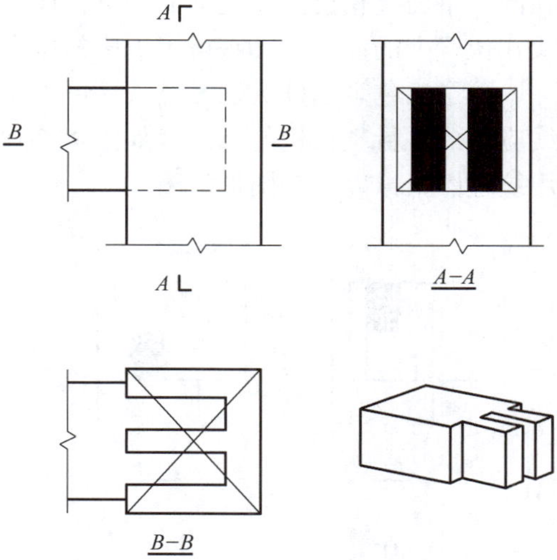


图 4-32 闭口不贯通双榫的画法

为了提高胶合强度，圆榫表面常有贮胶的沟槽。当圆榫插入榫孔并紧密配合时，这些沟槽依然能使胶液保持在圆榫表面，而不至于压到底部。同时，当胶液中的水分被圆榫表面吸收时，沟槽会膨胀起来，从而使圆榫与榫孔结合得更为紧密。根据沟纹形状的不同，圆榫可分为若干类型：如图 4-34（a）所示的圆榫，表面没有压缩纹路，主要用于装配定位；如图 4-34（b）所示的网纹状压缩沟纹圆榫，这种圆榫受力时易拉断；如图 4-34（c）所示的直线状压缩沟纹圆榫，这种圆榫的抗拉强度要大于前一种，但加工较为困难；如图 4-34（d）所示的螺旋状压缩沟纹圆榫，其螺旋纹类似于木螺钉，需要边拧边回转才能慢慢退出，这种圆榫的接合强度大于其他类型的圆榫。

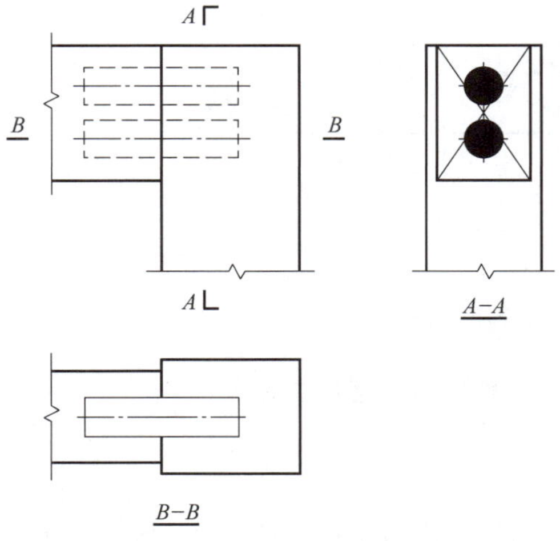


图 4-33 圆榫连接的画法

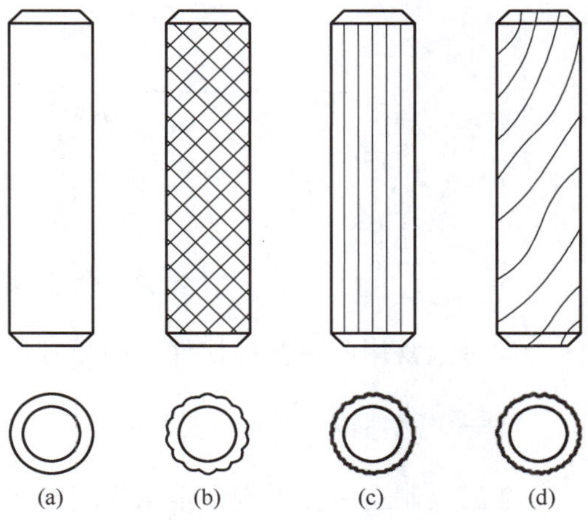


图 4-34 圆榫的形式

此外，如图 4-35 所示为横枨与腿足部相交的画法，从图中可以看到，两侧的横枨在同一平面上相交于腿足部的一点，横枨上的榫头各切去一块，相互搭接，既避免了榫头在位置上的冲突，又获得了更多的接合面积。

除了涂色表示榫头端面外，还可以用一组不少于 3 条的细实线进行表示。这些细实线应画成平行于长边的长线，如图 4-36 所示。剖面符号宜用相交细实线表示，而不使用纹理图案，以保持图形清晰。

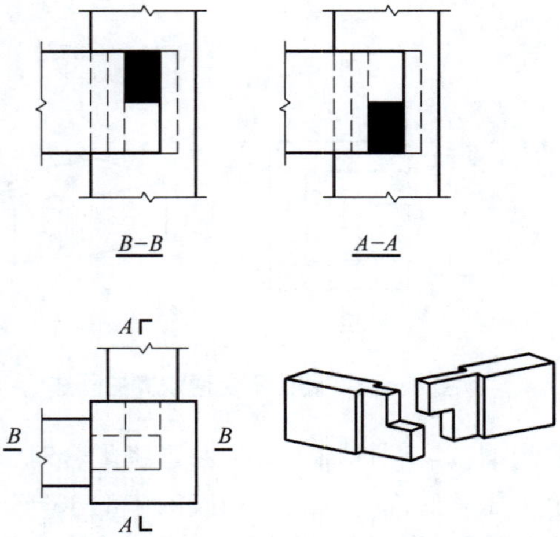


图 4-35　横枨与腿足部相交的画法

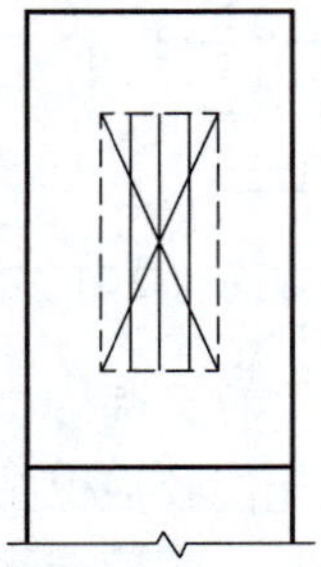

图 4-36　榫头端部的另一种画法

在绘制中，需要注意区分木销和圆榫的画法，如图 4-37 所示。对于木销，其相互垂直的细实线与零件主要轮廓线呈 45°倾斜。

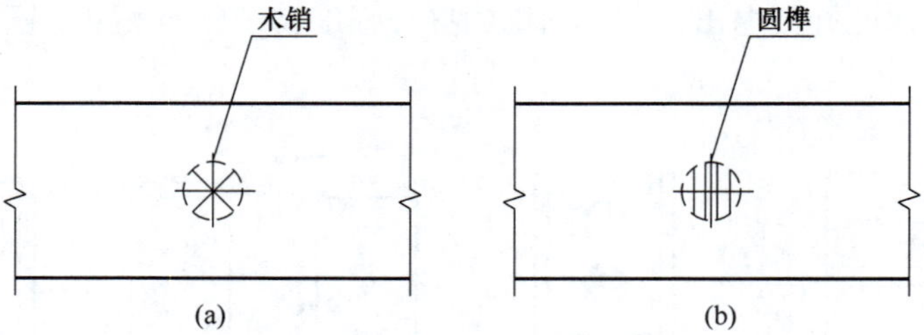


图 4-37　木销和圆榫的画法

## 任务二　家具常用连接件画法

家具上常用的一些连接件，如圆钉、木螺钉、螺栓等，其画法见表 4-4。

### （一）圆钉连接与画法

在家具制造中，人们通常认为圆钉连接是木家具连接的主要方式。但实际上，圆钉连接很少使用，其接合强度不大，且易失效，所以并不是主流的连接方式。因此，在对结构强度要求不高，不影响美观，且需要用快捷简便的方式连接的地方，才采用圆钉连接。

**表 4-4　　家具常用连接件及其画法**

| 连接件 | 实物图片 | 基本视图画法 |
|---|---|---|
| 圆钉连接 | 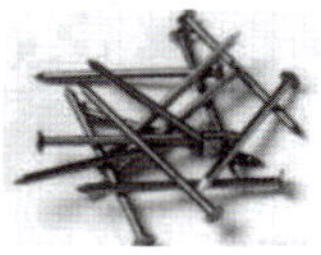 | 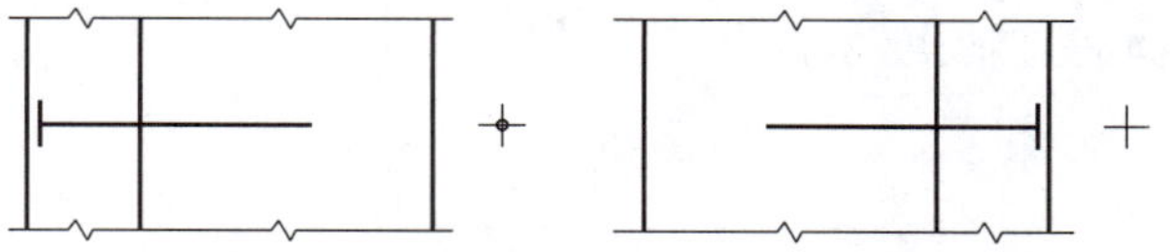 |
| 木螺钉连接 |  | 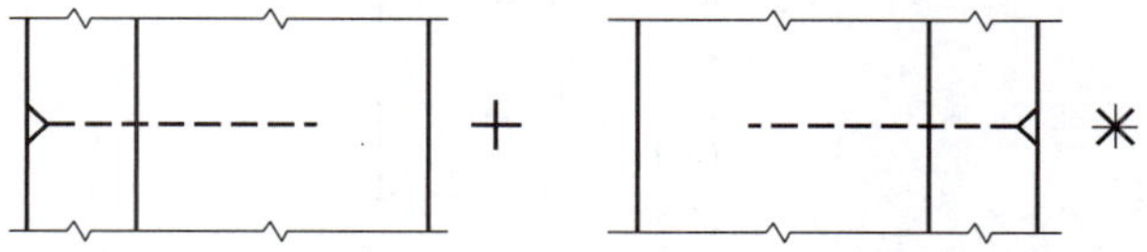 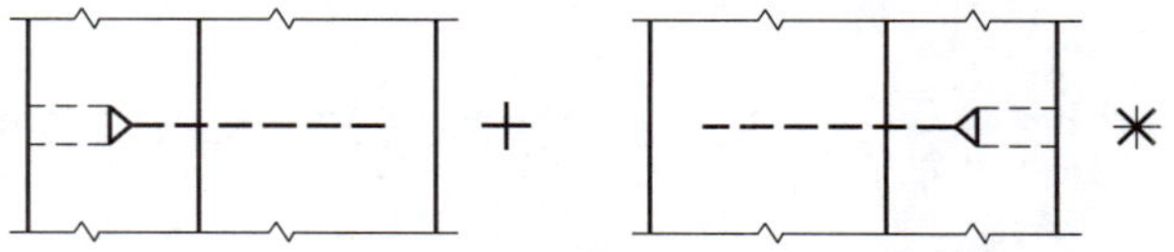 |
| 螺栓连接 |  | 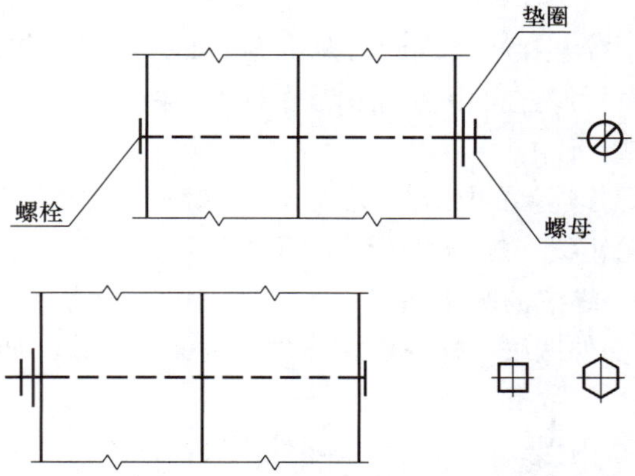  |

圆钉连接的画法，见表 4-4，钉头和钉身用粗实线表示。主视图上，表示钉头的粗实线画在木材零件轮廓线内部；左视图上，钉头是十字细实线，十字中心有一个小黑点，反方向则只绘制十字细实线以定位。

### （二）木螺钉连接与画法

木螺钉连接是家具连接中常用的一种极为简便的连接方式。为防止木质零件开裂，通常先打预导孔，再在木螺钉上涂上白乳胶拧入，可获得较高的连接强度。木螺钉连接会在家具表面留下钉头，所以该连接方式仅用于家具背面或内部结构件的安装中。

木螺钉连接的画法，见表 4-4，钉身用粗虚线表示，钉头用 45°粗实线表示，钉头的左视图为十字粗实线，相反方向视图是 45°相交的两条短粗实线，同时还绘制出十字细实线作定位之用。木螺钉连接的画法如图 4-38 所示，其主要用于连接较厚的木材零、部件。

在连接件的基本视图上，常用细实线表示其位置，并用带箭头的引线注明名称、规格或代号。如图 4-38（a）所示为斜拧进去的木螺钉；如图 4-38（b）所示为用十字细线表示拧入连接桌面的木螺钉。标注引线上方的文字，表示采用的连接件是木螺钉，直径 4mm，长度 30mm。

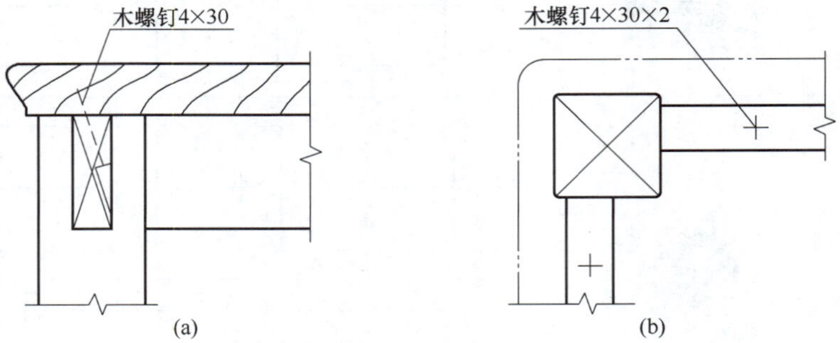


图 4-38　木螺钉连接的画法

## （三）螺栓连接与画法

螺栓连接主要起到对两个零、部件的紧固作用，用于尺寸较大的受力构件。螺栓连接是可拆卸连接中使用最为普遍的一种连接方式，因而也成为家具中较为常见的一种连接方式。

螺栓连接的画法，见表 4-4。螺杆用粗虚线表示，螺栓是与螺杆端部相垂直的不出头的粗短线，螺杆另一侧的两根粗短线，长者为垫圈，短者为螺母。

**1. 螺纹的基本知识**

① 外螺纹。外螺纹指零件外表面的螺纹，如螺钉、螺栓上的螺纹，如图 4-39（a）所示。

② 内螺纹。内螺纹指零件内表面的螺纹，如螺母、螺孔中的螺纹，如图 4-39（b）所示。

③ 牙型。牙型指通过螺纹轴线的剖面上得到的轮廓形状。

④ 大径。大径指螺纹的最大直径，通常用大径表示螺纹的公称直径。

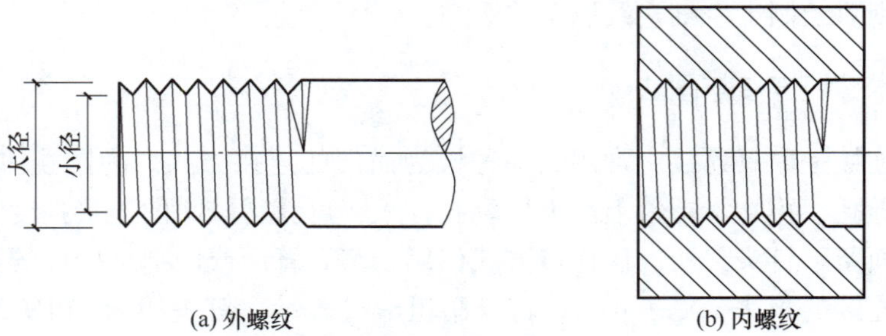


图 4-39　外螺纹与内螺纹

⑤ 小径。小径指螺纹的最小直径。

⑥ 螺距。螺距指螺纹相邻两牙对应点之间的轴向距离。

螺距和小径都有一定的尺寸。同一大径尺寸时，螺距较大而小径较小，则是粗牙普通螺纹；同一大径尺寸时，螺距较小而小径较大，则是细牙普通螺纹。家具连接件中多用细牙普通螺纹。内、外螺纹要求大径、小径、牙型、螺距等都相同才能相互旋合。

**2. 螺纹的画法**

外螺纹的大径和终止线用粗实线表示，小径用细实线表示。在平行于螺杆轴线的投影面的视图中，螺杆的倒角或倒圆部分也应绘制出；在垂直于螺纹轴线的投影面的视图中，表示牙底的细实线只绘制约 3/4 的圆，如图 4-40 所示。

内螺纹一般都取剖视状。内螺纹的小径和终止线用粗实线表示，大径用细实线表示。在垂直于螺纹轴线的投影面的视图中，小径为实线圆，大径用细实线绘制约 3/4 的圆，如图 4-41 所示。

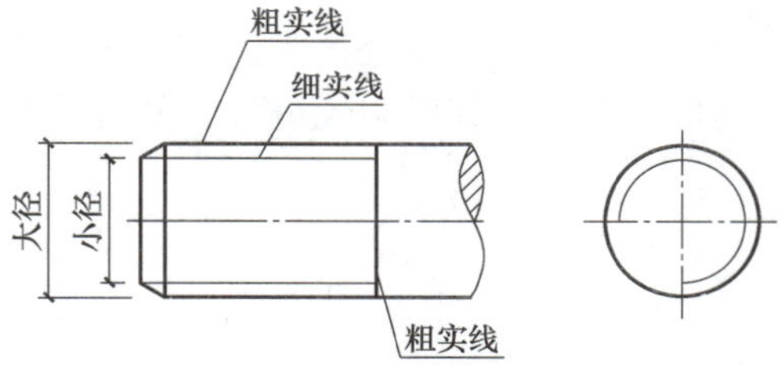


图 4-40　外螺纹的画法

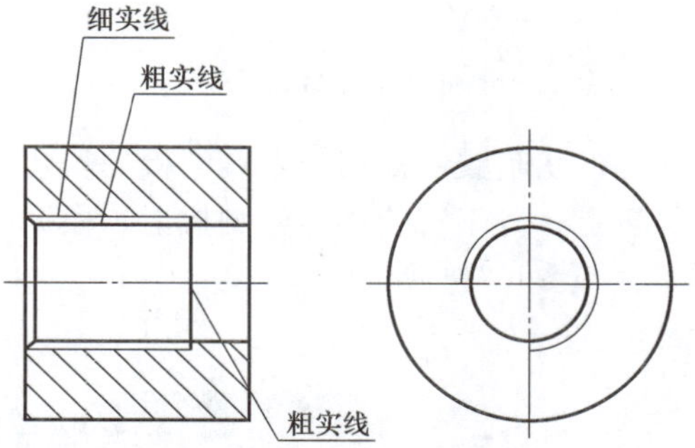


图 4-41　内螺纹的画法

## 任务三　家具专用连接件画法

随着板式可拆连接和自装配式家具的发展，家具专用连接件的使用越来越广泛。本任务着重介绍《家具制图》（QB/T 1338—2012）中规定的几种常用连接件的画法，对于层出不穷的各类新型家具专用连接件，可以参照已有画法进行绘制。

### （一）偏心连接件的画法

偏心连接件在板式家具中广泛使用，主要用于板件的垂直连接。其主要由连接件主体，即偏心块、拉杆和尼龙螺母三部分组成，所以又称为三合一连接件，如图 4-42 所示。有的还配有装饰盖，安装在偏心块孔位上，以获取更好的表面效果。

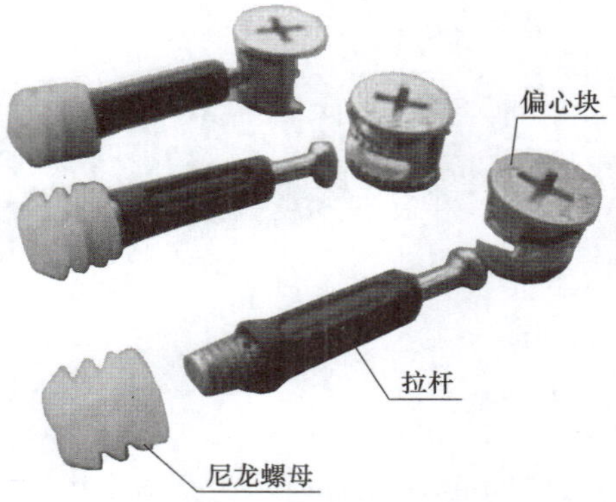


图 4-42　偏心连接件的组成

安装偏心连接件前，要先在板面钻预埋尼龙螺母孔，将尼龙螺母砸入；另一块板面上钻偏心块孔，板侧边钻拉杆孔，偏心块孔与拉杆孔相贯通。安装偏心连接件时，将拉杆拧入尼龙螺母中，再将其穿入另一块板的侧边通孔里，然后把偏心块压入相应孔位，用螺丝刀旋转偏心块，使其锁紧拉杆头部，即完成两块板的垂直连接。偏心连接件在《家具制图》（QB/T 1338—2012）中有规定的简化画法，带装饰盖的螺栓偏心连接件基本视图的画法如图 4-43 所示。需要说明的是，在实际工作中，仅在比值较大的结构详图中会用到此种画法，一般情况下，只是在零、部件图中绘出安装的孔位图。

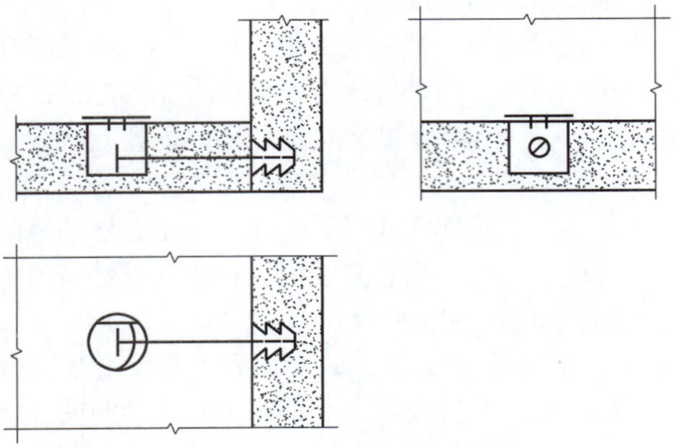

图 4-43　偏心连接件的画法

## （二）杯状暗铰链的画法

杯状暗铰链常用于家具门板的安装，其主要由铰杯和铰座两部分构成，铰杯安装在门板上，铰座安装在柜体侧板上。根据门与柜体的位置关系，杯状暗铰链可以分为三大类，如图 4-44 所示。

(a) 全盖门铰

(b) 半盖门铰

(c) 内嵌门铰

图 4-44　杯状暗铰链的类型

如图 4-44（a）所示为全盖门铰，又称为直臂铰链，用于门板覆盖住柜体旁板的大部分情况；如图 4-44（b）所示为半盖门铰，又称为小曲臂铰链，用于门板覆盖柜体侧板一半的情况，如两扇相邻门板共用一块侧板时；如图 4-44（c）所示为内嵌门铰，又称为大曲臂铰链，用于门板内嵌的情况。杯状暗铰链的画法见表 4-5。

表 4-5　　杯状暗铰链的画法

| 类型 | 局部详图画法 | 基本视图画法 |
| --- | --- | --- |
| 全盖门铰 | 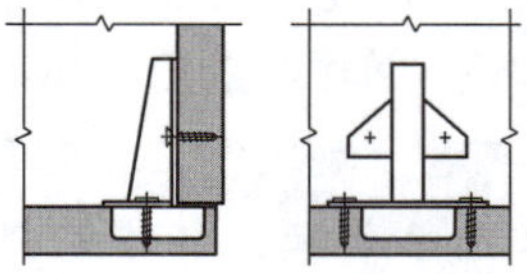 | 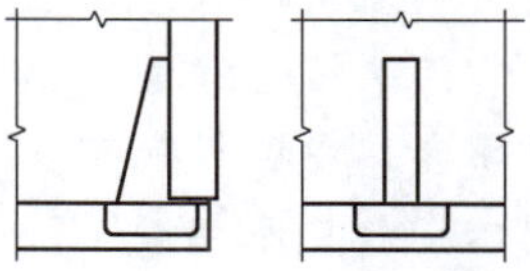 |
| 内嵌门铰 | 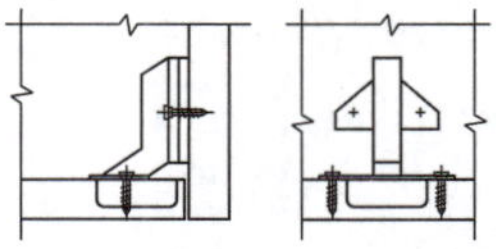 | 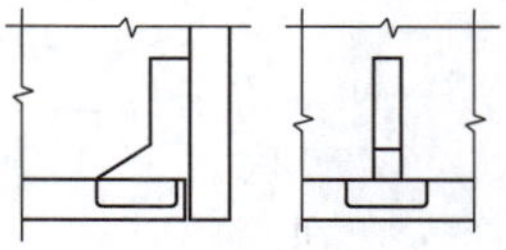 |

备注：上表省略半盖门铰示例，其铰臂曲度介于全盖门铰和内嵌门铰之间。

## 巩固练习

1. 六个基本视图包括哪些？在绘制六个基本视图时，在位置上是如何配置的？

2. 主视图的选择原则是什么？

3. 木螺钉连接的画法在局部详图与基本视图中有区别吗？如果有区别，两者的表现方法分别是什么？

## 综合提升

1. 如图 4-45 所示，绘制该形体的六个基本视图，尺寸可直接从图上量取。

2. 如图 4-46 所示，绘制该形体的三视图。要求左视图采用全剖视图，需要将剖切符号标注完整，尺寸可直接从图上量取。

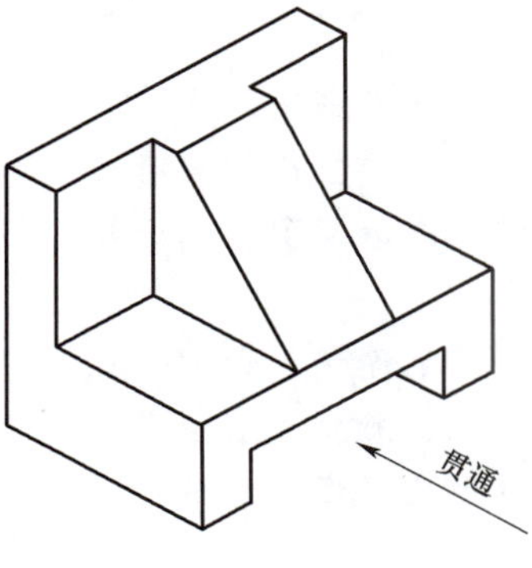


图 4-45　作形体的六个基本视图

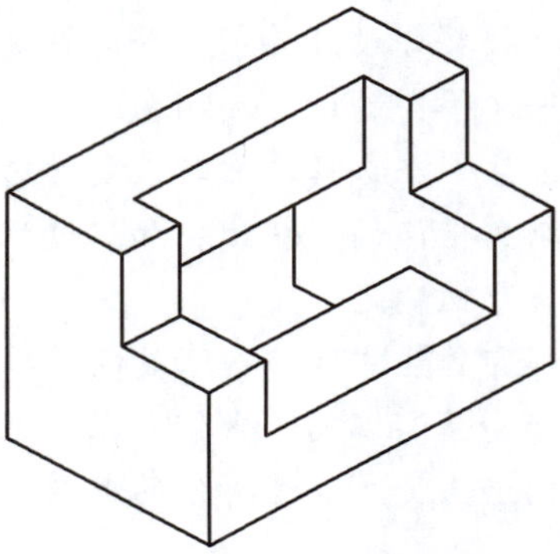

图 4-46　作形体的三视图

## 知识拓展

来自“榫卯”的启迪

榫卯，是中国木文化的精粹，充分展示了古代工匠的奇思妙想与精湛的工艺技术水平。在中国传统家具中，零、部件的连接主要依靠榫卯。榫卯组成的节点由两部分组成，突出部分叫榫头，凿空部分叫榫眼。中国人使用榫卯建造木结构建筑和家具的历史由来已久，从河姆渡遗址出土的木构建筑残件中可以看出，当时的榫卯制作水平已达到相当的高度。中国古代家具中，榫卯种类丰富，做工复杂，结构精巧，故而在家具装配时有“不用钉子少用胶”一说，也就是家具各个零、部件完全依靠榫卯连接，只用少量的胶加固。

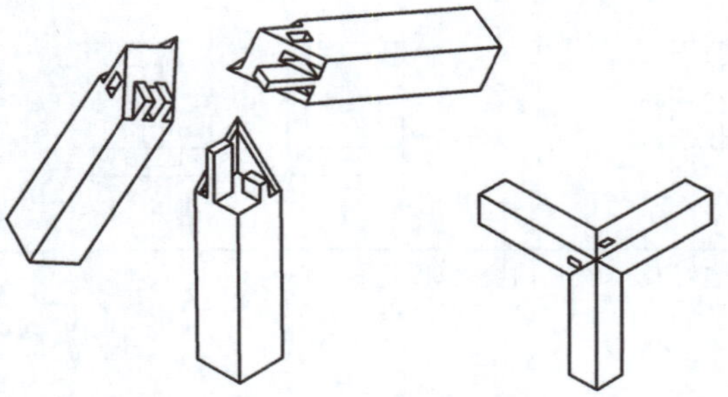

图 4-47　粽角榫

如图 4-47 所示为粽角榫。粽角榫是一种传统的木工连接方式，它的名称来源其形状，类似于粽子的角。这种结构通常用于连接家具的腿部和框架，以增加稳定性和强度。其特点是通过榫头和榫眼的紧密配合，使连接部件形成稳固的整体。榫卯是中国木文化的精髓，充分展示了古代工匠的创造力和高超的工艺技术水平。如今，我们在学习家具零、部件的连接方式时，除了要掌握基本的结构设计和绘图方法外，更应该借鉴祖先的智慧。我们要在传统的基础上进行创新，将榫卯融入现代家具设计中。

现代家具设计中，榫卯已经广泛应用于各种类型的家具。无论是传统的寿宴餐桌，还是现代简约的餐桌，榫卯都可以为家具注入独特的韵味和纹理。而通过创新的设计和结构，还可将榫卯与其他现代材料和技术相结合，创造出独特的现代风格家具。在家具制图中，需要注意准确地绘制榫卯的尺寸和位置。榫头和榫眼的大小、形状和位置都对家具的整体结构和连接的稳固性有着重要的影响，一般需要通过现场实测或详细的设计图样来确定榫卯的尺寸和位置。在绘制图样的过程中，需要注重细节和精确度，确保榫卯的连接符合设计要求，并能够实现预期的效果。

除了榫卯的设计和绘图外，我们还要注意家具制作过程中的材料选择、加工技术和装配方法。在选择木材时，要考虑榫卯的连接特点和木材的性质，选择具有良好连接性能和耐久性能的材料。在加工过程中，要注意榫卯的准确加工和装配，确保榫卯与木材的连接牢固稳定。

榫卯作为中国传统家具的重要连接方式，是中国木文化的精髓。通过融入榫卯的创新设计和精湛工艺，我们可以创造出独特而优质的家具作品，激发大家对家具制作的热情和创造力，成为新时代的大国工匠，为家具产业的发展做出更多的贡献。

# 模块五　家具图样表达

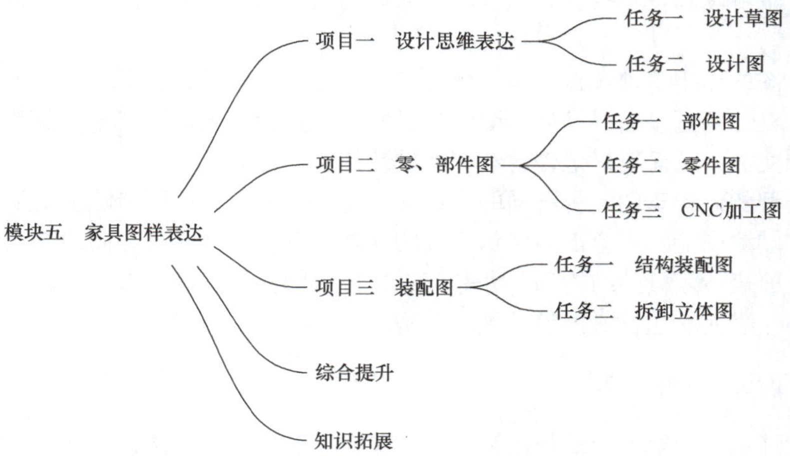


本模块介绍家具图样的表达，包括设计草图、设计图、部件图、零件图、CNC 加工图、结构装配图和拆卸立体图。这些图样各具特点，用途不同，但对家具设计和制造起着重要的指导作用。

## 项目一　设计思维表达

最初，家具设计的构思可能只是一个模糊的灵感或基本框架，要实现设计的最终目标，则需要经过无数次的研讨、调整、反思和提炼。在这一过程中，绘制设计草图起着不可或缺的作用。设计者通过反复绘制设计草图，不断修改和完善，其思维过程得以深化和展现，最终将初步的构思转化为具体的设计方案。

### 任务一　设 计 草 图

在家具设计过程中，设计草图不仅是设计师记录初步构思的手段，更是思维活动表达和交流的工具。

在进行家具设计之前，设计师需要进行充分的调查研究，以了解市场需求、用户习惯和使用环境等因素。这一阶段的目的是将更多的实际需求和用户体验融入设计中，从而使设计更加贴合市场和用户的需求。设计师通过调查研究，可以收集各地区的风俗习惯、气候条件、居住环境和消费需求等信息，为后续的设计提供重要参考。

此外，设计师还需要了解以往同类或相近家具产品的使用情况，并对市场进行大数据分析，以获取更全面的市场信息。设计师通过对市场需求的分析，可以更准确地把握设计方向，确保设计的实用性和市场竞争力。

### （一）设计草图的作用

在设计草图阶段，设计师通过绘制设计草图来表达自己的设计构思。设计草图通常以透视图、轴测图和基本视图为主，利用简单的线条和必要的标注来记录设计师的初步构思。

设计草图的作用多种多样，包括概念表达、记录设计灵感、交流和反馈以及作为设计记录等。设计师可以通过设计草图将自己的想法直观地表达出来，与团队成员或客户进行沟通和交流，从而更好地理解和把握设计的整体方向。

不同类型的设计草图具有不同的特点和用途。例如，透视图能够生动地表现家具的外部形象，轴测图能够更全面地展示家具的外观、颜色和样式等方面的特点，而基本视图则能够全面表达家具的结构和尺寸等信息。设计师根据设计需求和目的选择合适的设计草图类型，进而表达自身的设计想法和构思。

### （二）设计草图的绘制

绘制设计草图需要一定的技巧和经验。首先，设计师需要选择合适的绘图工具，如铅笔、钢笔或简单的色彩工具等。其次，设计师需要掌握透视原理和比例关系，力求将思维中的设计想法快速准确地表达出来。

在绘制设计草图前，设计师可参考相关家具设计和艺术作品，汲取灵感和创意，同时也可以结合自身的想法和风格，形成独特的设计风格。

在绘制设计草图时，设计师一般以透视速写为主要手段，通过草稿性质的简图记录与表达其初步设计构思。设计草图要求设计师以较快的速度将思维中的家具造型、结构、材料方案等设计要素，如造型、尺度、功能、装饰、结构等，绘制到纸面上。这就是设计草图的核心。

从设计构思到最终产品生产完成，生产一套家具或一件家具所需要家具图样的种类见表 5-1。

**表 5-1　家具图样的种类**

| 名称 | 图形 | 特点 | 主要用途 |
|---|---|---|---|
| 设计草图 | 透视图、轴测图、基本视图 | 表达设计师初步设计想法的简图，新设计家具制成后的大致体态、形象，一般徒手绘制 | 概念表达；记录设计灵感；交流和反馈；设计记录 |
| 设计图 | 透视图、基本视图 | 展现家具形态、结构和细节，清晰表达尺寸、材料与连接方式等 | 设计表达；制造指导；安装参考；记录存档 |
| 部件图 | 基本视图、剖视图、剖面图 | 全面表达一个部件的结构，包括各零件的形状、尺寸、装配关系等 | 生产制造；检验和质量控制；故障检测和修复；拆卸和重新装配 |

续表

| 名称 | 图形 | 特点 | 主要用途 |
| --- | --- | --- | --- |
| 零件图 | 基本视图、剖视图、剖面图 | 表达零件的形状特征、详细加工尺寸等 | 生产加工制造；成本控制 |
| CNC 加工图 | 基本视图、剖视图、局部详图 | 以 1∶1 的比例绘制的零件图、部件图，又称大样图 | 用于有复杂曲线或特殊要求的零部件 |
| 结构装配图 | 基本视图、局部详图 | 全面表达整件家具的结构，包括每个零件的形状、尺寸、装配关系等 | 指导制造；指导组装；减少生产成本；提高产品质量 |
| 拆卸立体图 | 透视图、轴测图 | 通过三维分解形式直观表达家具的整体结构，零、部件位置关系或拆卸顺序，清晰标注每个部件的编号，便于理解和操作 | 拆卸指导；装配参考；维修辅助；客户服务 |
| 外形图 | 透视图、轴测图 | 表达家具的外观 | 设计方案封面用图；结构装配图的附图 |

例如，设计师需要设计一款现代简约风格的椅子。首先，需要通过调查研究了解现代家具市场的需求和发展趋势。然后，设计师开始绘制设计草图，以表达设计构思和想法。根据调查结果和市场需求，设计师选择了简约而实用的设计风格，并通过透视图和轴测图来展示椅子的外观和结构。在此过程中，设计师要不断修改和调整草图，直到最终确定设计方案。一般徒手绘制设计草图。因此，这里画的长宽比例只是大致尺寸，主要考虑的因素是设计构思时提出的要求尺寸，如从功能上要求的尺寸，从造型上要求的尺寸，从与环境配合上要求的尺寸，这样便于从功能要求和造型艺术的角度上审视设计方案。椅子的设计草图如图 5-1 所示。

图 5-1　椅子的设计草图

效果图是家具设计中用于展示最终产品在特定环境下的外观和氛围的图样。如

图 5-2 所示。其通过模拟家具的色彩、质感和光影效果，为客户和设计师提供一个直观的视觉体验，帮助他们评估设计在实际空间中的适应性和审美效果。效果图在市场推广和设计评估中起着至关重要的作用，是沟通设计理念和吸引潜在客户的重要工具。

图 5-2　效果图

外形图用于提供家具的基本轮廓和比例，能够展示家具的基本形状特征，但不包含内部细节或复杂细节。外形图有助于确保设计概念在进一步发展之前得到适当的评估和反馈。

家具设计是一个多阶段、多维度的过程，每个阶段都通过特定的图样来表达和沟通设计思维。从设计草图的初步构思到效果图的预期展示，再到结构装配图的详细规划，每一步都是设计思维的体现，确保了设计从概念到实现的连贯性和可行性。通过这些图样，设计师能够将抽象的概念转化为具体的设计方案，并在制造过程中实现这些设计。

## 任务二　设　计　图

设计图不仅是设计概念思维的进一步深化，也是设计表现的关键环节。在设计图的绘制过程中，设计师将通过各种视图和标注来简单表达所构思家具的形状、尺寸、材料和工艺要求。

### （一）设计图的意义

设计图不仅包含了设计草图的想法和构思，还更加详细地表达了家具的形状、尺寸、材料和工艺要求等信息。在方案设计图中，设计师可以通过透视图和基本视图全面展现家具的外观和结构，从而使设计更加清晰明了。

### （二）绘制内容

设计图的绘制内容主要包括透视图、基本视图和尺寸标注。

### （三）材料和工艺制作要求

设计图不仅表达了家具的形状和结构，还包含了对材料和工艺制作的要求。在设计图中，设计师要明确指定家具所使用的材料规格、连接方式和工艺制作等要求，以确保家具的质量和外观。例如，设计师可指定家具所使用的材料类型、颜色和质地，以及连接方式和装配方法等。

综上所述，设计图是家具设计过程中不可或缺的一环，它不仅承载了设计师的创意和构思，还为生产制造提供了明确的指导。通过细致入微的绘制和不断优化，设计师能够确保设计意图得以准确实现，最终生产出满足客户需求的高品质家具产品。

### 巩固练习

快速手绘5种以上椅子造型的设计草图。

要求：

① 可以使用铅笔、彩铅、针管笔等。

② 题材、风格、大小等均不限。

③ 标注总体（长、宽、高）尺寸。

# 项目二　零、部件图

零件组装成的独立配件称为部件，零件是组装成部件的最小单体。在生产实木或板式家具时，需要先加工制造零件，再组装成部件，最后装配成家具。例如，抽屉是家具的部件，其由一块抽屉面板、两块旁板、一块后背板和一块底板组装而成，而生产加工正是从每一个零件开始的。因此，在生产过程中，根据生产的需要绘制零、部件图十分必要。

为了确保工段或车间生产的部件符合组装成合格家具的要求，需要对零、部件的尺寸、形状以及其他质量特性提出合理要求。这将帮助制造者准确了解零件的形态和尺寸要求，确保生产出的零件能够组装成高质量的家具。

## 任务一　部　件　图

部件图通常用于展示家具各个独立部分的详细构造。图中通常包括具体的细节，如孔位、接合方式和尺寸标注，以确保制造精确和组装正确。部件图是家具生产中不可缺少的一部分，因为它提供了执行标准化生产的必要信息。部件图不仅要符合技术标准和规范，还要准确反映设计细节和精确度，以确保最终产品的质量和功能。

### （一）绘制部件图的原则

部件图应准确表达设计意图，包括尺寸、形状和位置关系等。任何误差都可能导致生产问题，甚至影响最终产品的组装和功能。因此，绘制部件图时要注意：图样清晰可读，所有标记、尺寸线和文字说明都应清晰表达，以避免生产过程中的误解；多张部件图中，相同部件和装配方式保持一致，以防生产中的混淆和错误。

### （二）技术要求

① 尺寸标注。必须准确标注所有必要的尺寸，包括外形尺寸和加工尺寸等。

② 材料规格。应注明每个部件所用材料的类型、等级和其他相关特性，以确保部件的功能和耐用性。

③ 表面处理说明。若需要表面处理，如清漆涂装，应在图样上明确指出，以确保外观和功能性达到设计要求。

④ 连接和装配细节。对于需要连接或装配的部件，应详细说明连接方式（如螺栓连接、三合一连接件等）和装配顺序。

### （三）绘图软件和工具

绘图软件包括 AutoCAD、SolidWorks 和 SketchUp 等。这些工具提高了绘图效率，通过三维模拟检查部件的装配，减少了实际生产前的错误。

### （四）绘制部件图的步骤

在绘制部件图时，通常遵循以下步骤：

① 确定部件需求。了解部件的形状、尺寸、特征和要素。

② 选择表达方式。根据部件特点选择合适的表达方式，准确显示部件各方面的特征。

③ 标注尺寸和特征。标注尺寸和公差，确保标注清晰准确，方便后续加工和装配。

④ 完善图样细节。填写标题栏，保持与结构装配图一致，并遵循设计标准和规范要求。

⑤ 审核和修正。仔细检查图样，确保准确，必要时进行修正，以满足设计和制造要求。

部件图采用基本视图、剖视图、剖面图等一系列表达方法，应当包含图框和标题栏，标题栏格式大小应与结构装配图完全一致。

部件图可以帮助制造人员理解部件的结构和要求，实现高效地加工和制造流程。同时，部件图也为家具设计师和生产管理等相关人员之间提供有效的技术沟通和协作基础，确保家具的质量和一致性达到预期目标。

## 任务二　零　件　图

零件图是表达单个家具零件的形状、尺寸、材料等具体信息的图样。它通过基本视图、剖视图、剖面图等方式来呈现家具各个零件的尺寸、形状、材料和加工要求等信息。规范准确的零件图可以显著减少生产中的错误，提高效率，确保最终产品的质量。

### （一）绘制零件图的要点

在绘制零件图时，为确保图样的规范性和准确性，需要注意以下几点：

① 清晰展现形状和尺寸。准确的视图选择、标注和符号使用，可以清晰地描述零件的外观和结构特征。应根据零件的形状和特征来选择表达方式。标注尺寸和特征时，

应确保标注清晰明确。

② 符合加工工艺需求。零件图需要方便加工人员理解和下料，以及进行各道工序的加工。在视图选择和布置时，要充分考虑加工操作的方便性，尽量简化加工步骤，并减少加工难度。此外，必要时应在图样上清晰标注加工顺序和加工工艺要求。

在绘制零件图时，要综合考虑形状、尺寸等多个方面的要求。只有在严格遵循这些要点的情况下，才能绘制出质量有保证的零件图。

### （二）绘制零件图的步骤

在绘制零件图时，通常遵循以下步骤：

① 确定零件需求。在绘制零件图前，需要清楚地确定零件的形状、尺寸、特征和制造要求，需要与设计师和制造人员进行充分的沟通和确认，以确保图样能够准确地反映设计意图和制造要求。

② 选择表达方式。根据零件的特点和要求，选择合适的表达方式来准确地显示出零件的各个方面。常见的表达方式包括基本视图、剖视图和剖面图。合适的表达方式可以使图样更加清晰易懂。

③ 标注尺寸和特征。标注尺寸和特征是非常重要的一个步骤，直接影响到制造过程的准确性和效率性。尺寸标注应清晰明了，包括线性尺寸、角度尺寸和公差等，以确保制造人员能够准确地理解和操作。

④ 完善图样细节。在制图过程中，填写零件号、材料、加工要求等信息，以确保图样的完整性和规范性。填写标题栏，标题栏保持与结构装配图一致，并遵循设计标准和规范要求。

⑤ 审核和修正。制图完成后，需要仔细检查图样，确保准确无误。如果发现任何错误或不一致之处，需要及时进行修正。

在实际应用中，零件图和部件图通常会一起对照使用，它要求设计师在与生产车间充分沟通的基础上，确定零件的规格和要求，选择合适的视图表达方式，详细标注尺寸和特征，完善图样细节，并进行严格的审核和修正，以确保图样的准确性和实用性，为生产制造提供全面的信息和指导。

## 任务三　CNC 加工图

CNC（计算机数控）加工图主要用于数控加工过程中制造零、部件。其实现了计算机程序控制的精确加工，大大提高了效率和准确性。CNC 加工图的制作过程和零件图类似，但在 CNC 加工图中，特别要注意零件的加工比例（1∶1）、细节和需求。

CNC 加工图能够准确反映加工尺寸和工艺要求，从而保证家具零件的制作和加工符合设计意图和质量要求。这种数控加工技术的应用，显著提高了家具制造的效率和一致性，减少了人为错误。

### （一）确定加工零件的三维模型

在制作 CNC 加工图前，要确定加工零件的三维模型。由于三维模型是制作加工指令和路径的基础，因此必须详尽地反映设计意图，并充分考虑材料性质和加工工艺的限制。确定加工零件的三维模型是 CNC 加工图制作流程中的第一步，其为后续的加工图制作提供了重要基础。

### （二）进行三维模型分析

此环节要对三维模型进行细致分析，评估加工的可行性。设计师和工程师需要共同参与三维模型的分析，仔细研究模型的各个方面，包括形状、尺寸、特征等，考虑加工过程中可能遇到的问题，如工件定位、刀具路径规划等，并提前做好预案，思考如何最有效地利用 CNC 机床的功能，如自动（人工）换刀、多轴加工等，以优化整个加工过程，确保加工过程中的稳定性和精确度，确定最优加工工序与流程。

### （三）制作 CNC 加工图

设计师需要在计算机辅助设计或建模软件（如 TopSolid 或 UG 等）中创建或导入零件的三维模型。基于已确认的三维模型，开始制作详细的 CNC 加工图。设计师需要选择合适的视图来清晰展示加工要求。

根据零件的形状和特征，设计师可以选择基本视图、剖视图、局部详图等，以确保加工要求能够清晰地表达出来。在选择视图时，设计师需要考虑加工过程中可能涉及的各个方面，如外形特征、内部结构等，并确保视图的选择合理准确。如果发现任何错误或不一致之处，需要及时进行修正，以确保 CNC 加工图的准确性和完整性。

通过选择合适的视图，标注必要的尺寸和特征，为 CNC 五轴加工中心的操作提供详细的指导和说明，以确保零件 CNC 加工过程的顺利进行。

### （四）进行后期处理

CNC 加工图完成后，必须进行严格的质量控制检查，包括对图样的准确性、完整性进行审查，确保所有信息都符合生产要求。必要时，还需进行图样的修正和更新，以解决发现的任何潜在问题。完成这些步骤后，CNC 加工图便可进行打印或发送给工厂生产线，或直接以电子形式传输到 CNC 机床上。此阶段也包括图样的存档，以确保可追溯和参考。

CNC 加工图的制作过程需要从确定加工零件的三维模型开始，进行三维模型分析，并确定加工方法和顺序，制作 CNC 加工图，然后进行严格的后期处理和审核，从而保证 CNC 加工图的准确性和可靠性。

## 巩固练习

识读面板部件图，如图 5-3 所示，回答以下问题：

① 简要描述该部件的功能和特征。

② 该部件可以使用的材料有哪些？

③ 该部件由哪几个零件组成？这些零件的长、宽、高分别是多少？

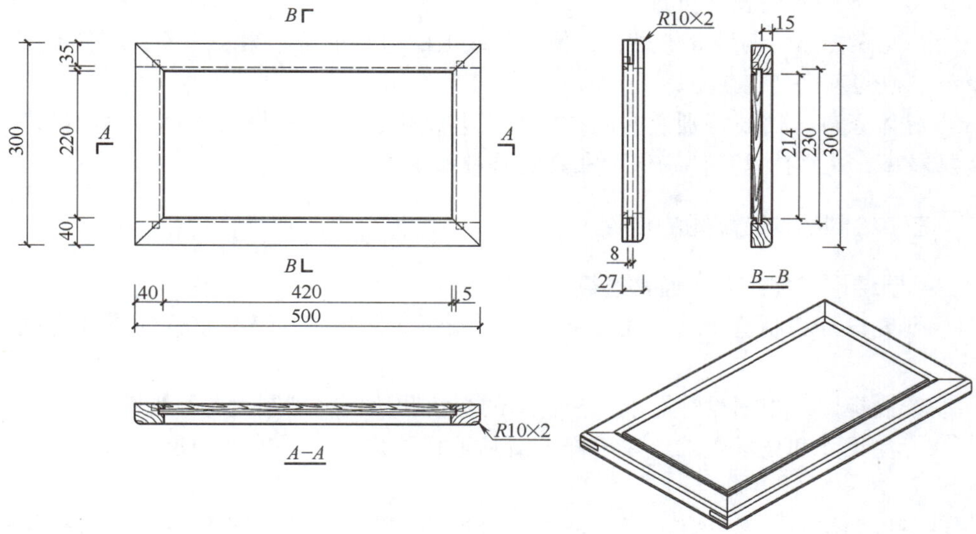


图 5-3 面板部件图

# 项目三 装 配 图

本项目详细地讲解了装配图的画法和注意事项，包括结构装配图和拆卸立体图。绘制这些图样可以准确呈现家具的整体结构和组成部分之间的关系，并展示每个零件的详细图示。

## 任务一 结构装配图

### （一）结构装配图的概念

结构装配图是家具制造过程中的核心图样之一，其详细地展示了家具的结构、材料和连接方式。这种图样不仅包括家具的基本构造，如榫接合等，还详细描述了家具的尺寸、形状、薄木贴面和线脚镶嵌等装饰细节。

### （二）结构装配图的组成

除了统一的标题栏和图框线外，结构装配图主要由以下几个部分构成：

① 视图。包括基本视图和局部详图，这些视图共同展示了家具的外观造型和内部结构。基本视图提供了家具整体的构造，局部详图则聚焦于特定的细节或复杂的部分，使制造者能够更好地理解设计意图和装配要求。

② 尺寸。图样中必须标注清楚每个零、部件的具体尺寸，包括长度、宽度、高度等，并标注如何组合这些零、部件。尺寸的准确标注是确保正确组装家具的关键。

③ 零、部件明细表（可选）。列出制作家具所需的所有零、部件，包括数量、材料类型，以及零、部件编号等信息，方便生产线上的材料准备和组装。零、部件明细表也常使用单独的表格列出。

④ 技术条件。需要特别说明的技术与工艺条件，包括材料的选择、表面处理、耐用性要求等，这些技术条件确保了家具的质量和使用寿命。

### （三）绘制结构装配图的步骤

在绘制结构装配图时，通常遵循以下步骤：

① 研究设计和制造要求。在绘制结构装配图前，要充分理解家具的设计意图和制造标准。

② 绘制视图。根据设计需求选择合适的视角和比例，绘制出各种视图。

③ 标注尺寸和技术要求。在图样上清晰地标注出各零、部件的尺寸和相关的技术规范。

④ 审核和修改。设计完成后，需要经过严格的审核过程，确保图样无误，并符合实际生产需求。

通过这些视图，我们可以清晰地看到家具的外形和内部结构。结构装配图标注了正确的榫接合方式，为家具制造过程提供了指导，确保了每个零、部件的正确连接和装配。

如图 5-4 所示为炕几的结构装配图。其中，炕几采用榫接合，如炕几腿与横枨采用粽角榫，面板边框采用直角榫。

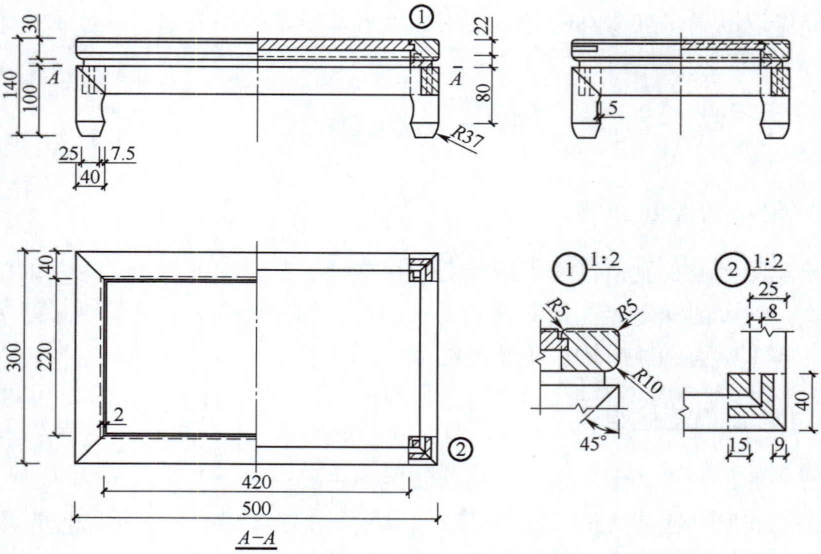


图 5-4　炕几的结构装配图

综上所述，细致而准确地绘制家具的结构装配图能够确保家具结构稳固和装配质量可靠，从而提高生产效率和产品质量。

## 任务二 拆卸立体图

拆卸立体图，也称为爆炸图，是将家具的各个零、部件拆开进行绘制的图样，其具有立体和直观的特点，即使是没有识图能力的非专业人士也能够理解和识读。拆卸立体图的主要优点是能够简化文字说明，通过图示的方式清晰地向读者展示家具的装配和拆卸顺序。拆卸立体图一般采用轴测图来展示。

### （一）绘制拆卸立体图的步骤

① 研究家具结构。需要深入了解家具的整体结构和零、部件间的连接关系，包括对接合方式、固定件和装饰细节。

② 选择视图和技术。选择适合展示家具结构的视图，通常采用正等轴测图以提供三维视角，更加直观地表现零、部件间的关系。

③ 绘制各个零、部件。在轴测图中，每个零、部件都要独立绘制出来，并确保每个部分都按照实际尺寸和形状准确表示。

④ 展示拆解顺序。图中应清楚显示各部件的装配和拆卸顺序，一般通过箭头或编号来指示。

### （二）应用场景

拆卸立体图广泛应用于家具装配手册、维修指南和客户培训材料中，使得家具的组装、维护和修理更加容易和高效，特别是对于那些需要用户自行组装的家具产品。

装配图的精确性和易读性直接影响到家具产品的质量和市场表现。因此，设计师在创建这些图样时必须具备高度的专业知识和细致的注意力。此外，随着技术的发展，数字化工具和软件在制图过程中的应用越来越广泛，这些工具不仅提高了绘图的效率，还增强了图样的准确度和互动性。

综上所述，拆卸立体图是将家具的各个零、部件拆开绘制的图样。其通过直观的立体图示，使非专业人士也能够理解和识读家具的结构。

### 巩固练习

炕几的结构装配图，如图 5-4 所示，读图并回答以下问题：

① 炕几的总长、总宽、总高分别是多少？

② 炕几由哪几个部分组成？这几个部分长、宽、高分别是多少？

### 综合提升

设计一款家具产品（如椅子、桌子、床等），完成下列家具图样的绘制：

① 绘制设计草图。使用手绘的方式将家具产品设计出来，注重形状、比例和细节特征。

② 绘制设计图。使用绘图工具绘制精确的设计图，标注尺寸、比例和材料等信息。

③ 绘制零、部件图。选择家具产品中的零、部件，绘制出零件图和部件图。

④ 绘制结构装配图。标注尺寸和相关的技术规范。

要求：

① 使用规格合适的图纸进行绘制，注意图纸的整洁，正确使用各种线型。

② 注重创新性、准确性和规范性，充分运用设计思维和绘图技巧。

## 知识拓展

意大利设计

意大利设计是指源自意大利的设计风格和设计理念。意大利因其创造力、独特性和精湛的工艺闻名于世，对设计界产生了广泛的影响。

意大利设计的特点包括以下几个方面：

① 简约而精致。意大利设计崇尚简约和精致的风格，追求线条的纯净和功能性的完美结合，设计形式简洁而优雅，注重细节和比例的准确把握。

② 独特的审美眼光。意大利设计师常常展现出非凡的创造力和独到的审美眼光，他们对材料、色彩、光线和空间的运用有着独特的见解和敏锐的感知。

③ 追求品质与工艺。意大利设计强调品质和工艺的追求，注重在设计中融入高质量的材料和制作工艺，使产品达到技术和美学的完美统一。

图 5-5 意大利家具设计案例（Senna 椅）

④ 人性化的设计。意大利设计注重将人的需求和舒适度置于设计的核心。设计师关注用户的体验和感受，追求功能性与美学的完美平衡。

⑤ 文化和艺术的结合。意大利设计紧密结合了本土的艺术传统和文化特点，融入了意大利人独特的生活方式和价值观。

意大利设计在家具、室内设计、时尚、工业设计等领域都有杰出的表现，如图 5-5 所示为意大利家具设计案例（Senna 椅）。众多意大利设计师和品牌，如 Alessi、Cassina 等，以其创新的设计理念和卓越的产品质量享誉全球。意大利设计通过其独特的风格和精湛的工艺，成为世界范围内设计师的灵感之源，引领着全球设计潮流。

# 案 例 篇

## 知识目标

① 熟悉炕几、床头柜等家具的制图要求。

② 理解炕几、床头柜等家具的设计特点和功能要求。

③ 掌握炕几、床头柜等家具的榫接合细节图、榫接合位置图、剖面图、尺寸标注和大样图等制图方法。

## 技能目标

① 能够对炕几、床头柜等家具进行设计分析。

② 能够理解家具设计中的尺寸、结构和细节要求，并准确绘制相应的图样。

③ 能够应用 AutoCAD 等设计工具进行制图。

## 素质目标

① 培养细致观察、分析和解决问题的能力，提高专业素养。

② 培养团队合作、沟通和协作能力。

# 模块六　案例分析

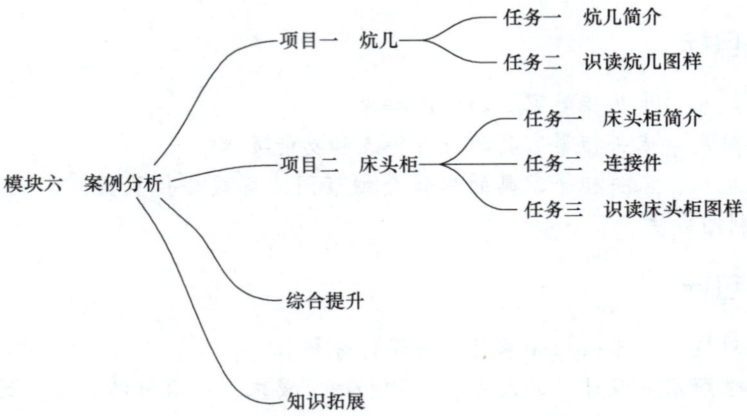


模块六深入研究了两款企业实际生产的家具产品——炕几和床头柜，通过材料的选择、五金配件的选择，以及生产制造图的解读，旨在通过实际案例巩固与强化对家具设计、材料选择和制造工艺的理解，并通过巩固练习提升综合应用能力。

## 项目一　炕　　几

炕几

本项目通过详细解析炕几这一兼具床和桌功能的中国传统家具的制图过程，深入学习如何识读其结构、材料和尺寸等信息。

### 任务一　炕几简介

炕几是中国传统家具之一，其不仅承载着丰富的文化内涵，还体现了古人对生活品质的追求。炕几设计典雅实用，反映了古人对生活智慧的深刻理解。其多选用坚硬、纹理美观的木材，如紫檀、黄花梨等。这些木材质地坚硬，耐磨损，色泽温润，随着时间推移，形成了独特的包浆效果。

在现代家具设计中，炕几的设计理念和工艺精髓仍然具有重要的启示作用，设计师们常从炕几等传统家具中汲取灵感，将其元素和理念融入现代家具设计中，让现代家具既具有传统韵味，又彰显出时代特色。常见炕几如图 6-1 所示。

## 任务二 识读炕几图样

图 6-1 常见炕几

本案例中的炕几尺寸为 500mm×300mm×140mm。其主要用于客厅、卧室、书房等，可用来放置物品，也可作为茶几或边几使用，方便人们在休息或工作时随手取用物品。

### （一）产品立体图

#### 1. 整体外观展示

炕几通常具有独特的形状和比例，如长方形、正方形或圆形等。立体图的绘制应着重展示炕几的整体外观。在绘制过程中，设计师通常会运用透视原理，将炕几置于适当的角度，以展示其形状、大小和比例关系等。绘制时，要注重细节，如边缘线条的处理、整体比例的准确呈现等，确保画面透视效果，如图 6-2 所示。

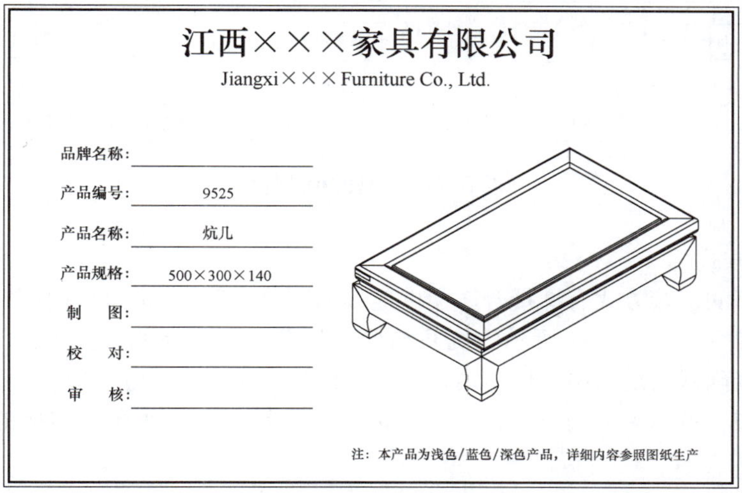

江西×××家具有限公司

Jiangxi××× Furniture Co., Ltd.

品牌名称：

产品编号：9525

产品名称：炕几

产品规格：500×300×140

制　　图：

校　　对：

审　　核：

注：本产品为浅色/蓝色/深色产品，详细内容参照图纸生产

图 6-2 炕几生产图封面

#### 2. 料单

炕几料单见表 6-1，由面板、束腰、脚架部件拆开后的零件材料构成，清晰地表达了炕几的结构和组成部分。

表 6-1　　炕几料单

| 序号 | 名称 | 长×宽×高/mm | 数量 | 材料 |
|---|---|---|---|---|
| 1 | 芯板（嵌板） | 430×230×15 | 1 块 | 花梨木 |
| 2 | 长边框 | 500×40×30 | 2 条 | 花梨木 |
| 3 | 短边框 | 300×40×30 | 2 条 | 花梨木 |
| 4 | 长束腰边 | 480×30×10 | 2 根 | 花梨木 |
| 5 | 短束腰边 | 280×30×10 | 2 根 | 花梨木 |
| 6 | 长横枨 | 500×25×40 | 2 根 | 花梨木 |
| 7 | 短横枨 | 300×25×40 | 2 根 | 花梨木 |
| 8 | 炕几腿 | 120×40×40 | 4 条 | 花梨木 |

### （二）装配图

结构装配图详细解读了炕几的各个组成部分和装配方式。识读结构装配图时，应首先理解图面布局，识别各部件和组件，分析它们的装配关系和连接方式，仔细阅读尺寸，查看技术要求，检查部件定位，识别关键特征，并综合所有信息以形成对整个炕几结构和装配过程的完整理解。

**1. 识读炕几组成部分**

炕几由面板、束腰与脚架组成。面板包括长边框、短边框和芯板，束腰包括长束腰边和短束腰边，脚架包括长横枨、短横枨和炕几腿。炕几的组成部分如图 6-3 所示。

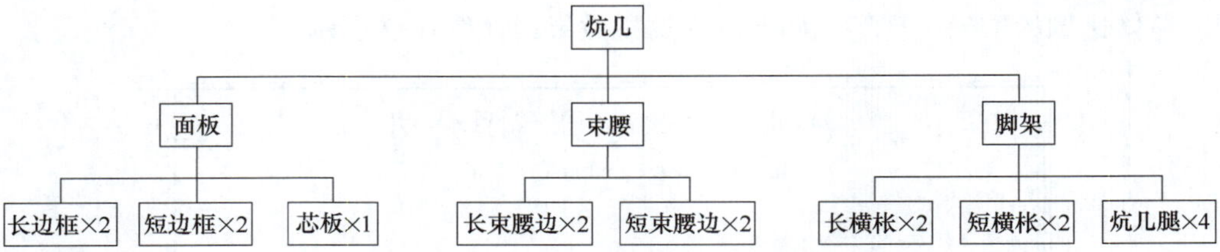


图 6-3　炕几的组成部分

**2. 连接方式**

炕几常见的连接方式有榫接合、圆榫连接和胶接合等，本案例的主要连接方式是直角榫和粽角榫等。如图 6-4 所示的炕几结构装配图中，详细地标注了榫头和榫眼的形状、尺寸，以确保装配的精确性与结构的稳定性。在实际生产过程中，需要精确加工每个榫头和榫眼，并使用木工胶水或其他黏合剂固定连接，以确保连接的牢固性和耐久性。

### （三）零、部件图

识读炕几的部件图和零件图时，首先要识别图纸类型，观察主视图、左视图和俯视图，以理解零、部件投影方向；接着，仔细阅读尺寸标注，识别技术符号，分析部件间的连接方式，了解使用的材料，推断部件功能；最后，综合所有信息形成完整理解，并在遇到不明确之处时及时提问澄清。对于炕几，要特别关注面板、束腰和脚架的形状、尺寸、连接方式和功能，以确保准确理解每个部件的结构和作用。

**1. 面板**

面板作为炕几的主要使用部分，通常由一块较大的芯板以及四条边框（两条长边框和两条短边框）共同组成，主要用于放置各类物品，如图 6-5 所示。四条边框既为芯板提供了有力的防护，又进一步增强了整个炕几的结构稳固性。长边框与短边框在长度上存在明显差异，但它们共同承担着固定芯板和防止其变形的作用。如图 6-5 所示为面板部件图，如图 6-6 所示为芯板零件图，如图 6-7 所示为长边框零件图，如图 6-8 所示为短边框零件图。

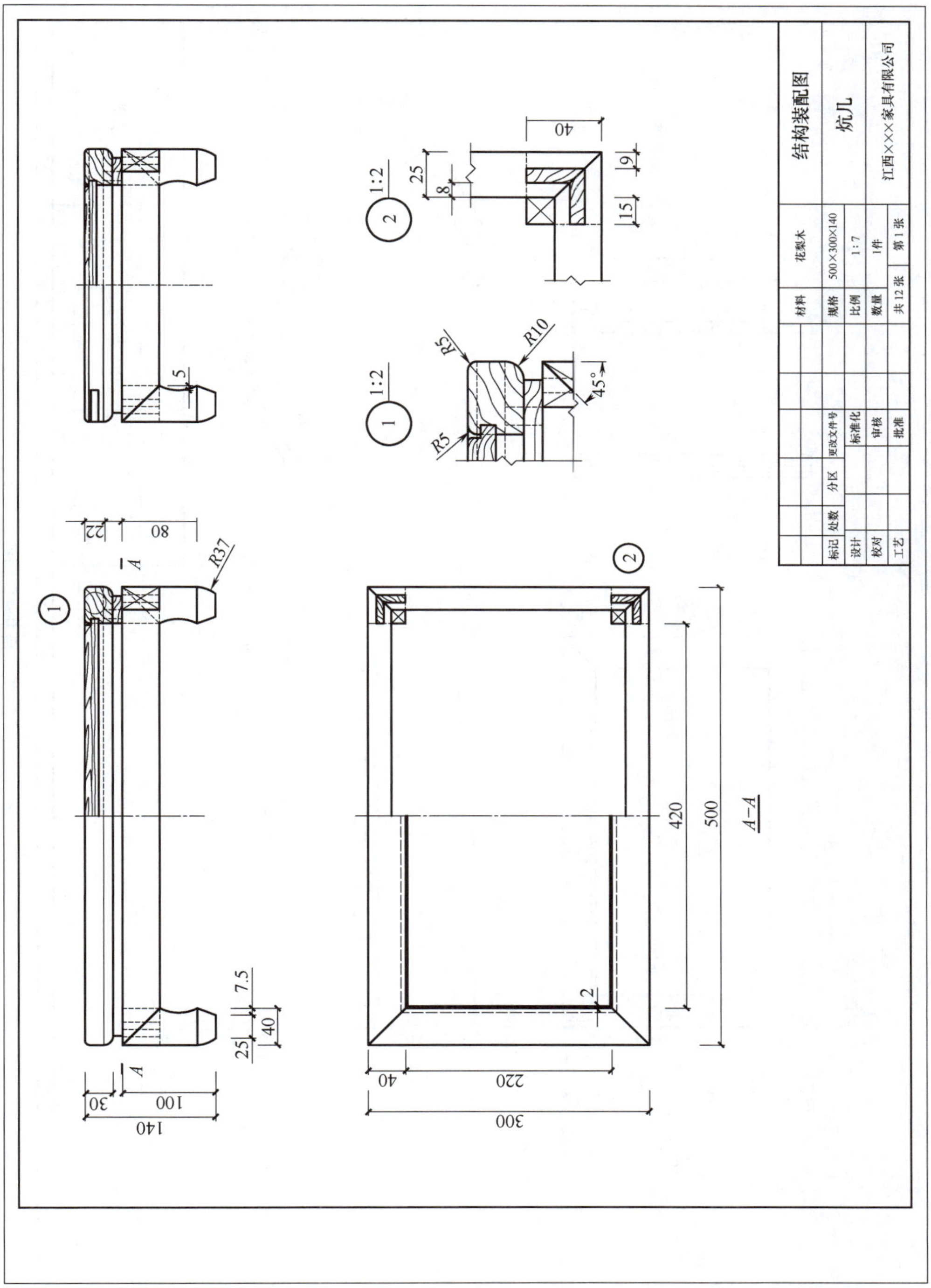
结构装配图
炕几
江西×××家具有限公司
材料 花梨木
规格 500×300×140
比例 1∶7
数量 1件
共12张 第1张
标记 处数 分区 更改文件号
设计 标准化
校对 审核
工艺 批准
A–A
1:2
R37
R10
R5
45°
420
500
300
220
140
100
80

图6-4　炕几结构装配图

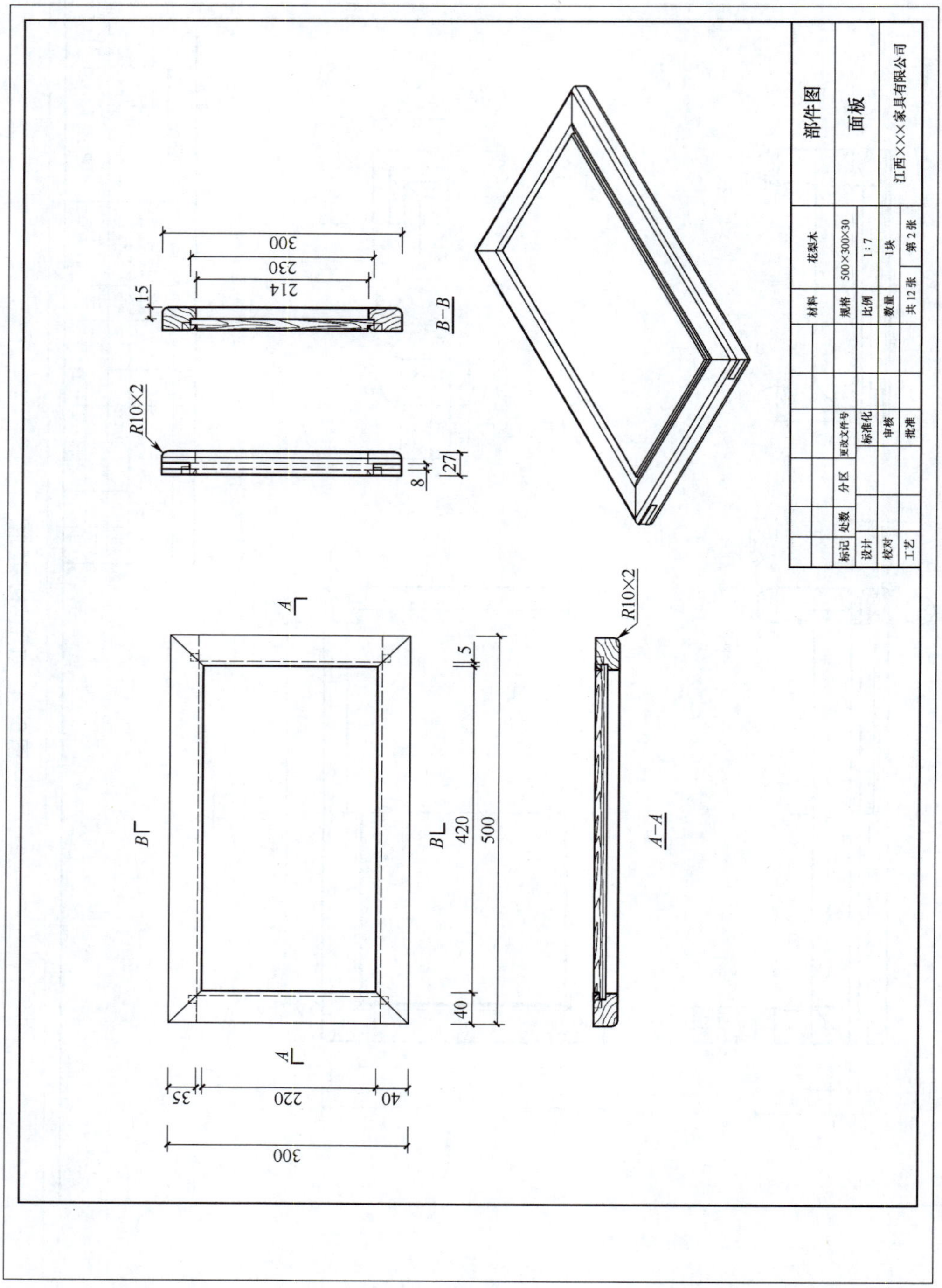
A
B
A
B
300
35
220
40
420
500
5
40
A–A
R10×2
B–B
R10×2
300
230
214
15
8
27
部件图
面板
江西×××家具有限公司
材料
花梨木
规格
500×300×30
比例
1∶7
数量
1块
共 12 张
第 2 张
标记
处数
分区
更改文件号
设计
标准化
校对
审核
工艺
批准

图 6–5　面板部件图

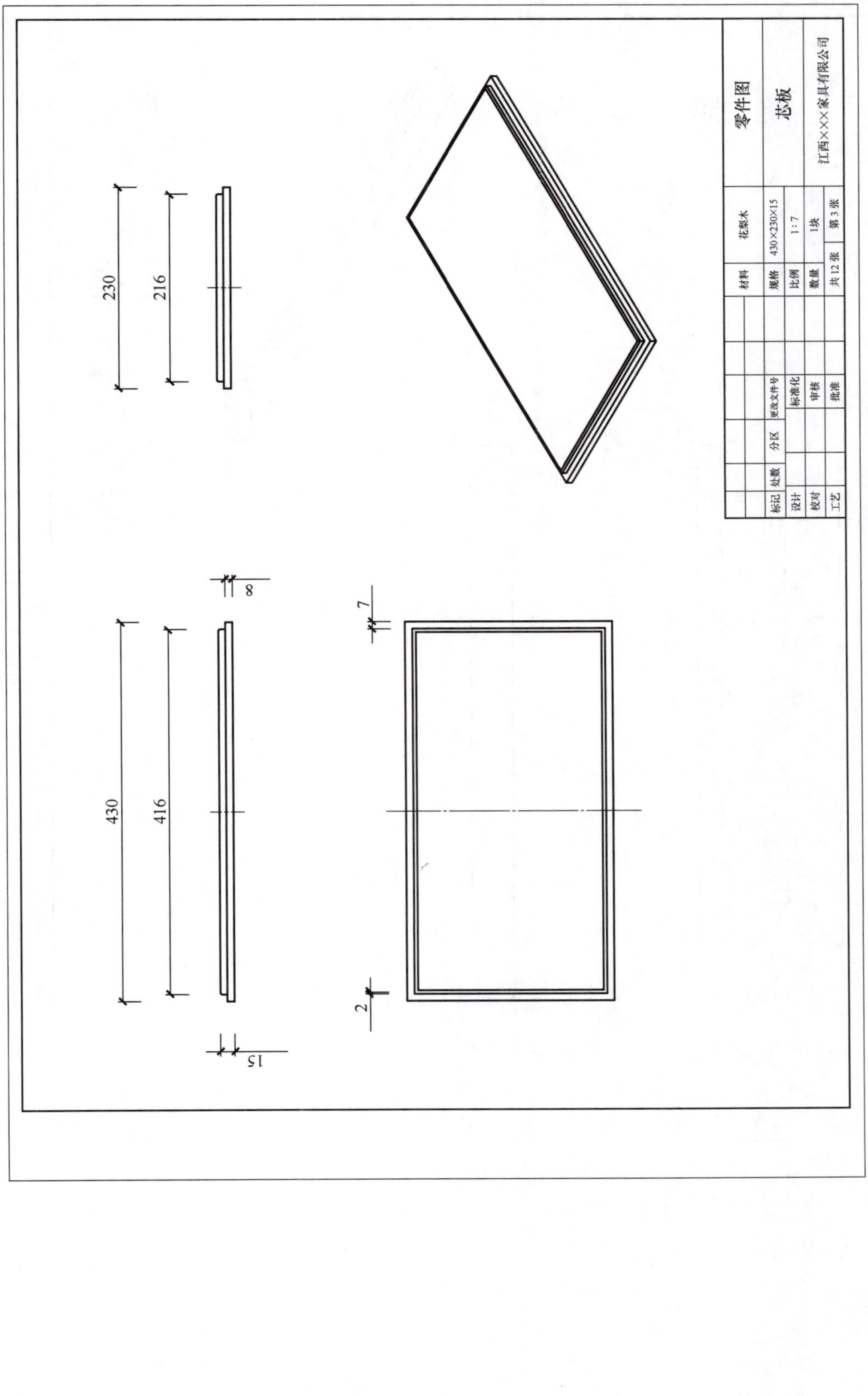
230
216
430
416
8
7
2
15
零件图
芯板
江西×××家具有限公司
材料
花梨木
规格
430×230×15
比例
1∶7
数量
1块
共12张
第3张
标记
处数
分区
更改文件号
设计
标准化
校对
审核
工艺
批准

图6-6　芯板零件图

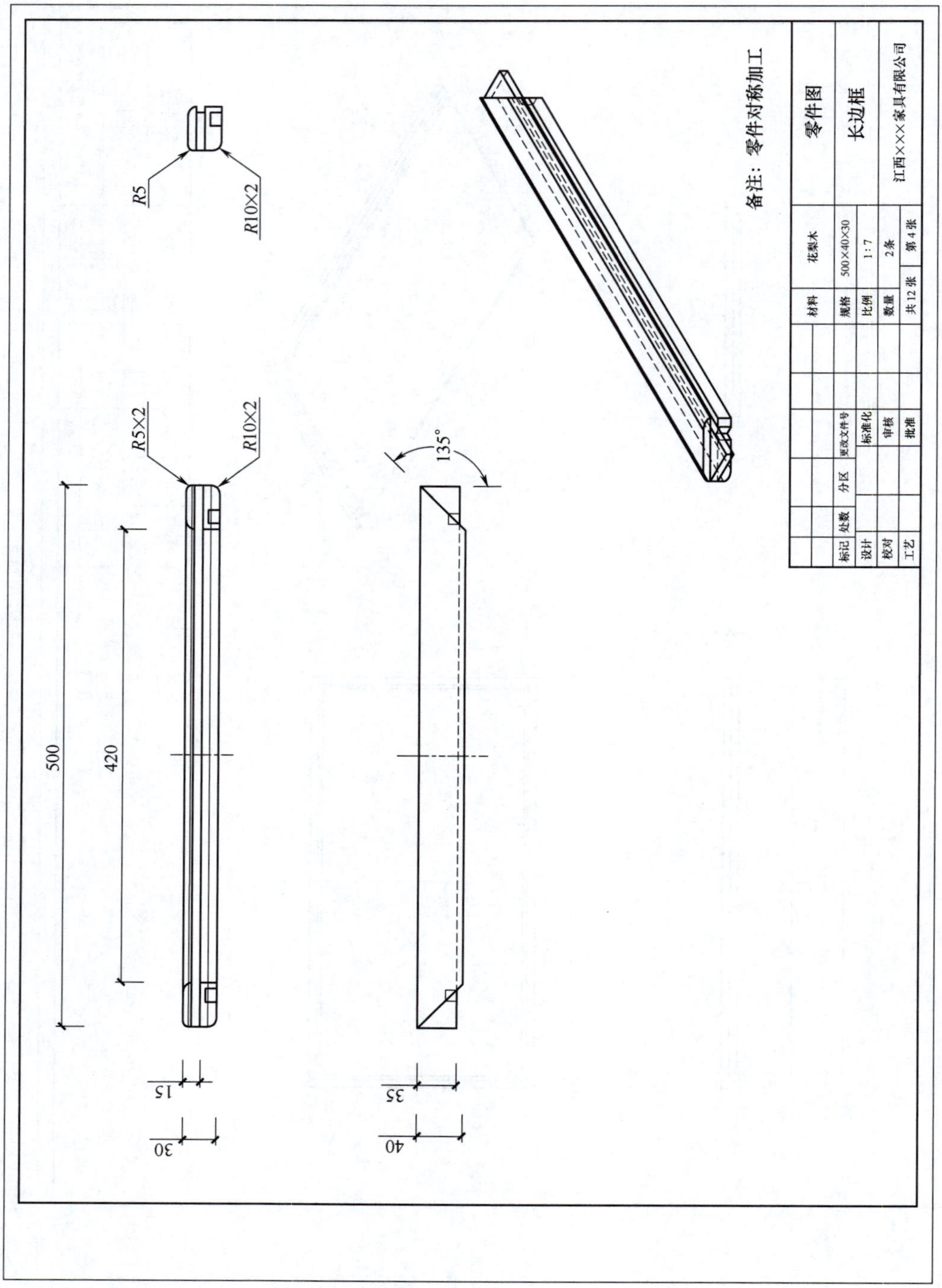
R5
R10×2
R5×2
R10×2
500
420
15
30
135°
35
40
备注：零件对称加工
零件图
长边框
江西×××家具有限公司
材料
花梨木
规格
500×40×30
比例
1:7
数量
2条
共12张
第4张
标记
处数
分区
更改文件号
设计
标准化
校对
审核
工艺
批准

图6-7 长边框零件图

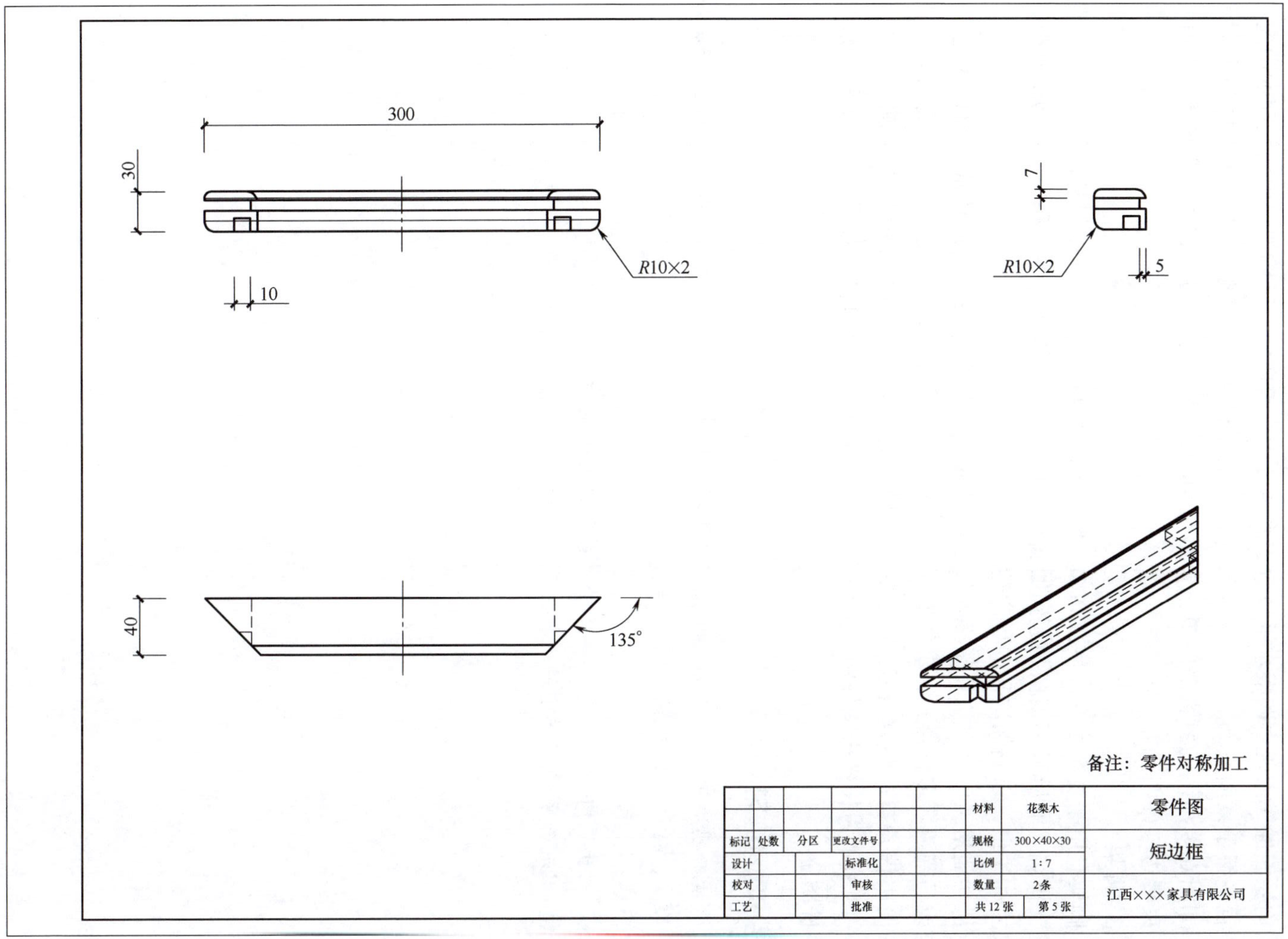
300
30
10
R10×2
7
R10×2
5
40
135°
备注：零件对称加工
材料
花梨木
零件图
标记
处数
分区
更改文件号
规格
300×40×30
短边框
设计
标准化
比例
1∶7
校对
审核
数量
2条
江西×××家具有限公司
工艺
批准
共 12 张
第 5 张

图 6-8　短边框零件图

2. 束腰

束腰是指连接炕几脚架和面板的横向构造。其主要作用是增添炕几的整体美观程度和结构稳固性。束腰由四根水平放置的木条或横木组成，位于脚架与面板之间的中间部位，且平行于桌面底部。束腰、脚架和面板的紧密连接，使整个结构变得更为牢固可靠。如图 6-9 所示为束腰部件图，如图 6-10 所示为长束腰边零件图，如图 6-11 所示为短束腰边零件图。

3. 脚架

脚架是用于支撑炕几的底部结构。脚架通常由四条炕几腿和四根横枨组成，炕几腿负责支撑炕几的质量，横枨则起到加固和稳定的作用。脚架的设计和尺寸要考虑到炕几的尺寸和质量，以确保炕几的稳定性。

从功能角度而言，炕几腿必须具备充足的强度和稳定性，它们通常被设计成直腿、弯腿或马蹄腿等多种形式，本案例为内翻马蹄腿。同时，炕几腿之间可采用榫接合，本案例使用粽角榫，以增强其连接强度和稳定性。如图 6-12 所示为脚架部件图，如图 6-13 所示为长横枨零件图，如图 6-14 所示为短横枨零件图，如图 6-15 所示为炕几腿零件图。

## 巩固练习

识读本模块项目一中炕几的零、部件图（图 6-5 至图 6-15），识别图中的所有视图、尺寸、标注和材料规格。

要求：

① 列出图样中的所有关键尺寸，并解释它们对炕几结构的影响。

② 识别并解释图样中的连接方式、表面处理和装配要求。

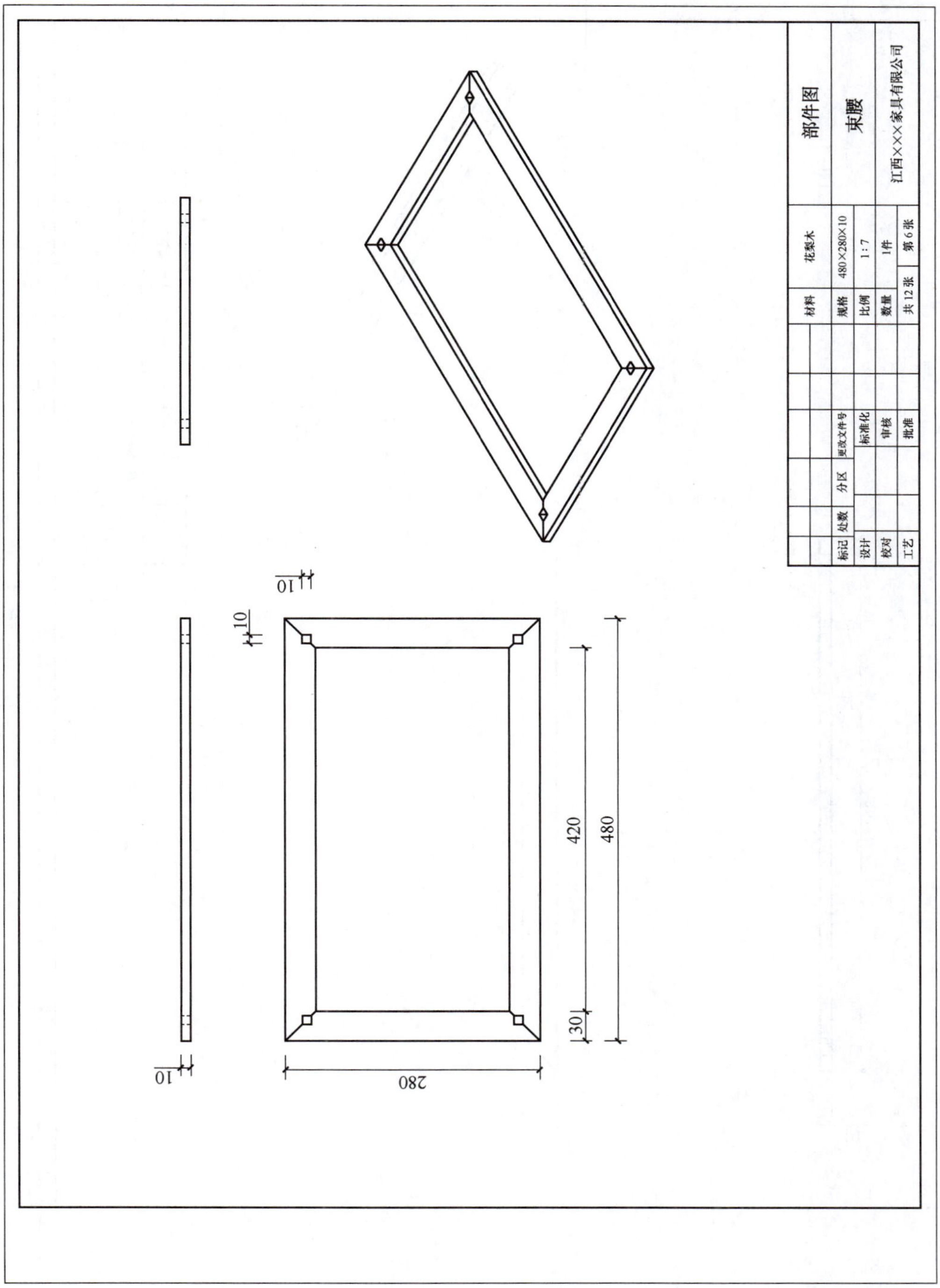
部件图
束腰
江西×××家具有限公司
材料
花梨木
规格
480×280×10
比例
1:7
数量
1件
共12张
第6张
标记
处数
分区
更改文件号
设计
标准化
校对
审核
工艺
批准
10
10
420
480
30
280
10

图6-9　束腰部件图

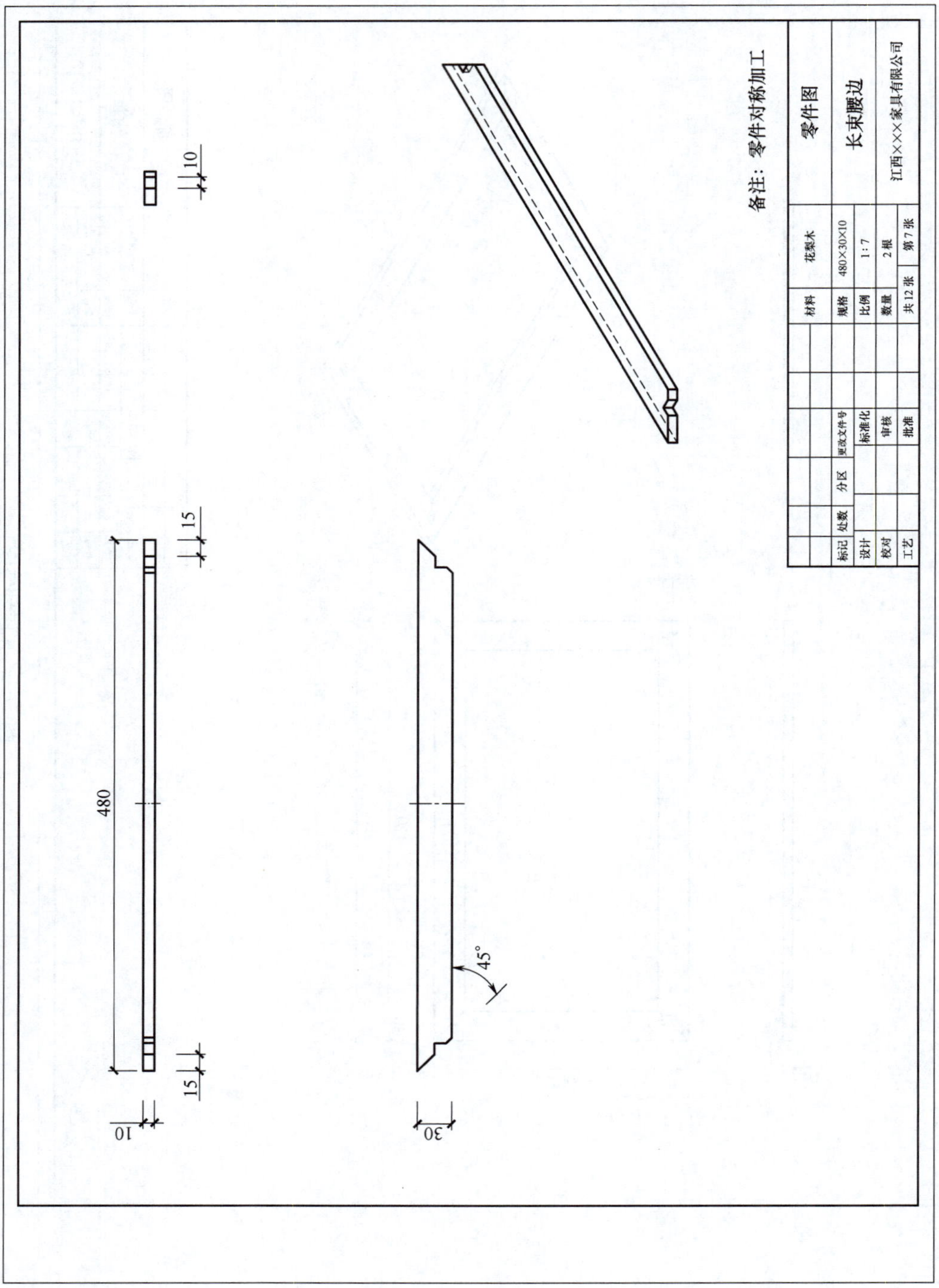


图6-10 长束腰边零件图

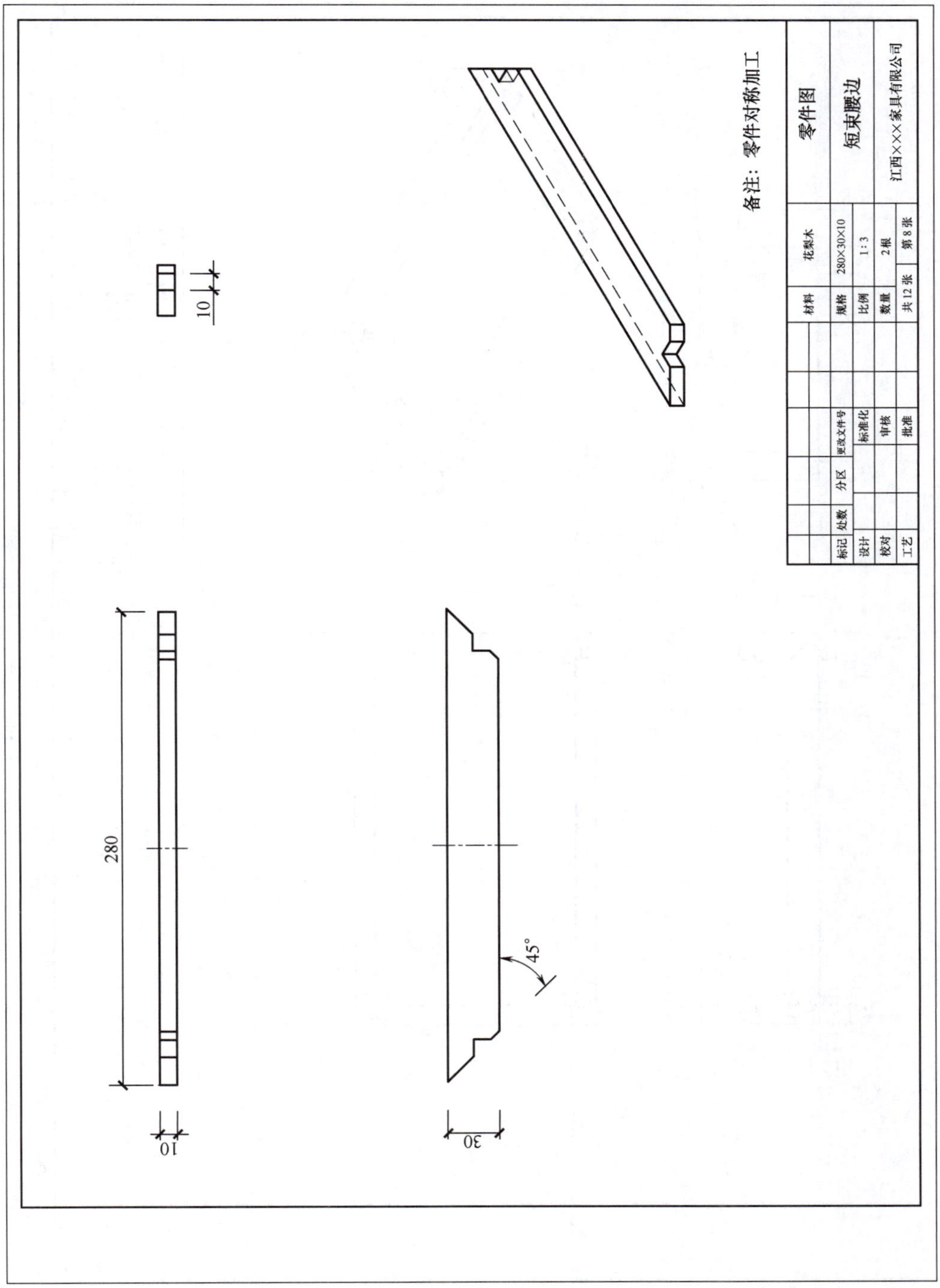


图6-11　短束腰边零件图

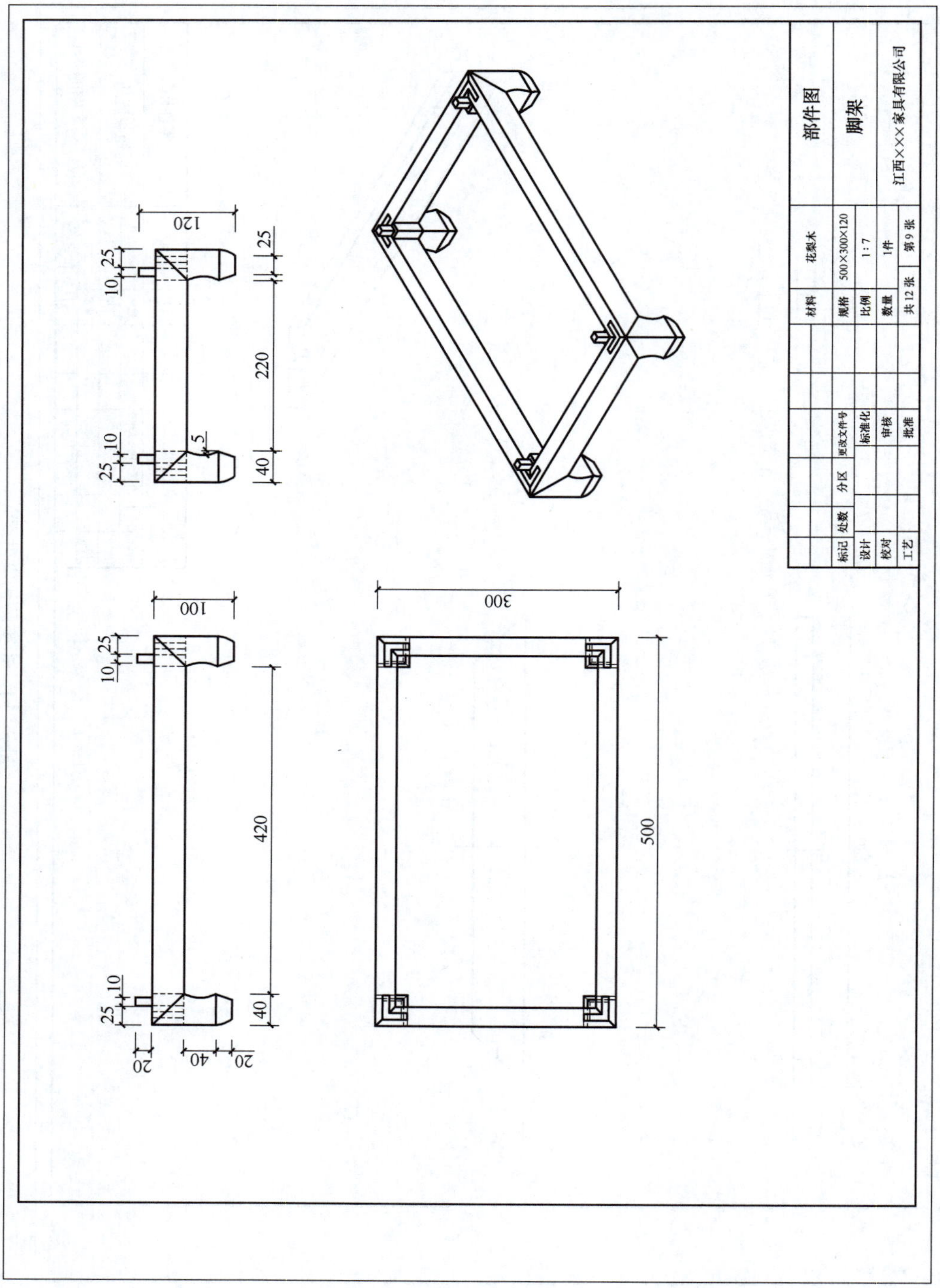
部件图
脚架
江西×××家具有限公司
材料 花梨木
规格 500×300×120
比例 1:7
数量 1件
共12张 第9张
标记 处数 分区 更改文件号
设计 标准化
校对 审核
工艺 批准
120
100
300
500
420
220
40
25
10
5
20

图6-12 脚架部件图

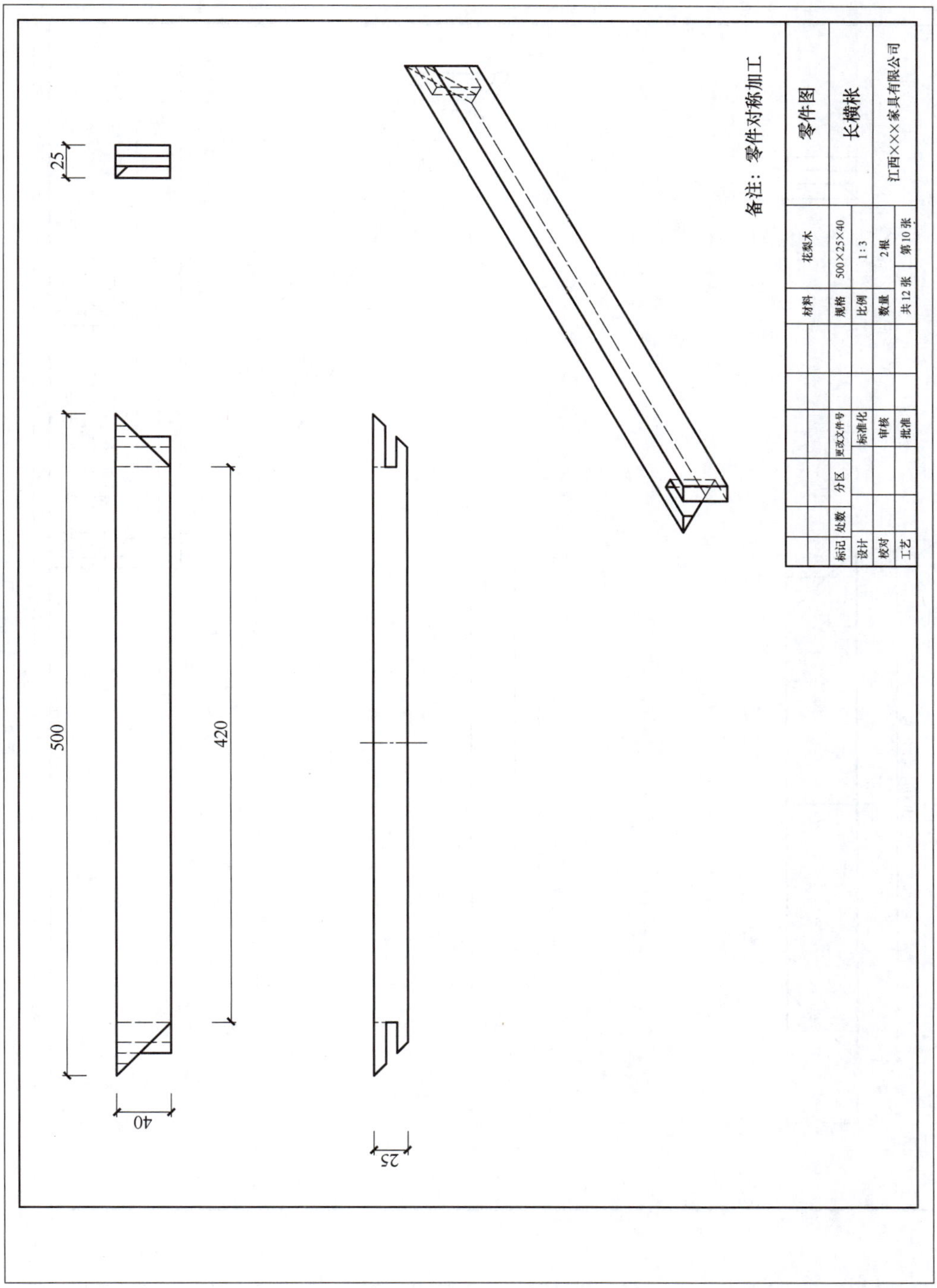
25
500
420
40
25
备注：零件对称加工
零件图
长横枨
江西×××家具有限公司
材料
花梨木
规格
500×25×40
比例
1:3
数量
2根
共12张
第10张
标记
处数
分区
更改文件号
设计
标准化
校对
审核
工艺
批准

图 6-13　长横枨零件图

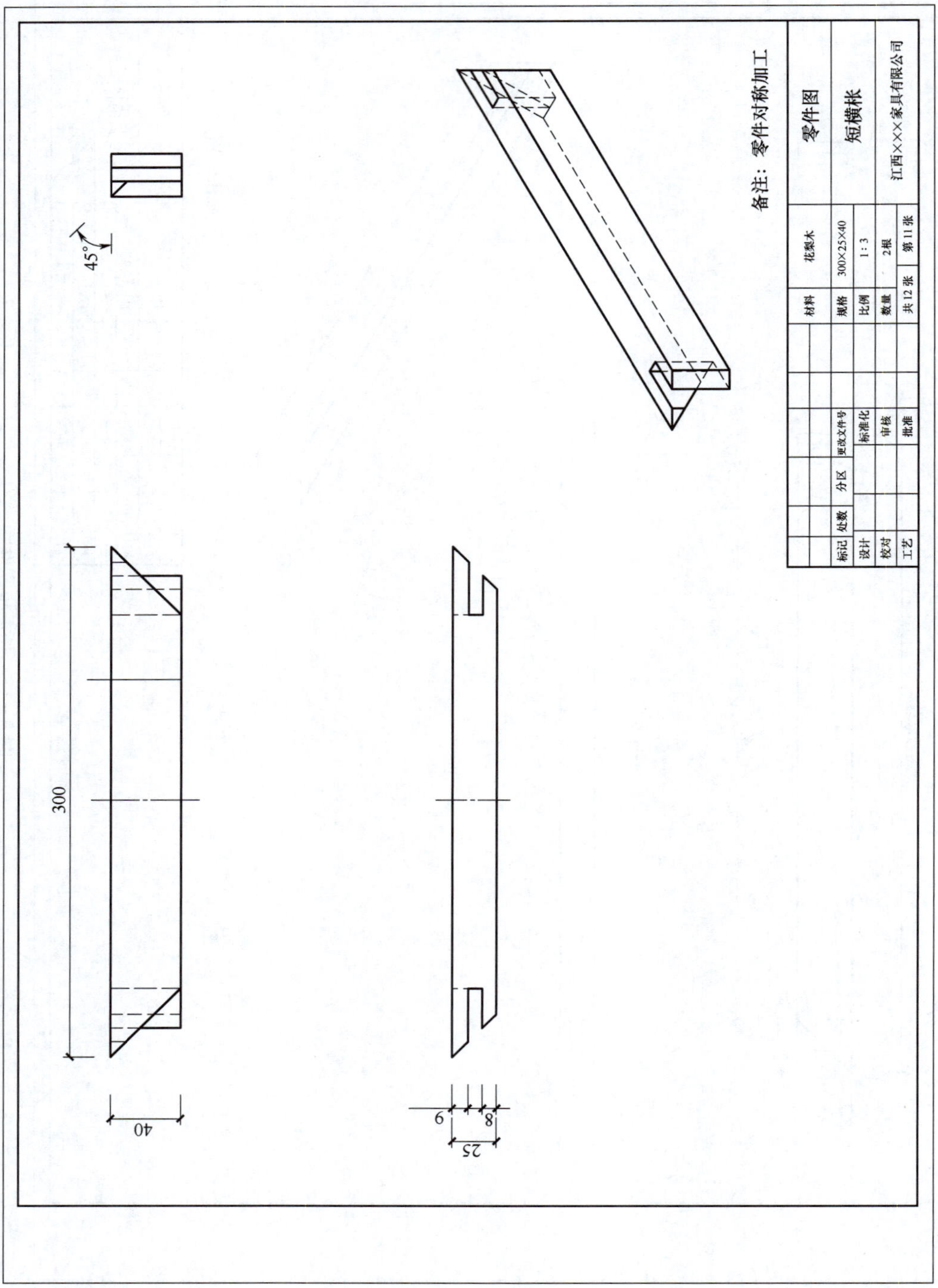

备注：零件对称加工
零件图
短横枨
江西×××家具有限公司
材料 花梨木
规格 300×25×40
比例 1∶3
数量 2根
共12张 第11张
标记 处数 分区 更改文件号
设计 标准化
校对 审核
工艺 批准
300
40
45°
9
8
25


图6-14 短横枨零件图

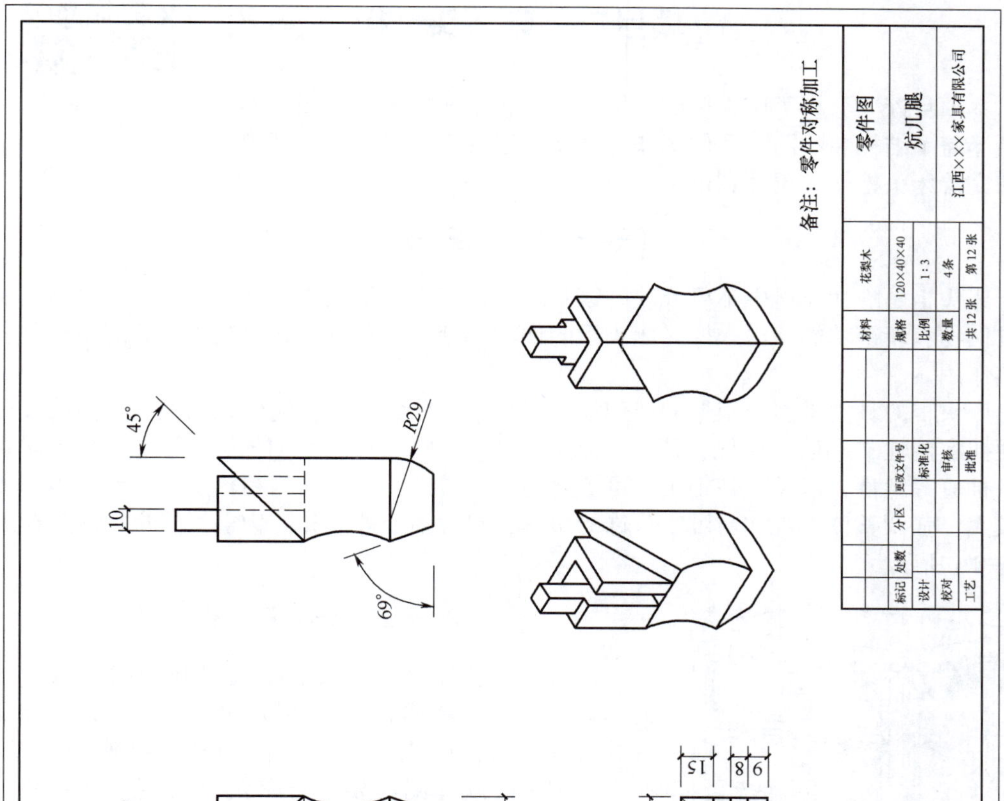

备注：零件对称加工
45°
R29
10
69°
10
25
40
20
20
120
15
8
9
15
8
9
40
材料
花梨木
规格
120×40×40
比例
1∶3
数量
4条
共12张
第12张
零件图
炕几腿
江西××家具有限公司
标记
处数
分区
更改文件号
设计
标准化
校对
审核
工艺
批准


图6-15 炕几腿零件图

床头柜

# 项目二　床　头　柜

本项目深入分析了床头柜的结构组成，包括柜体和抽屉等。生产图纸涵盖了结构装配图、零件图和部件图，以便在设计过程中不断优化和完善床头柜的实用性和审美价值。

## 任务一　床头柜简介

床头柜是现代家居中不可或缺的家具之一，其不仅是板式家具设计的一个缩影，还兼具储物和装饰功能。深入探讨床头柜的设计与结构，对研究其他板式家具的结构具有借鉴作用。

床头柜的种类繁多，根据功能和设计风格，可分为主柜和侧柜。侧柜以其简约设计和便捷实用性，常设于床侧，用于存放日常小物件，包含上部护边、通栏、隐形就餐盘、抽屉等组件，以及下部柜子、可置物门、毛巾架、杂物挂钩和轮子等。而主柜则体积较大，强调整体美观和与卧室装饰的协调，包含多个抽屉和储物空间。常见床头柜如图 6-16 所示。

图 6-16　常见床头柜

## 任务二　连　接　件

连接件的选择对于床头柜的质量和功能有着直接的影响，如三合一连接件、垫片和插销不仅需要有良好的承重能力，还应具有防锈蚀和易于操作的特性。拉手和把手的设计则需要结合美观与实用，确保开启抽屉时的顺畅与舒适。铰链、滑轨、拉手和螺丝等连接件，是确保床头柜发挥功能的关键部分，如高质量的滑轨和铰链可以确保抽屉和门的平稳开合，从而延长家具的使用寿命。本案例中选用的床头柜为侧柜。床头柜连接件清单见表 6-2。

表 6-2　　床头柜连接件清单

| 名称 | 材质 | 规格/mm | 颜色 | 数量 | 选择标准及安装方法 |
|---|---|---|---|---|---|
| 螺杆 | 铁 | $\phi4\times40$ | 彩锌 | 1 个 | 抽屉拉手 |
| 木榫 | 桉木 | $\phi10\times40$ | 本色 | 12 个 | 柜面板，底板与侧板定位 |
| 纤维钉 | 铁 | $\phi4\times40$ | 彩锌 | 14 个 | 柜面加方 |
| 三合一饼 | 铁 | $\phi14$ | 银色 | 4 个 | 抽屉挡条 |
| 三合一杆 | 铁 | 滚花 | 彩锌 | 4 个 | 抽屉挡条 |
| 螺杆 | 铁 | $\phi6\times40$ | 彩锌 | 4 个 | 脚柱 |
| 木牙螺杆 | 铁 | $\phi6\times50$ | 彩锌 | 6 个 | 底板与侧板锁定 |
| 纤维钉 | 铁 | $\phi4\times25$ | 彩锌 | 12 个 | 抽盒 |
| 三节轨 | 铁 | 120 | 黑色 | 1 付 | 抽屉安装 |
| 纤维钉 | 铁 | $\phi4\times14$ | 彩锌 | 16 个 | 导轨锁定 |
| 内六角扳手 | 铁 | $\phi6$ | 彩锌 | 1 个 | 安装工具 |

核准：　　　审核：　　　日期：　　　型号：9525 床头柜

螺杆和木榫用于结构固定与定位，纤维钉可以加强柜面结构，三合一连接件用于抽屉挡条的安装，木牙螺杆可以实现底板与侧板的锁定，而三节轨和纤维钉则用于抽屉的顺畅安装与固定。内六角扳手作为安装工具，方便组装过程。所有连接件需要按照产品拆卸图正确安装，以确保床头柜的稳定性和功能性。

## 任务三 识读床头柜图样

本案例中的床头柜，尺寸为480mm×450mm×480mm。床头柜由侧板、脚柱、面板、底板、背板、抽屉和拉手组成。其中，侧板、面板和底板的厚度为24mm，抽面、四面板（抽屉前板、抽屉后板和抽屉侧板）和抽屉底板的厚度分别为20mm、13mm和8mm，背板的厚度为8mm。床头柜主要用于卧室、宿舍、病房、旅馆等，有助于整理和放置物品。

### （一）产品立体图

#### 1. 整体外观展示

立体图展示了床头柜的整体外观、形状、比例和风格，要关注细节处理、尺寸比例、材料、结构特征、功能考量等，以确保在生产过程中能够精确实现设计意图，满足设计要求和用户需求，如图6-17所示。

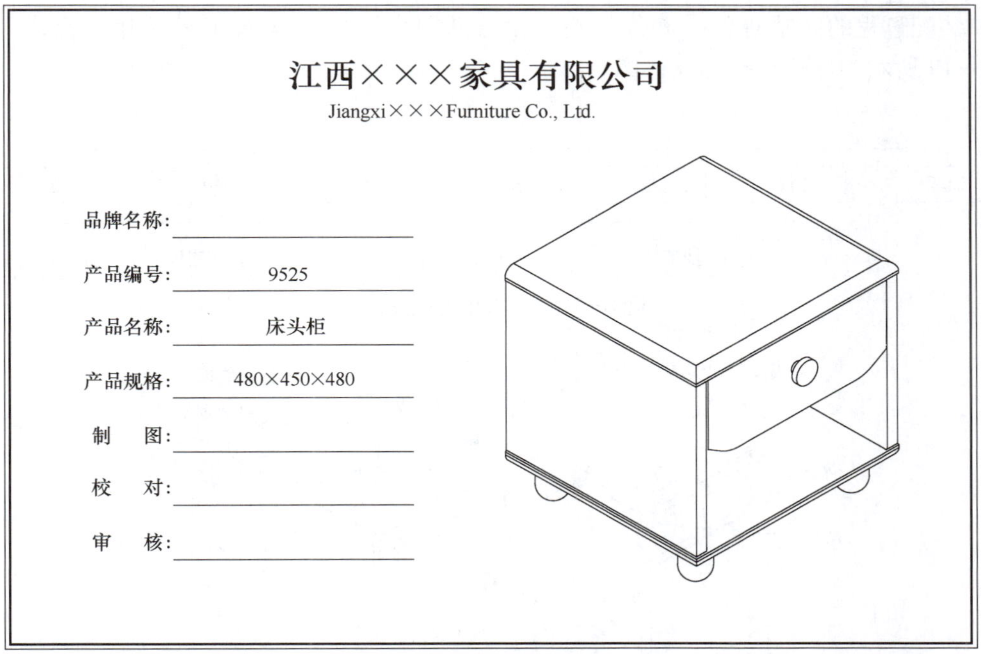


图6-17 床头柜生产图封面

#### 2. 料单

床头柜的料单见表6-3，列出了床头柜的所有零、部件的尺寸、数量和材料，清晰地表达了床头柜的结构和组成部分。

表 6-3　床头柜料单

| 序号 | 名称 | 长×宽×高/mm | 数量/件 | 材料 |
|---|---|---|---|---|
| 1 | 面板 | 480×450×24 | 1 | 橡木 |
| 2 | 侧板 | 448×362×24 | 2 | 橡木 |
| 3 | 底板 | 480×450×24 | 1 | 橡木 |
| 4 | 背板 | 442×376×8 | 1 | 橡木 |
| 5 | 抽面 | 424×178×20 | 1 | 橡木 |
| 6 | 抽下拉条 | 428×58×20 | 1 | 橡木 |
| 7 | 抽屉前板 | 377×95×13 | 1 | 橡木 |
| 8 | 抽屉后板 | 377×77×13 | 1 | 橡木 |
| 9 | 抽屉侧板 | 300×100×13 | 2 | 橡木 |
| 10 | 抽屉底板 | 387×297×8 | 1 | 橡木 |
| 11 | 脚柱 | 60×60×70 | 4 | 橡木 |
| 12 | 拉手 | 50×50×25 | 1 | 橡木 |

## （二）装配图

### 1. 识读床头柜组成部分

床头柜由面板、侧板、底板、背板、抽屉、脚柱和拉手组成，如图 6-18 所示。在识图过程中，我们首先需要理解图面布局，识别各部件和零件，分析它们的装配关系和连接方式，仔细阅读尺寸标注，检查部件定位，并识别关键特征，以形成对整个柜体结构和装配过程的完整理解，确保最终产品在设计、功能和美观上满足用户需求。如图 6-19 所示为床头柜拆卸立体图。

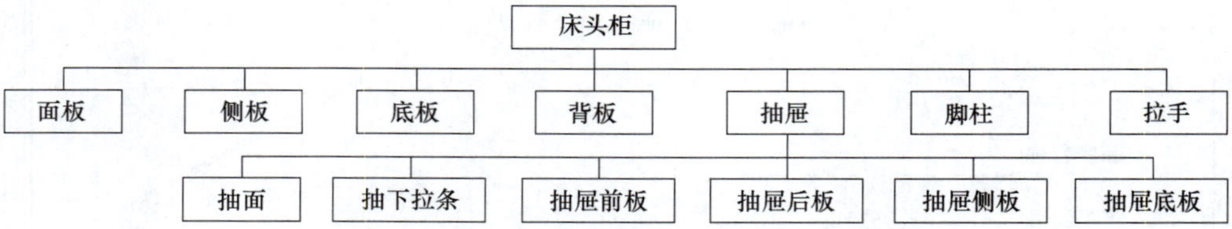


图 6-18　床头柜的组成部分

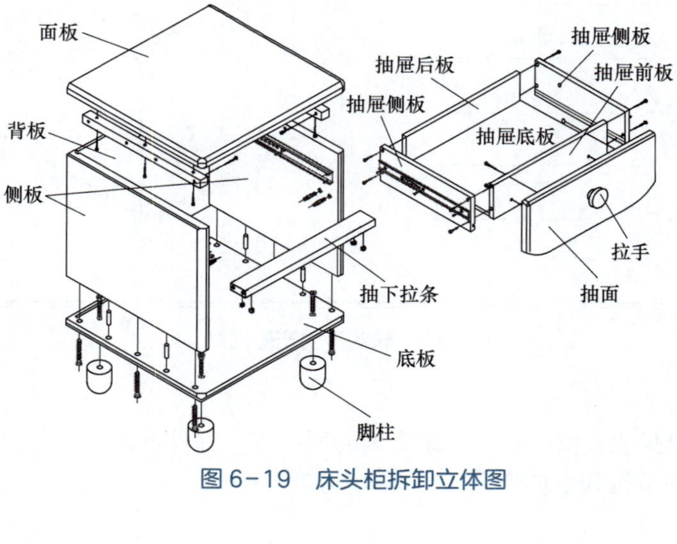


图 6-19　床头柜拆卸立体图

**2. 连接方式**

床头柜常用连接件进行连接，床头柜连接件清单见表 6-2。本案例的连接方式主要是三合一连接件、木榫、螺杆等。床头柜两视图，清晰地表达了床头柜的尺寸、形状，如图 6-20 所示。床头柜结构装配图则主要表达了柜体制作所需的孔位距离尺寸和材料，如图 6-21 所示。

### （三）零、部件图

**1. 面板**

面板位于床头柜的顶部，用于放置物品，也可摆放装饰品，如图 6-22 所示。

**2. 侧板**

侧板也叫旁板，位于床头柜左右两侧，如图 6-23 所示。其与床头柜的其他部件紧密连接，提供支撑和固定作用。侧板是柜体结构的核心，提供了家具的垂直支撑，决定了家具的整体形态。其通过遵循 32mm 系统标准，实现了模块化设计和快速组装。

**3. 底板**

底板是床头柜的底部板材，用于支撑床头柜整体结构，也可以用来存放杂物如图 6-24 所示。

**4. 背板**

如图 6-25 所示，背板位于床头柜背面，用于固定床头柜的各个部分，以增强整个床头柜的结构强度。一般可采用与抽屉相同的板材，如实木、人造板和中纤板等。通常用嵌板槽将其固定在床头柜背面。背板能够增加床头柜的结构稳定性和使用寿命。

**5. 抽屉**

抽屉部件图如图 6-26 所示。其由抽面（图 6-27）、抽下拉条（图 6-28）、抽屉前板（图 6-29）、抽屉后板（图 6-30）、抽屉侧板（图 6-31）、抽屉底板（图 6-32）组成。通常用于存储各种小物件，以增加床头柜的实用性和便利性。

**6. 脚柱**

脚柱零件图如图 6-33 所示。

**7. 拉手**

拉手零件图如图 6-34 所示。

此外，家具图样中还可能包含一些关于细节处理的文字说明，如抽屉滑轨的安装、门板的开启方向和装饰线条的处理等。这些细节往往决定了床头柜的美观程度和使用体验，在生产过程中必须严格按照图纸要求执行。

为了确保生产过程的效率和质量，图纸上还可能标注出关键的制造工艺和检验标准。例如，某些部件可能需要经过特殊的打磨或涂装处理，以达到设计要求的表面效果。检验标准则会明确指出床头柜在出厂前需要通过的各项测试，如承重测试和耐久性测试等。

只有仔细识读并理解家具图样，才能确保每个床头柜都严格按照设计构思制造，从而满足客户的期望和质量标准。

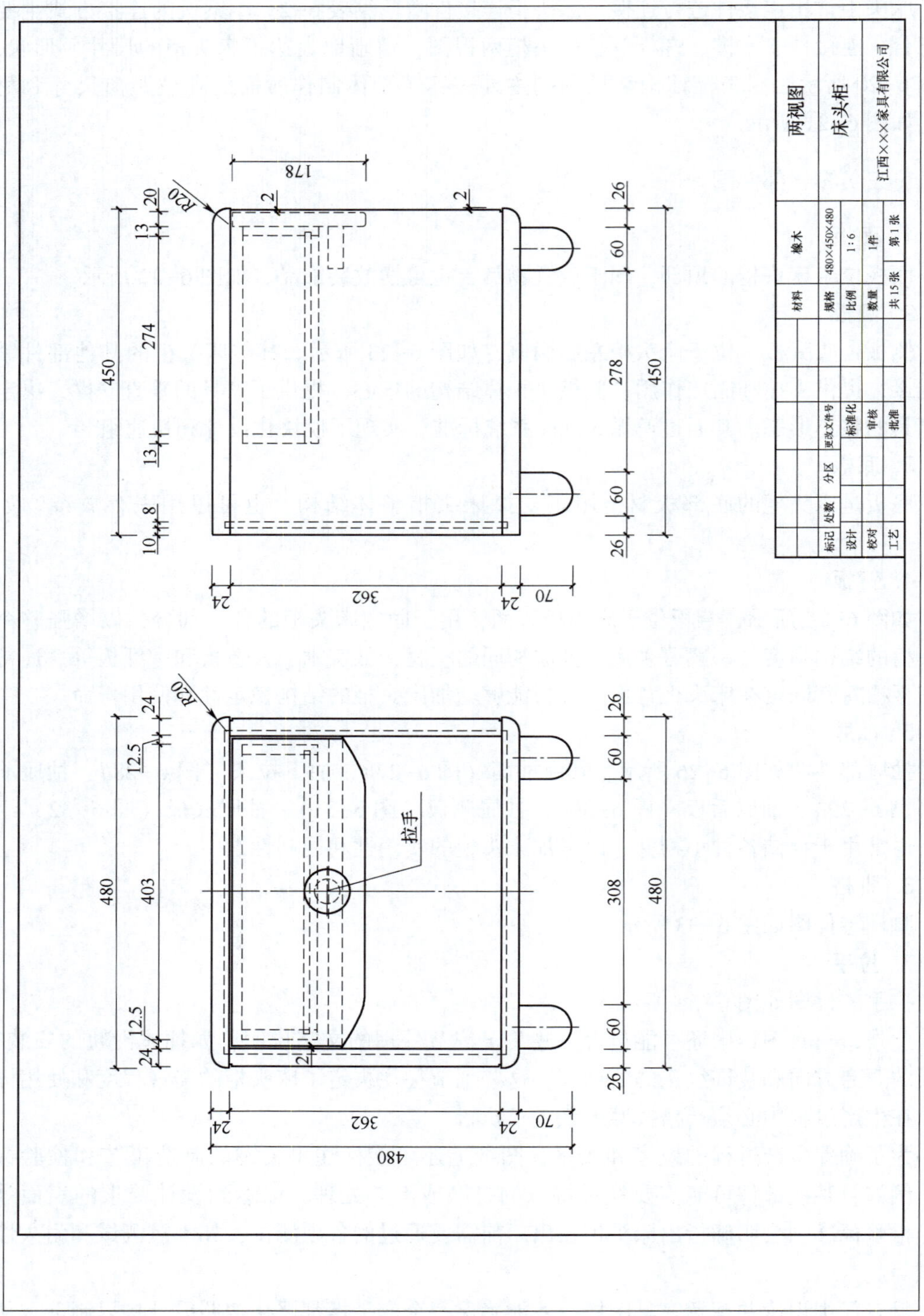
两视图
床头柜
江西××家具有限公司
材料
橡木
规格
480×450×480
比例
1:6
数量
1件
共15张
第1张
标记
处数
分区
更改文件号
标准化
设计
校对
审核
工艺
批准
拉手

图 6-20 床头柜两视图

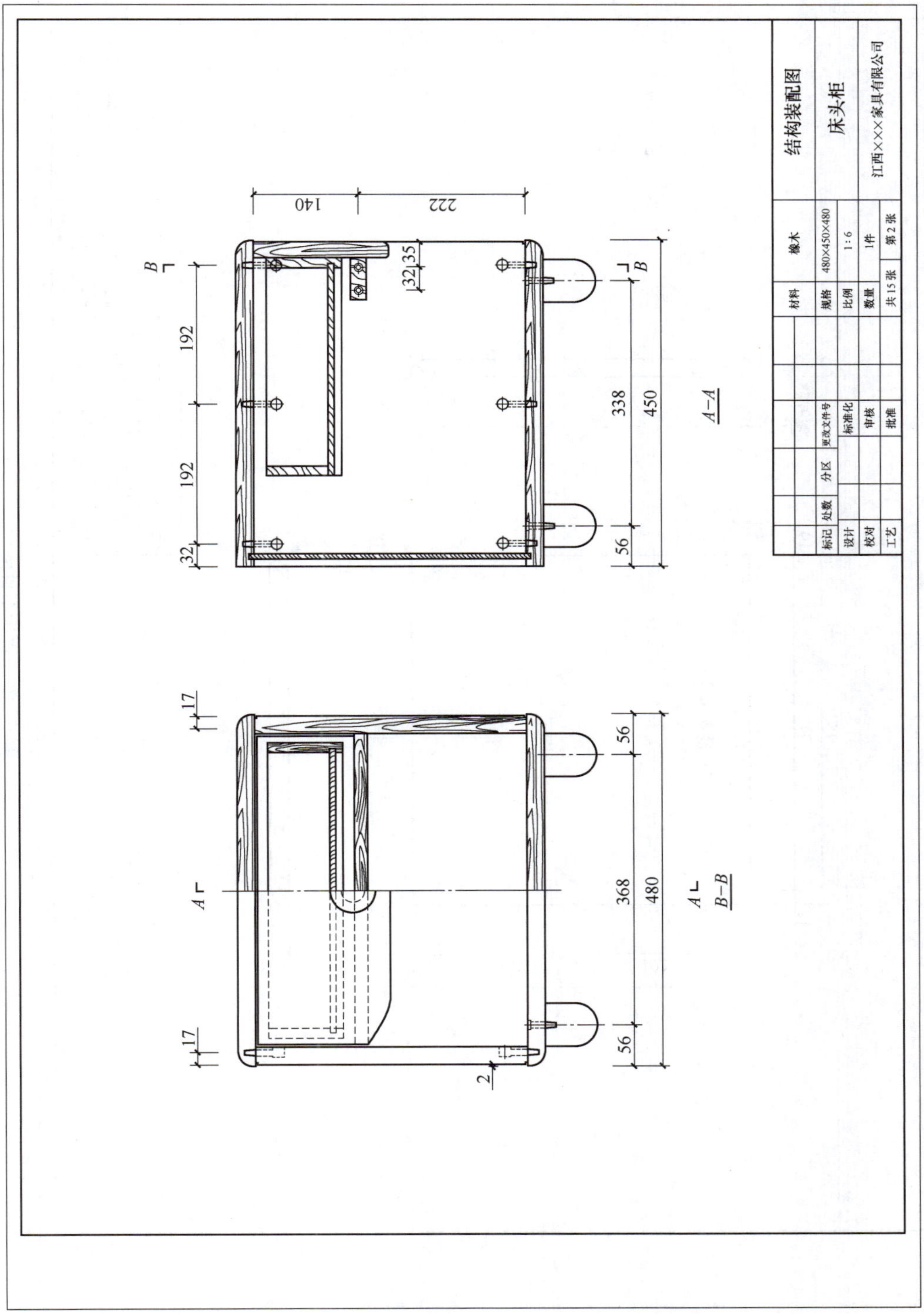


图6-21 床头柜结构装配图

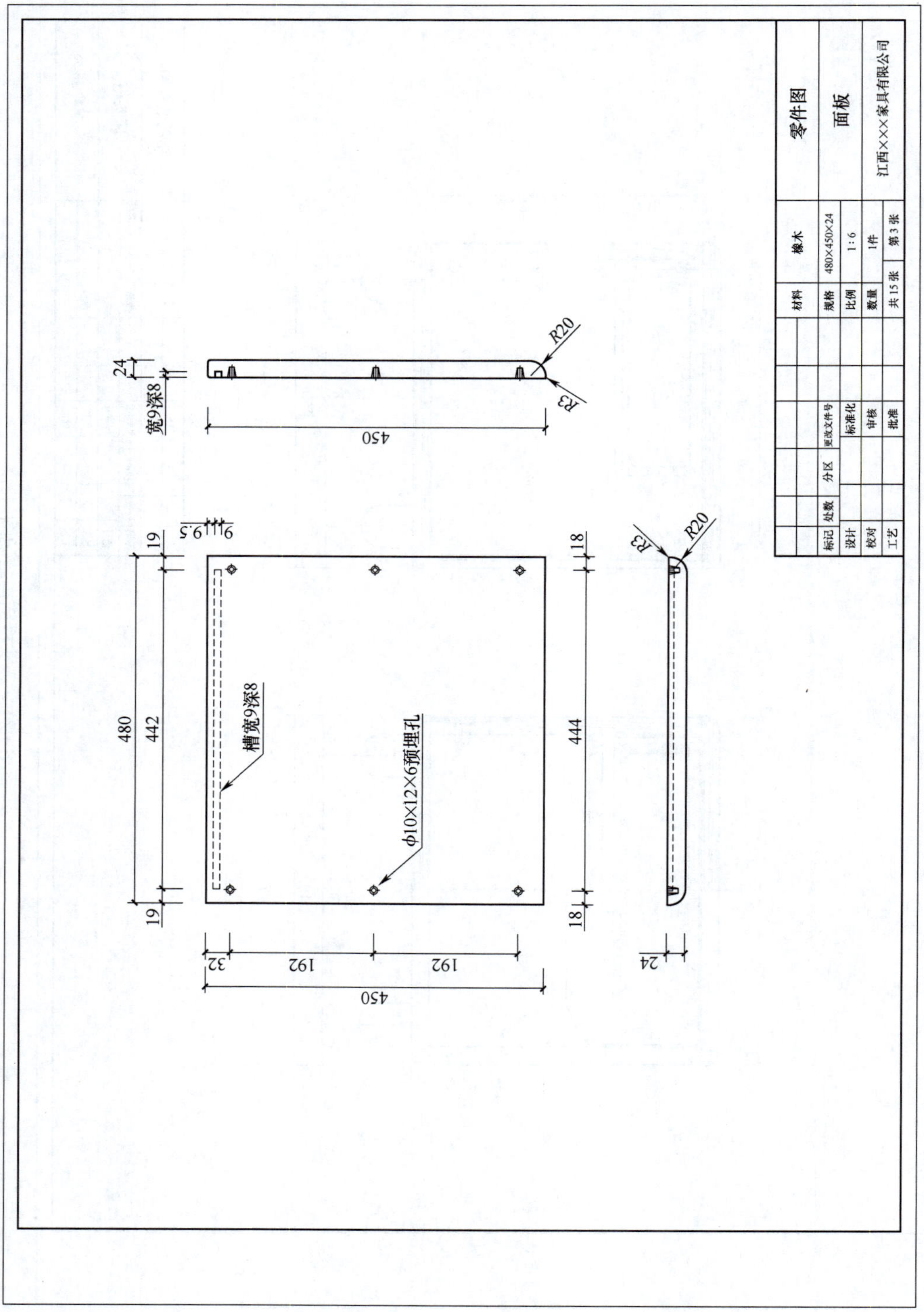
零件图
面板
江西×××家具有限公司
材料
橡木
规格
480×450×24
比例
1:6
数量
1件
共15张
第3张
标记
处数
分区
更改文件号
设计
标准化
校对
审核
工艺
批准
R20
R3
24
宽9深8
450
9
9.5
19
480
442
19
槽宽9深8
φ10×12×6预埋孔
32
192
192
450
18
444
18
R3
R20
24

图6-22 面板零件图

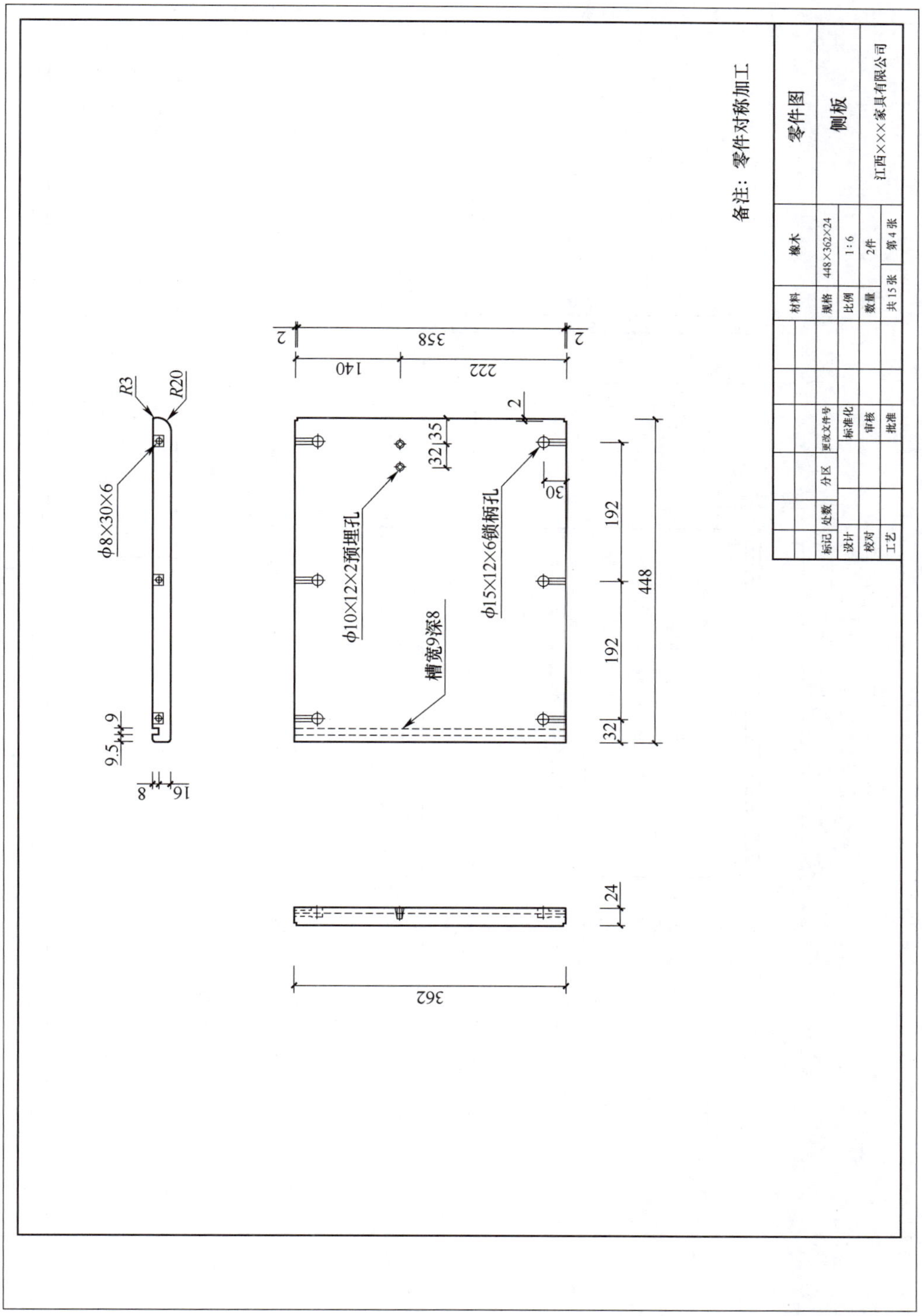
备注：零件对称加工
零件图
侧板
江西×××家具有限公司
材料 橡木
规格 448×362×24
比例 1∶6
数量 2件
共15张 第4张
标记 处数 分区 更改文件号
设计 标准化
校对 审核
工艺 批准
φ8×30×6
R3
R20
φ10×12×2预埋孔
φ15×12×6锁柄孔
槽宽9深8
358
140
222
448
192
192
32
35
30
362
24

图6-23 侧板零件图

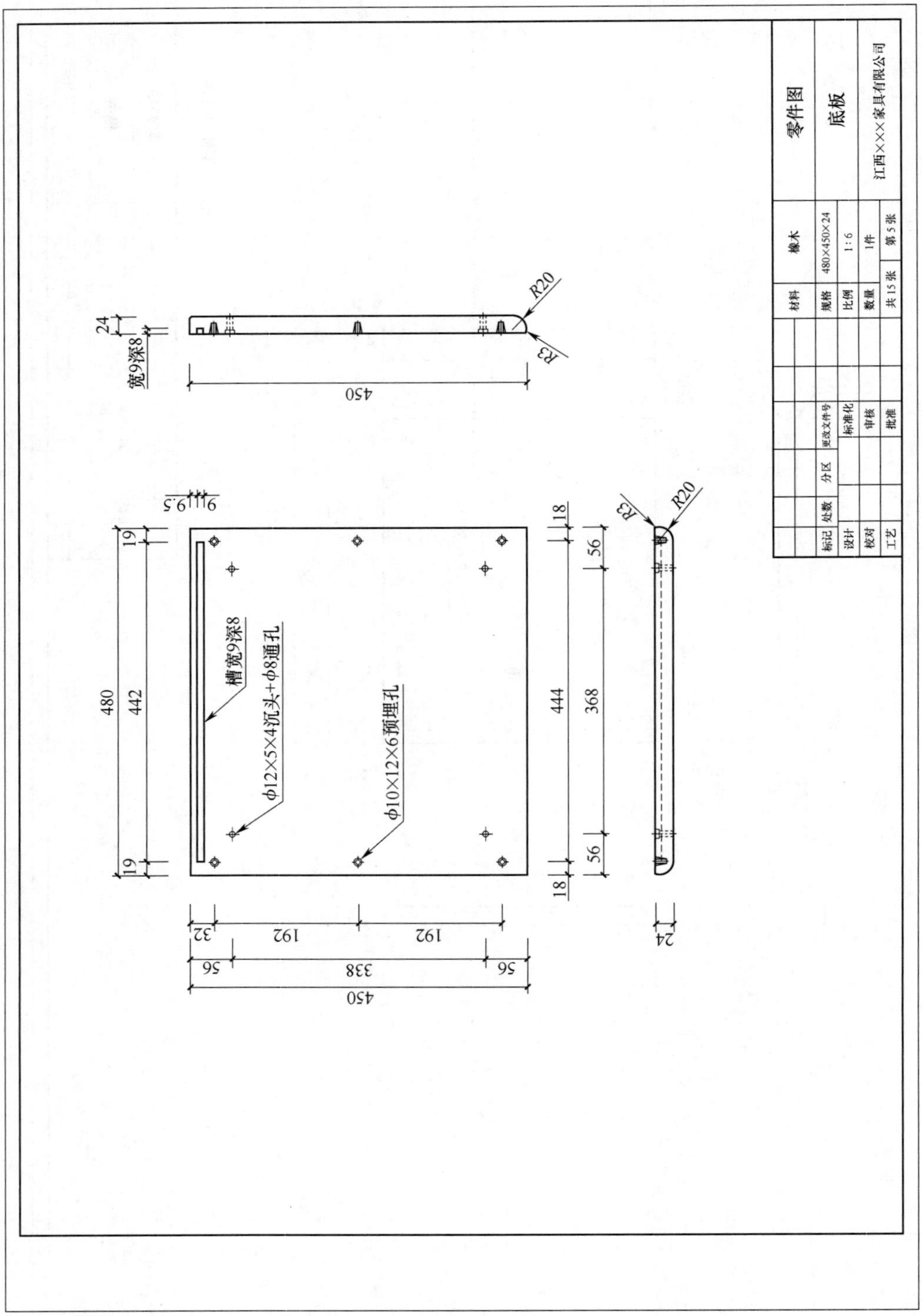
零件图
底板
江西×××家具有限公司
材料
橡木
规格
480×450×24
比例
1:6
数量
1件
共15张
第5张
标记
处数
分区
更改文件号
标准化
设计
校对
审核
工艺
批准
宽9深8
槽宽9深8
ϕ12×5×4沉头+ϕ8通孔
ϕ10×12×6预埋孔
R20
R3
450
480
442
444
368
338
192
56
32
24
19
18
9.5
9

图6-24 底板零件图

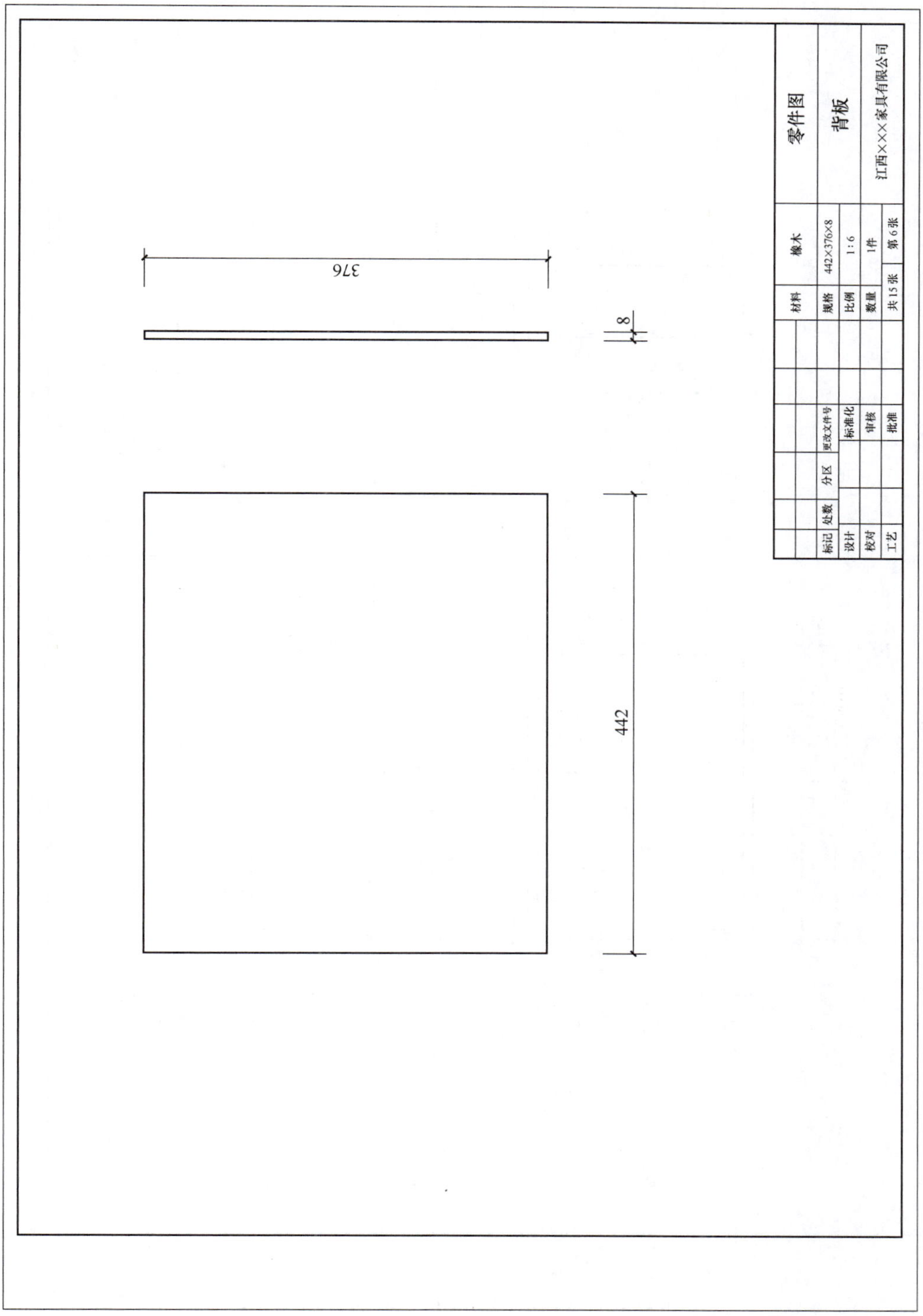
376
8
442
零件图
背板
江西×××家具有限公司
材料
橡木
规格
442×376×8
比例
1∶6
数量
1件
共15张
第6张
标记
处数
分区
更改文件号
设计
标准化
校对
审核
工艺
批准

图6-25　背板零件图

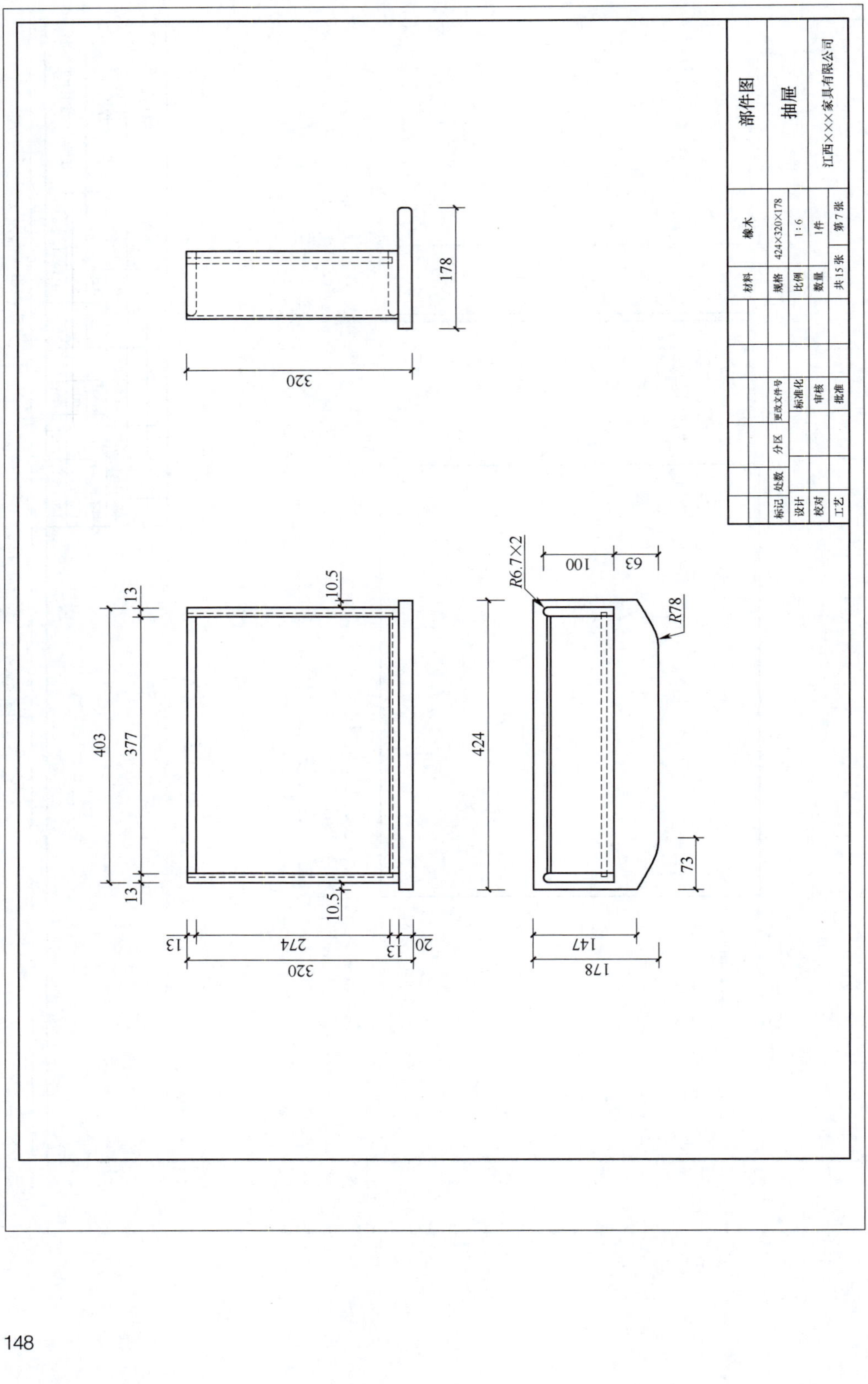
部件图
抽屉
江西×××家具有限公司
材料 榉木
规格 424×320×178
比例 1∶6
数量 1件
共15张 第7张
标记 处数 分区 更改文件号
设计 标准化
校对 审核
工艺 批准
178
320
403
377
13
13
10.5
10.5
13
274
13
20
320
424
R6.7×2
100
63
R78
73
147
178

图6-26 抽屉部件图

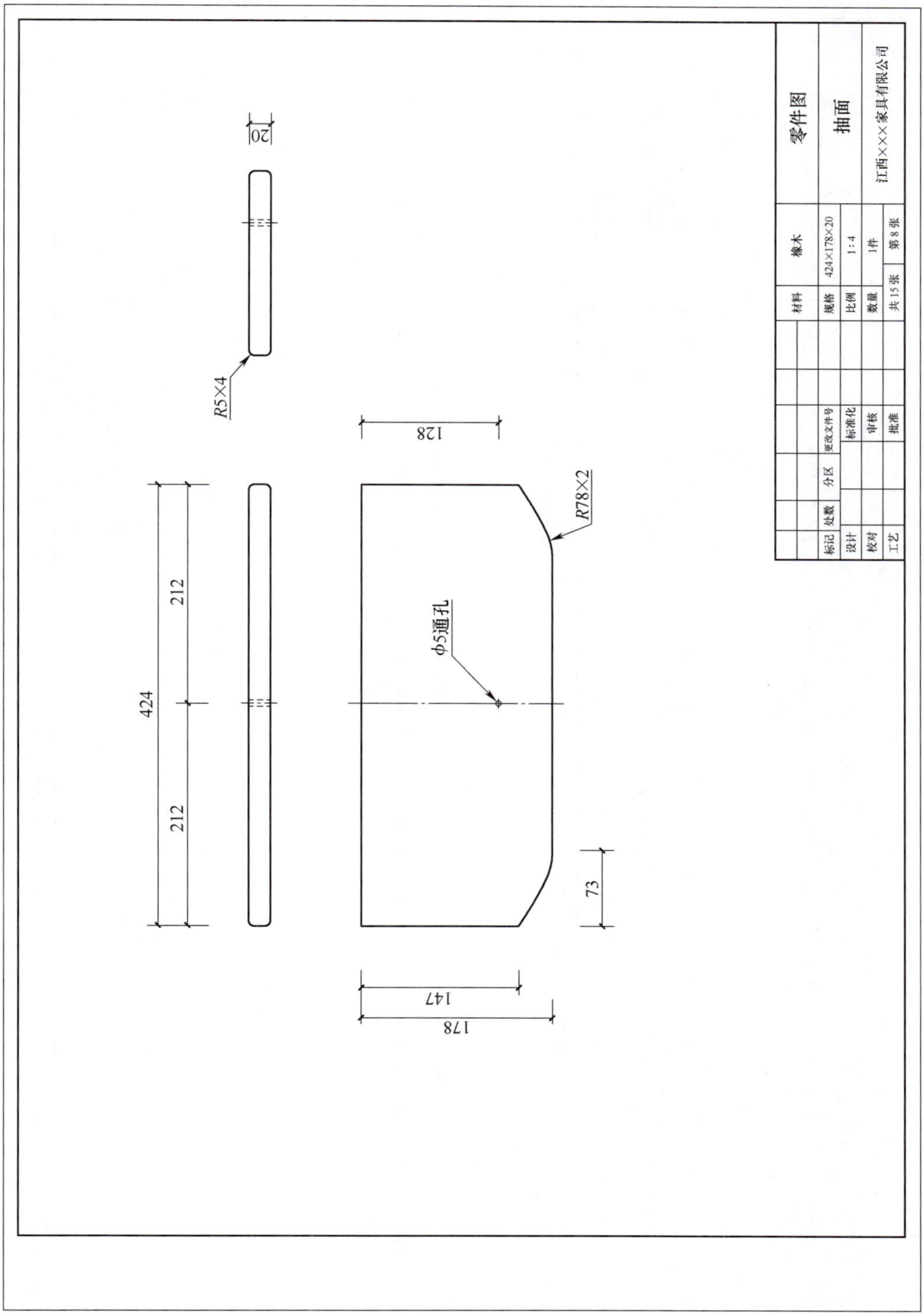
零件图
抽面
江西×××家具有限公司
材料
橡木
规格
424×178×20
比例
1:4
数量
1件
共15张
第8张
标记
处数
分区
更改文件号
设计
标准化
校对
审核
工艺
批准
20
R5×4
128
R78×2
424
212
212
ϕ5通孔
73
147
178

图 6-27　抽面零件图

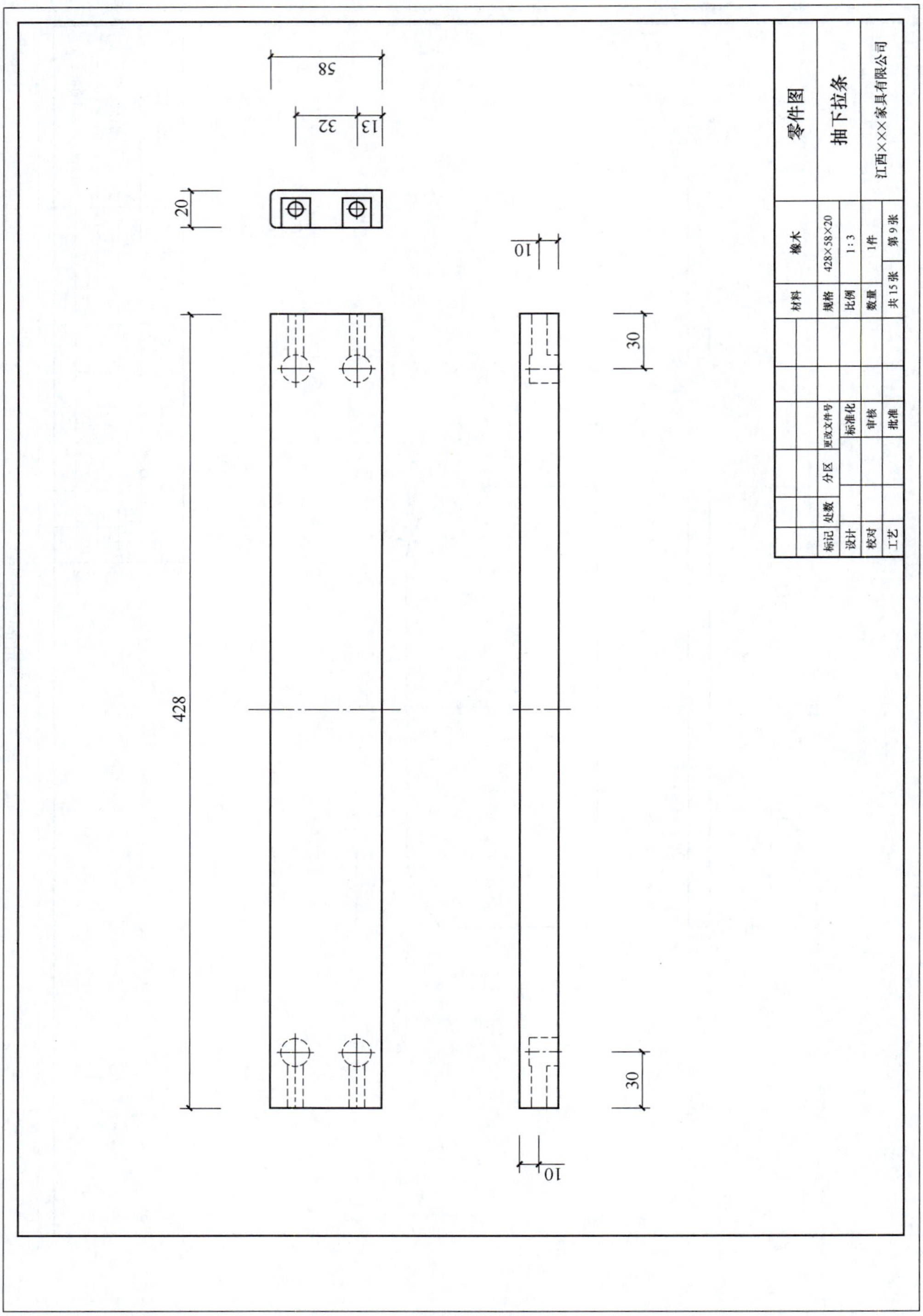


图6-28　抽下拉条零件图

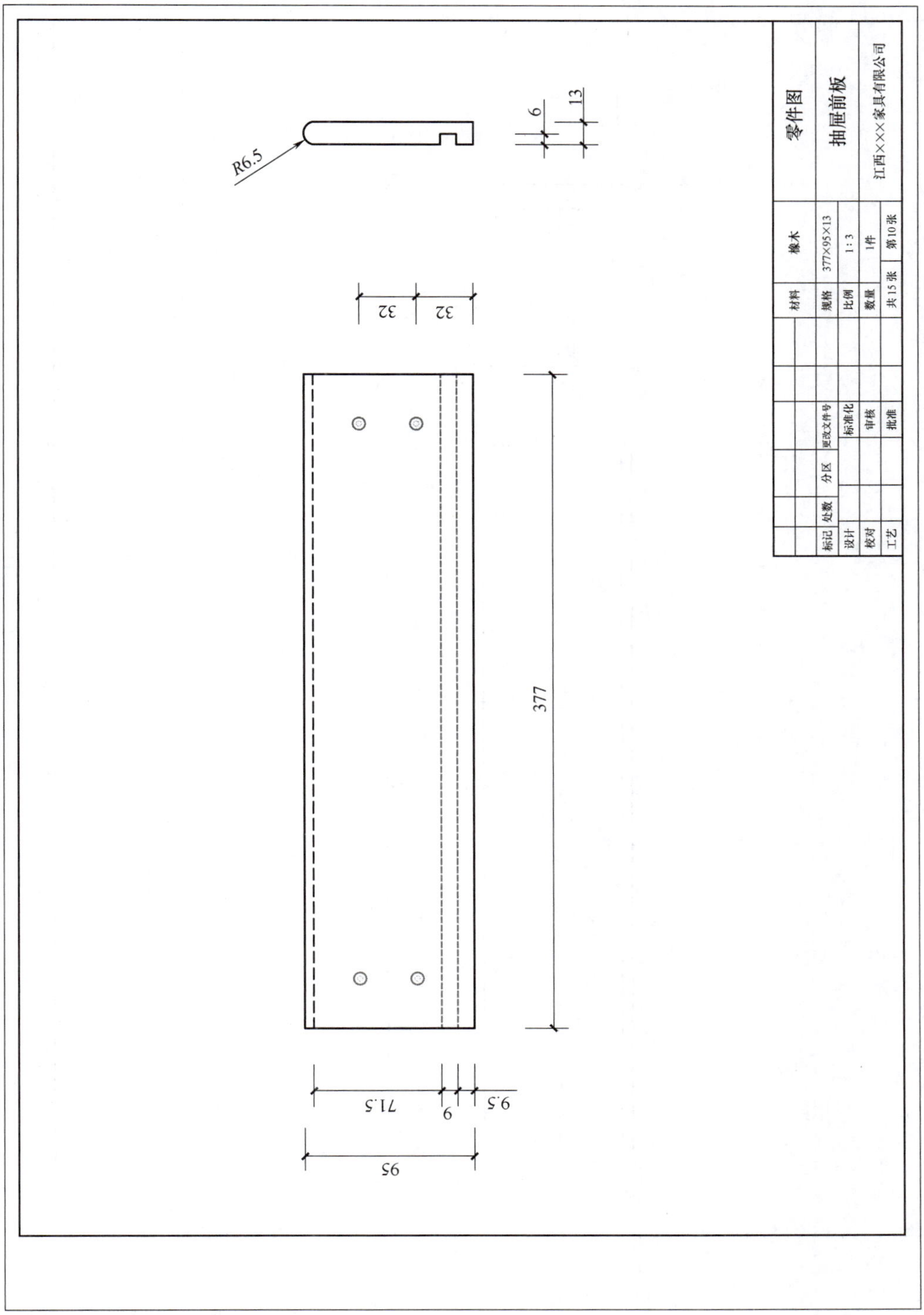


图6-29　抽屉前板零件图

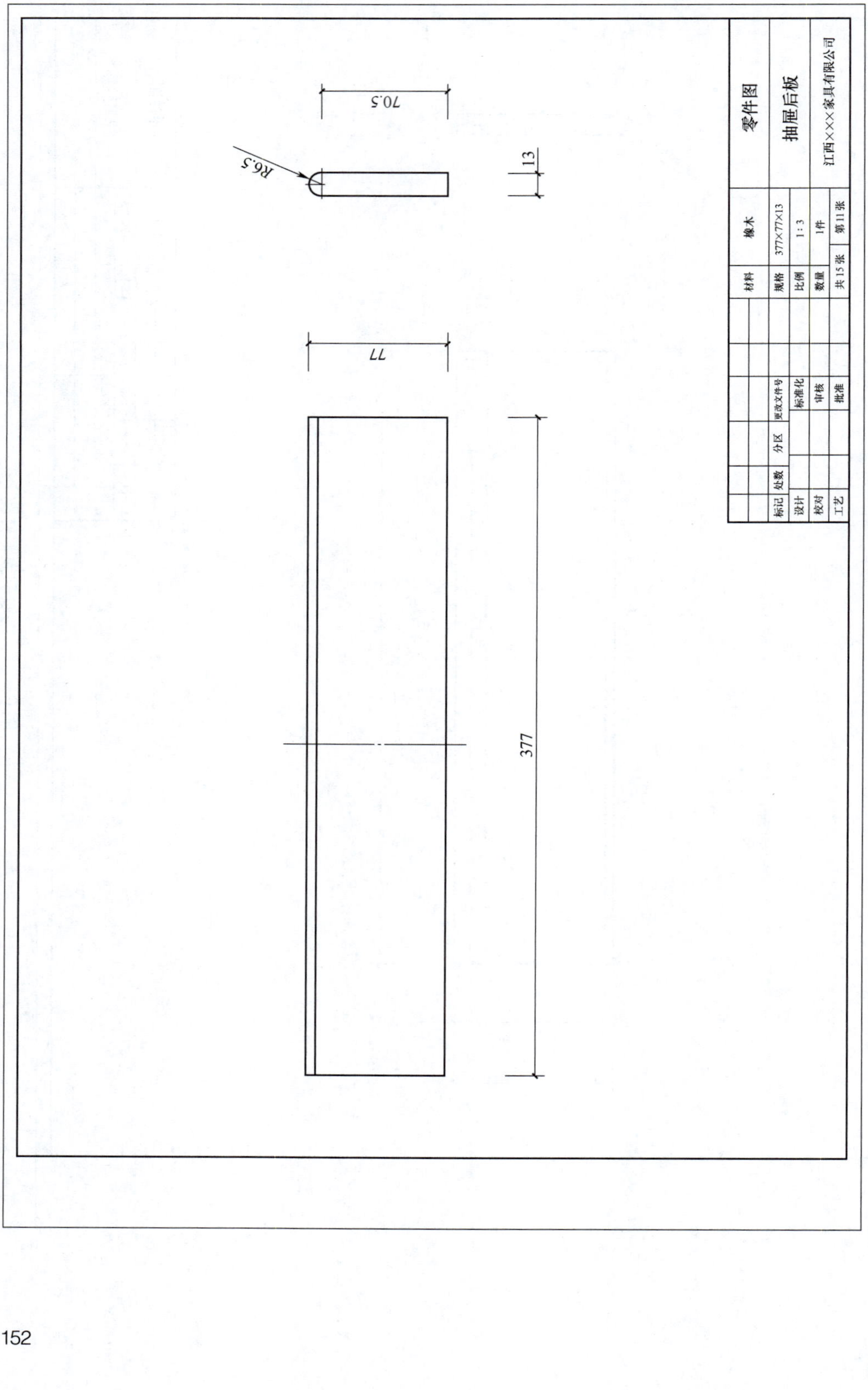


图 6-30 抽屉后板零件图

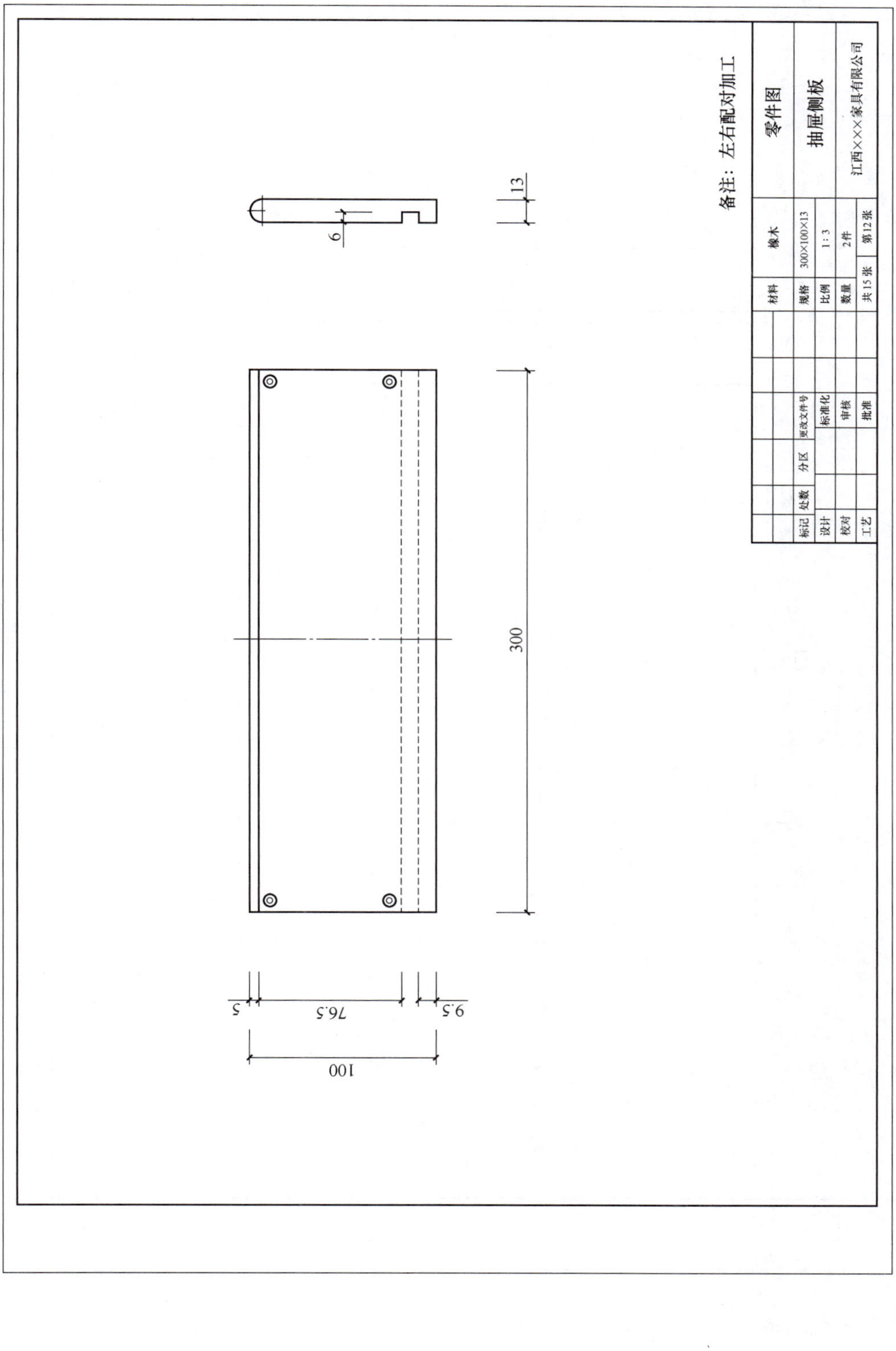


图 6-31　抽屉侧板零件图

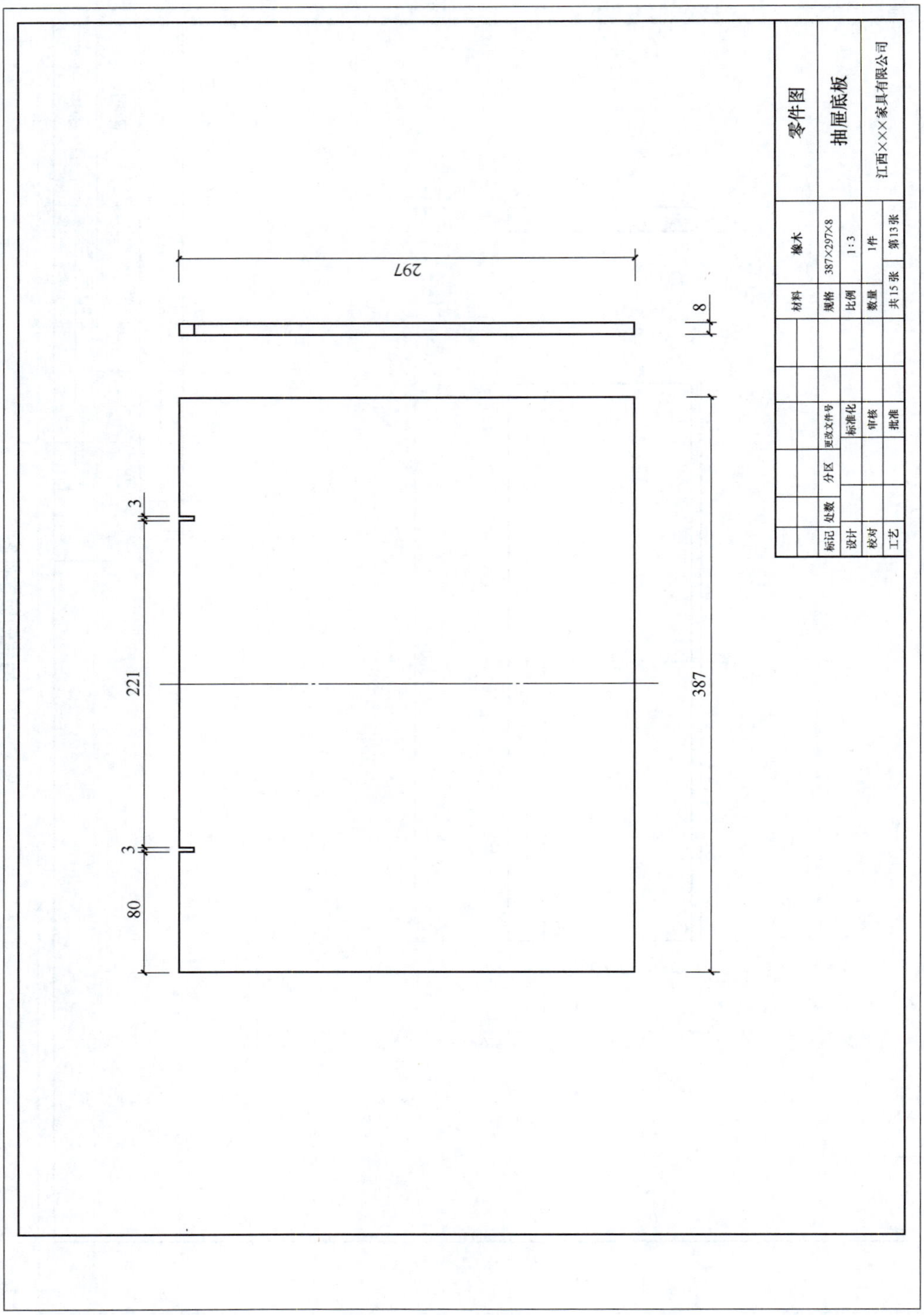


图6-32 抽屉底板零件图

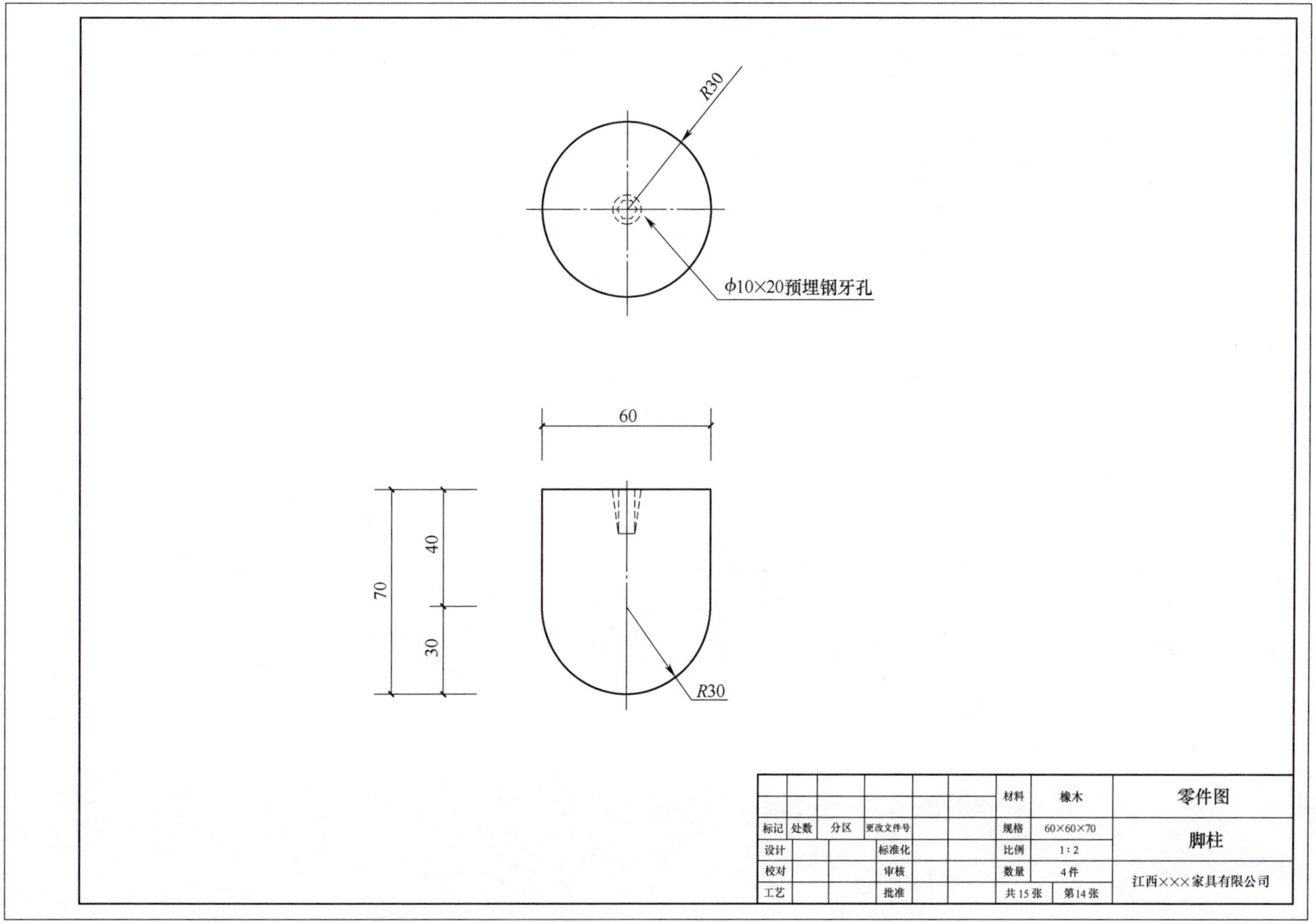
R30
ϕ10×20预埋钢牙孔
60
70
40
30
R30
材料
橡木
零件图
标记
处数
分区
更改文件号
规格
60×60×70
脚柱
设计
标准化
比例
1∶2
校对
审核
数量
4件
江西×××家具有限公司
工艺
批准
共15张
第14张

图6-33　脚柱零件图

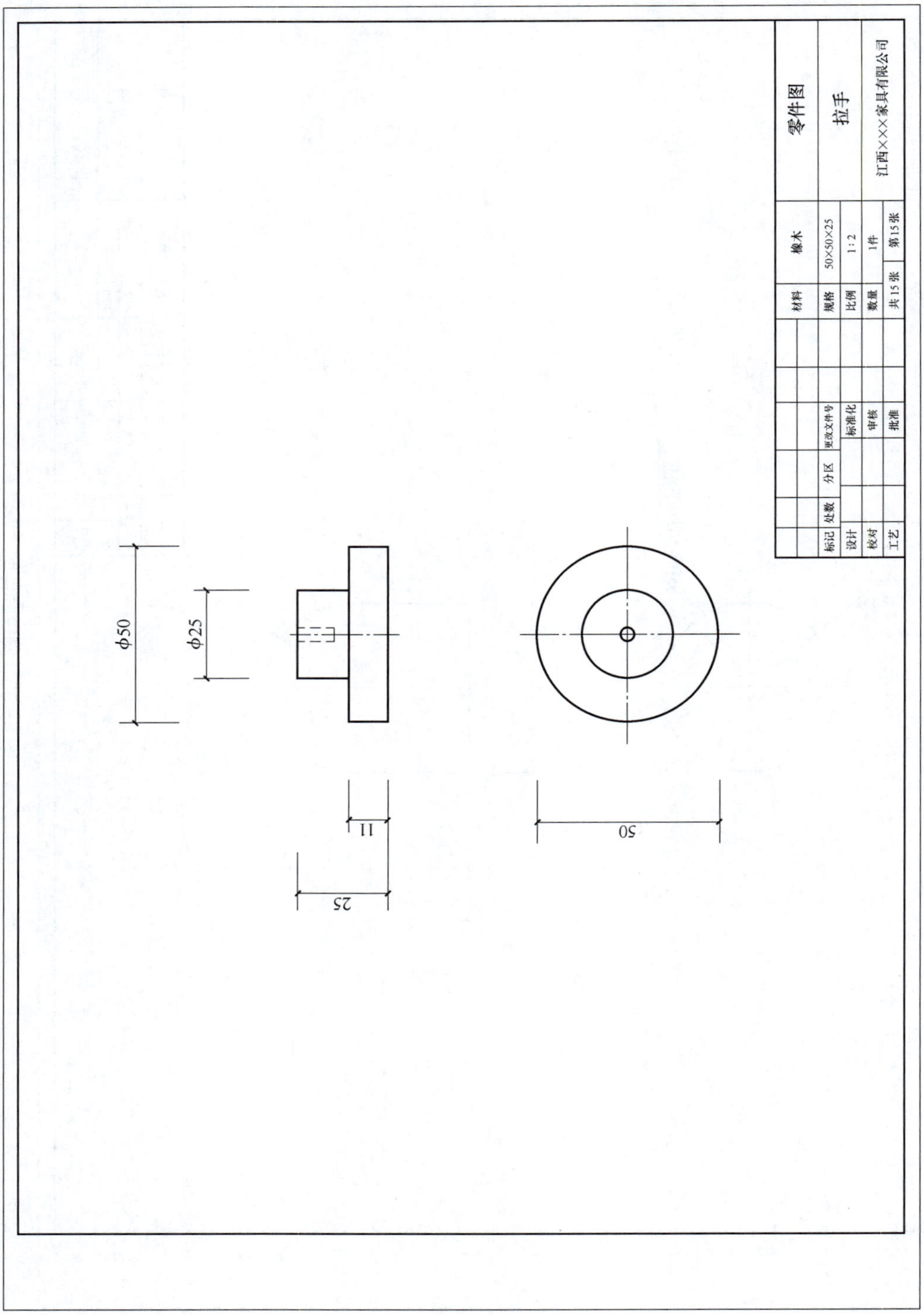
零件图
拉手
江西×××家具有限公司
材料
橡木
规格
50×50×25
比例
1:2
数量
1件
共15张
第15张
标记
处数
分区
更改文件号
设计
标准化
校对
审核
工艺
批准
φ50
φ25
11
25
50

图6-34 拉手零件图

## 巩固练习

根据本模块项目二中床头柜的零、部件图（图 6-22 至图 6-34），进行读图和识图，撰写床头柜料单。

要求：

① 识别图样中的所有尺寸、材料和处理方法，并思考它们对产品质量的影响。

② 评估底板的结构设计，包括稳定性和承重能力，并提出可能的改进建议。

③ 撰写床头柜料单，包括零、部件的名称、规格和数量。

## 综合提升

选择本模块中的一个家具案例（炕几或床头柜），重构其家具图样，确保尺寸和标注的准确性（材料不变）。基于绘制的家具图样，评估家具结构的合理性，提出改进建议。

提交成果：

① 重构后的家具图样。

② 家具结构合理性评估文档。

评估标准：

① 家具图样的准确性、规范性。

② 家具结构的合理性。

## 知识拓展

### 明式家具传统与现代的融合

明式家具是中国传统家具的发展顶峰，其精致的工艺和典雅的设计使其在中国家具史上占有显著的地位。明式家具的设计理念和工艺技巧对现代家具设计仍有着深远影响。明式家具的特点在于其精巧的设计和高质量的材料。明式家具注重材料的质地、颜色和纹理，利用线条的起伏变化和精致的构件设计来展现家具的简洁、明快和柔美，如图 6-35 所示为四出头官帽椅。明式家具的美学价值在于其对中国传统礼仪的体现和对意境的追求，在设计中表现为对结构的重视与精致细节的打造。

“形而上者谓之道，形而下者谓之器，化而裁之谓之变，推而行之谓之通”是明式家具设计理念的体现。这种理念强调家具在意境渲染上的作用，运用写意手法提取其他器物和建筑上的精华部分，进行浓缩，体现出一种含蓄深刻的美。这种美，以形着意，让人在观看时能感受到设计者的深思熟虑和匠心独运。中国的园林和家具被称为“文人园林”和“文人家具”，这体现了明式家具的设计理念和文人的思想是紧密相连的。这些有形艺术中蕴含着文人的所思所想，体现了他们的内心世界和人格魅力。含蓄是一种高品质的美，虽拥有而不卖弄，虽潜蕴而不炫耀，这是文人所推崇的高风亮节。明式家具结构很好地体现了文人的这一特征。

在现代设计中，明式家具的理念和技巧仍然具有深远影响。设计师们在探求中式设计风格时，常常引用明式家具的元素和理念，使其在现代家具设计中得到重新诠释和发展。在弘扬中华传统文化的同时，明式家具的设计理念与技巧使中国现代家具和其他设计产品在世界设计中独树一帜。明式家具的美，不仅在于其外形，更在于其内在的含义和价值。其反映了中国传统文化的精髓，包括对礼仪的尊重，对美的追求，以及对生活品质的关注。明式家具的价值在于其能够引导我们反思自己的生活方式，使我们更加尊重传统，同时也更加追求高质量和有意义的生活。

明式家具以其独特的设计理念、精湛的工艺和深远的文化内涵，成为中国传统家具艺术的瑰宝。其既体现了中国传统文化的深度和广度，也展示了中国设计师的创造力和想象力。未来，我们期待看到更多的设计师能够利用明式家具的设计理念和技巧，创作出既有传统文化内涵又具有现代感的家具。让我们携手，将明式家具的精神传承下去，让它在我们的生活中发光发热。

图6-35　四出头官帽椅

# 附录　AutoCAD 线型设置

| 线型 | 图线用法 | CAD 线型设置 | 颜色设置 |
|---|---|---|---|
| 点划线 | 对称中心线 | CENTER(或 ISO 长点划) | 红色 |
| | 回转体轴线 | | |
| | 半剖视分界线 | | |
| | 可动零、部件的外轨迹线 | | |
| 双点划线 | 假想轮廓线 | PHANTOM(或 ISO 双点划) | 品红色 |
| | 表示可动部分在极限位置或中间位置的轮廓线 | | |
| 双折线 | 假想断开线 | ZIGZAG(手动绘制) | 黄色 |
| | 阶梯剖视分界线 | | |
| 细实线 | 尺寸线及尺寸界线 | CONTINUOUS | 绿色 |
| | 引出线 | | |
| | 剖面线 | | |
| | 各种人造板、成型空芯板的内轮廓线 | | |
| | 小圆中心线、简化画法表示连接件位置线 | | |
| | 圆滑过渡的交线 | | |
| | 重合剖轮廓线 | | |
| | 表格的分格线 | | |
| | 局部详图中,榫头端部断面表示用线 | | |
| | 局部详图中,连接件轮廓线 | | |
| 虚线 | 不可见轮廓线,包括玻璃等透明材料后面的轮廓线 | DASHED(或 ISO 虚线) | 蓝色 |
| 粗实线 | 剖切符号 | CONTINUOUS | 白色 |
| | 局部详图可见轮廓线 | | |
| | 局部详图标志 | | |
| | 图框线及标题栏外框线 | | |

# 参考文献

[1] 国庆华．鲁班尺与鲁班尺法的起源和用法及其门尺、门诀和门类问题［J］．建筑史学刊，2020，1（01）：53-66．
[2] 彭红，陆步云．家具木工识图［M］．北京：中国林业出版社，2005．
[3] 中华人民共和国工业和信息化部．家具制图：QB/T 1338—2012［S］．北京：中国轻工业出版社，2012．
[4] 顾炼百．木材加工工艺学［M］．2 版．北京：中国林业出版社，2011．
[5] 许柏鸣．家具设计［M］．2 版．北京：中国轻工业出版社，2019．
[6] 江功南．家具制作图及其工艺文件［M］．北京：中国轻工业出版社，2011．
[7] 梅长彤，周晓燕，金菊婉．人造板［M］．北京：中国林业出版社，2005．
[8] 郭叶莹子，张悦，陈慧敏．家具制图与 CAD［M］．北京：中国林业出版社，2021．
[9] 裴斐．室内与家具设计工程制图［M］．北京：中国建筑工业出版社，2019．
[10] 张付花．AutoCAD 家具制图技巧与实例［M］．2 版．北京：中国轻工业出版社，2019．